U0426591

黑龙江省重要地质遗迹

HEILONGJIANG SHENG ZHONGYAO DIZHI YIJI

刘可新　王国文　蒋征午
张晟源　冯　楠　湛国力　编著

图书在版编目(CIP)数据

黑龙江省重要地质遗迹/刘可新等编著.—武汉:中国地质大学出版社,2024.7.—ISBN 978-7-5625-5943-6

Ⅰ.P562.35

中国国家版本馆 CIP 数据核字第 2024TB1499 号

黑龙江省重要地质遗迹

刘可新　王国文　蒋征午　张晟源　冯　楠　湛国力　**编著**

责任编辑:杨　念　　选题策划:江广长　毕克成　段　勇　　责任校对:徐蕾蕾

出版发行:中国地质大学出版社(武汉市洪山区鲁磨路 388 号)　　邮编:430074

电　话:(027)67883511　　传　真:(027)67883580　　E-mail:cbb@cug.edu.cn

经　销:全国新华书店　　http://cugp.cug.edu.cn

开本:880mm×1230mm　1/16　　字数:479 千字　印张:16　插页:1

版次:2024 年 7 月第 1 版　　印次:2024 年 7 月第 1 次印刷

印刷:武汉精一佳印刷有限公司

ISBN 978-7-5625-5943-6　　定价:172.00 元

前言 PREFACE

黑龙江省地处我国北部边陲，广袤的大地上分布着丰富多彩的、独具北方特色的地质遗迹，是宝贵的不可再生资源。

黑龙江省地质发展历史可追溯到新太古代(距今25亿a)，鸡西一带沉积了一套麻山群地层，区域变质作用达到高角闪岩相，局部可达麻粒岩相，形成陆核区，古元古代陆缘增生，形成兴东岩群、东风山岩群和兴华渡口岩群，先后形成黑龙江省东部佳木斯地块、中部松嫩地块和西部额尔古纳地块，这些地块蕴藏丰富的石墨、夕线石、铁、金矿产资源，也是研究黑龙江省变质作用的重要地区。

古生代(距今5.39～2.52亿a)，黑龙江省处于欧亚大陆发展的重要阶段。遗留在地层中的腕足类、三叶虫和笔石等化石及陆生古植物，可以追溯到古生代的海陆变迁演化历史。尚志市小金沟组地层剖面显示了黑龙江省东部奥陶纪地层的存在，依据黑河市泥鳅河组地层剖面可划分出中国北方志留纪和泥盆纪的界线。

中生代三叠纪(距今2.52～2.01亿a)，黑龙江省东部饶河一带沉积的深海硅质岩建造、复理石和火山岩建造的深海相沉积，虎林一带的南双鸭山组海陆交互相、东宁罗圈站组陆相火山沉积都含有丰富化石，对古地理恢复、地层对比时代确定具有重要意义。

印支运动在黑龙江省发生于晚三叠世—早侏罗世早期，称晚印支运动。东部板块拼接的巨大挤力，在黑龙江省中部形成一条近南北向陆内造山带，并伴随有巨大的花岗岩带形成，经后期构造运动和剥蚀，造就了高山峡谷、石柱、石林、象形石等奇特的花岗岩地貌，如木兰鸡冠山石柱、东宁洞庭峡谷等。

晚印支运动后，黑龙江省全境一并“卷入”滨太平洋构造域，受其影响形成一系列北北东向晚白垩世—早白垩世火山活动带，其中就有著名的大兴安岭、小兴安岭火山岩带。白垩纪是黑龙江省重要的地史时期，多个有意义、有价值的地质遗迹在这个时期形成。

黑龙江省东部饶河县东安镇组地层剖面所含晚侏罗世提塘期和早白垩世凡兰今早期双壳类及菊石化石，反映了滨浅海沉积环境，将成为研究中国东部海相下白垩统与上侏罗统界线剖面的唯一地点，经研究，很可能成为“金钉子”。著名的虎林龙爪沟群地层剖面及其所含的菊石、双壳类、腕足类化石，都显示这里是海陆交互相沉积环境。与此同时，由于地壳运动黑龙江省东部形成一系列断陷盆地，沉积了一套含煤地层，为黑龙江省四大煤城的出现奠定了物质基础。晚白垩世松嫩盆地逐渐发展成大型陆相含油盆地，是我国也是世界上最大的陆相含油盆地。白垩纪末期，嘉荫地区成为恐龙的世界，嘉荫恐龙国家地质公园不但有恐龙的化石、皮肤、足迹及印痕，还有各种动植物化石，是研究我国北方晚白垩世古地理环境及解决中生界—新生界界线的最具代表性、稀有性、系统性、完整性的地质遗迹点，是世界研究K-Pg界线的第95号点。

新生代(距今0.65亿a～至今)是黑龙江省地貌景观塑造的最佳时期。新构造运动以升降为主，由于构造运动的继承性，新生代沉降单元继续沉降，上升单元继续上升，三江、依舒、敦密、虎林等地形成新断陷。新近纪断陷盆地交替沉降，火山活动频繁发生，常形成规模宏大的熔岩台地，经改造形成石林景观，如饶河喀尔喀玄武岩石林景观、逊克玄武岩大平台等，这期玄武岩具有柱状节理。第四纪陆内深大断裂发育，孕育一条北北西向的火山岩喷发带，从西北向东南，有科洛、五大连池、二克山、阁山、高丽山、镜泊湖等火山群，成为黑龙江省集科学性、稀有性、观赏性于一身的第四纪景观集中区。松嫩平原顾乡屯组地层剖面与其所含的猛犸象化石、大兴屯组地层剖面与其所含的披毛犀化石是第四纪独具影响力的地层单元和生物群。

现在的黑龙江省，大大小小的山岭构成美丽的地貌景观；纵横交错的河流形成诸多风景河段，成为旅游胜地；星罗棋布的湖泊，似镶嵌在黑土地上的颗颗明珠；广布的沼泽，成为湿地类地质遗迹。所有这些地质遗迹都是黑龙江省珍贵的地质旅游资源。

近年来，黑龙江省委、省政府高度重视发展旅游业，提出以旅游业作为支柱产业和新的经济增长点。这就必须了解黑龙江省地质遗迹资源状况、资源特色和开发程度、资源分布和开发潜力。只有摸清和掌握了这些基础情况和数据，才能不断开发出具有黑龙江特色、适应市场需求和有较强生命力的旅游项目，这就是这次地质遗迹调查的目的。黑龙江省依托地处祖国北部边陲的地缘优势和丰富的旅游资源，把旅游业作为支柱产业发展，具有前瞻性和战略性，是科学发展观的体现。

编著者

2023 年 11 月

目　录 CONTENTS

第一章　绪　论

第一节　目标任务

本书主要依托于“东北地区重要地质遗迹调查(黑龙江)”项目。该项目是“中国地质调查局全国重要地质遗迹调查计划项目”省级子项目之一，旨在通过项目调查，全面了解和认识黑龙江省重要地质遗迹资源的分布、资源类型、保护现状以及地质遗迹评价和区划，为编制全国重要地质遗迹资源分布图、地质遗迹区划图，以及全国重要地质遗迹资源数据库建设提供重要的基础资料，同时为各级政府对重要地质遗迹资源的保护和规划提供科学依据。该项目由中国地质环境监测院组织实施，归口管理部室为中国地质调查局基础调查部，黑龙江省区域地质调查所作为承担单位开展工作。

项目的工作目标是全面收集已有的地质遗迹相关资料和成果，开展东北地区黑龙江省重要地质遗迹资源调查，查明黑龙江省重要地质遗迹类型、分布等基本特征及保护现状，了解其成因、演化过程，客观评述其价值；建立重要地质遗迹数据库，编制重要地质遗迹资源图；开展重要地质遗迹资源保护名录和保护规划研究，提出重要地质遗迹保护与合理开发利用建议。

依据上述工作目标，重要地质遗迹调查工作具体任务如下。

(一)开展黑龙江省重要地质遗迹调查工作

系统收集黑龙江省省域内已有的基础地质资料及地质遗迹等相关资料，对相关地质遗迹信息进行甄选和梳理，填写重要地质遗迹登记表，开展黑龙江省地质遗迹资源野外调查工作。查明黑龙江省地质遗迹类型、分布、规模、形态、数量、物质组成、组合关系、保存现状和保护利用条件，以及开发利用潜力，客观评述黑龙江省重要地质遗迹科学价值、观赏价值、经济价值，评价其级别。

(二)编制黑龙江省重要地质遗迹成果图件

在黑龙江省地质背景综合研究基础上，结合地质遗迹调查工作的特点，编制相关专题图件，呈现地质遗迹调查与综合研究成果。

(1)根据地质遗迹调查项目的特点，在黑龙江省最新版行政区划图和已出版的黑龙江省地质图的基础上，结合最新的地质成果资料，编制黑龙江省地质地理底图；

(2)在黑龙江省地质地理底图的基础上，结合地质遗迹调查成果，编制黑龙江省重要地质遗迹资源图；

(3)开展黑龙江省地质遗迹区划研究，编制黑龙江省重要地质遗迹资源区划图；

(4)开展黑龙江省地质遗迹保护区划研究，编制黑龙江省重要地质遗迹保护规划建议图。

（三）开展重要地质遗迹资源保护名录和保护规划研究

在全面掌握黑龙江省地质遗迹资源的基础上，开展重要地质遗迹资源保护名录和保护规划研究，提出黑龙江省重要地质遗迹保护名录。开展重要地质遗迹保护规划研究，发现符合地质公园申报条件的地质遗迹，圈定其范围，为申报地质公园提供基础依据，提出重要地质遗迹保护与合理开发利用建议，亦为政府重要地质遗迹管理和决策提供基础资料和科学依据。

（四）建立黑龙江省重要地质遗迹数据库

在梳理野外调查成果的基础上，依托计划项目提供的GeoHeritage_V2.0地质遗迹数据库入库系统，建立黑龙江省重要地质遗迹数据库。本次工作按照计划项目要求，建立了黑龙江省重要地质遗迹数据库，内容包括地理位置信息、地质遗迹特征、开发利用现状、遗迹重要价值、保护建议、评价等级等内容。它是集表格、文档、图片、影视多媒体等数据为一体的、互联共享的、具有广泛科普价值的地质遗迹数据库。

第二节　技术路线和方法

一、技术路线

项目采取室内收集整理分析研究资料和野外实地调查相结合的技术路线。开展工作区地质遗迹资料收集工作，在收集、分析研究地质遗迹资料的基础上，应用现代地质科学新理论，通过对收集资料的初步分析研究并结合遥感解译，筛选出具有科学价值、观赏价值、典型、稀有的重要地质遗迹，确定野外地质遗迹调查点（范围），布置野外调查路线；有针对性地开展重要地质遗迹野外调查工作；结合黑龙江省实际情况，调查地质遗迹的保护现状及存在的问题；组织专家对地质遗迹进行鉴评，确定地质遗迹等级及保护名录；对黑龙江省重要地质遗迹进行综合分析、评价、区划，编绘黑龙江省重要地质遗迹资源图，建立数据库，编写成果报告并提出重要地质遗迹保护规划建议。

二、技术方法（地质遗迹调查工作方法）

（一）资料的收集与筛选

资料的收集主要侧重于地质遗迹调查方面的研究文献和相关部门提交的专业性成果报告，包括《黑龙江省区域地质志》《黑龙江省岩石地层》“黑龙江省区域矿产总结”《黑龙江省水文地质志》《中国地层典》《中国矿床发现史·黑龙江卷》，不同比例尺（1∶5万～1∶25万）区域地质调查、区域水文地质与工程地质调查、区域环境（或地貌）地质调查、地质灾害调查等报告；与古生物化石、古人类化石产地相关的专题研究资料；黑龙江省各级地质公园、矿山公园、湿地公园申报资料；区域遥感影像资料及地形图等。确定具有地质遗迹特征的资料，摘录地质遗迹的位置、范围、地质特征、科学意义等内容，室内初步填写地质遗迹筛选信息表，结合遥感等资料，筛选出具有重要价值的地质遗迹并开展工作。

（二）遥感解译

利用已有遥感资料和部分现解译的资料，对调查区的地质遗迹获取系统的感性认识，全面认识区内大型地质构造、火山机构、重要水体等地质遗迹的区域空间展布，了解地质遗迹的大致范围和形状，通过遥感影像的对比分析，初步了解和掌握部分地质遗迹保存和破坏现状，为科学部署调查工作提供依据。

（三）野外调查

对已筛选出具有重要价值的地质遗迹进行野外调查验证。野外调查以路线调查为主，根据实际布置穿越和追索相结合的观测路线，路线以能较全面地控制调查区内筛选和确定的地质遗迹点为准，对有地质遗迹特征现象的地方进行定点和描述。地质遗迹野外调查的内容包括查明工作区内各类地质遗迹类型、地质遗迹特征、分布范围、出露规模、物质组成、开发利用价值、保护现状、遗迹的自然地理与地质构造背景，为制订区域性的重要地质遗迹资源保护与开发利用规划提供科学依据。

（四）走访调查

针对重要地质遗迹集中区，走访当地政府或企事业组织中的知情人，深入了解重要地质遗迹的开发利用情况、保护现状、人文历史基础、社会经济条件、交通通信状况等，为制订重要地质遗迹资源保护和开发利用区划获得第一手资料。

（五）综合分析评价

在地质遗迹资源调查基础上，通过对地质遗迹的综合分析研究，全面总结各类地质遗迹的分布规律、成因以及演化发展规律，并开展地质遗迹资源的综合评价工作。地质遗迹评价以其保护价值和开发利用价值为目的，以其科学价值和美学价值为主要评价指标，在定性评价的基础上，力求做出定量的评价，评定地质遗迹的价值等级，主要包括地质遗迹点的评价与地质遗迹集中区综合评价。

第三节　完成的主要工作量和取得的主要成果

一、项目完成的主要工作量

“东北地区重要地质遗迹调查（黑龙江）”项目按照项目总体设计、各年度工作方案和任务书的要求，分3个年度依次完成黑龙江省东部地区牡丹江市、佳木斯市、鸡西市、鹤岗市、双鸭山市、七台河市地质遗迹调查工作，西部地区齐齐哈尔市、黑河市、大庆市、绥化市、大兴安岭地区地质遗迹调查工作，中部地区哈尔滨市、伊春市地质遗迹调查工作。共完成地质遗迹野外调查305处，经地质遗迹鉴评实现地质遗迹点登录245处；完成1∶50万地质地理底图、1∶50万黑龙江省重要地质遗迹资源图、黑龙江省重要地质遗迹资源区划图、黑龙江省重要地质遗迹保护规划建议图；完成黑龙江省重要地质遗迹信息管理数据库1项；完成中国地质调查局任务书下达的任务。完成的实物工作量见表1-1。

表 1-1 实物工作量完成情况汇总表

工作项目	单位	年度设计工作量			年度完成工作量			设计总量	完成总量	完成率/%
		2012 年	2013 年	2014 年	2012 年	2013 年	2014 年			
收集资料	份	32	240	30	35	265	32	302	332	110
地质遗迹野外调查	处	91	112	52	109	116	80	255	305	119
重要地质遗迹点登录	个	78	64	33	82	90	68	175	245	140
1∶5 万野外地质遗迹调查(仅2012 年,现不用此表达)	km^2	300	—	—	300	—	—	300	300	100
1∶25 万野外地质遗迹调查(仅2012 年,现不用此表达)	km^2	6500	—	—	6500	—	—	6500	6500	100
1∶25 万野外地质遗迹调查(重要地质遗迹调查)	km^2	—	—	2000	—	—	2000	2000	2000	100
遥感解译	km^2	2500	350	—	2500	350	—	2850	2850	100
地质遗迹筛选表	份	1	—	—	1	—	—	1	1	100
黑龙江省地质地理底图	幅	1	—	—	1	—	—	1	1	100
黑龙江省重要地质遗迹资源图	幅	—	—	1	—	—	1	1	1	100
重要地质遗迹资源图说明书	份	—	—	1	—	—	1	1	1	100
黑龙江省重要地质遗迹资源区划图	幅	—	—	1	—	—	1	1	1	100
重要地质遗迹区划图说明书	份	—	—	1	—	—	1	1	1	100
重要地质遗迹保护规划建议图	幅	—	—	1	—	—	1	1	1	100
黑龙江省重要地质遗迹信息管理数据库	项	—	—	1	—	—	1	1	1	100
黑龙江省地质遗迹数据库说明	份	—	—	1	—	—	1	1	1	100
黑龙江省重要地质遗迹保护规划建议	份	—	—	1	—	—	1	1	1	100
黑龙江省重要地质遗迹保护名录	份	—	—	1	—	—	1	1	1	100
照片采集	张	—	—	—	—	3566	—	—	—	—
黑龙江省地质遗迹博览图册	册	—	—	—	—	—	1	—	—	—

二、取得的主要成果

(一)查明黑龙江省地质遗迹分布情况

通过地质遗迹调查工作,完成提交黑龙江省重要地质遗迹调查 245 处。其中,基础地质类遗迹 108 处,包括地层剖面类 41 处,岩石剖面类 26 处,构造剖面类 8 处,重要化石产地类 12 处,重要岩矿石产地类 21 处;地貌景观类 137 处,包括岩土体地貌类 49 处,水体地貌类 47 处,火山地貌类 33 处,构造地貌类 8 处。从地理位置分布情况来看,哈尔滨市 38 处,齐齐哈尔市 9 处,鸡西市 26 处,大庆市 6 处,双鸭山市 20 处,伊春市 27 处,佳木斯市 9 处,七台河市 4 处,绥化市 3 处,鹤岗市 8 处,牡丹江市 30 处,黑河市 34 处，大兴安岭地区 31 处，地质遗迹分布情况详见表 1-2。

表 1-2 黑龙江省地质遗迹分布情况统计表

单位：处

<table>
<tr><th rowspan="2">调查工作区</th><th colspan="6">调查数量统计(按类型分)</th><th rowspan="2">备注</th></tr>
<tr><th colspan="2">大类</th><th colspan="2">类</th><th colspan="2">亚类</th></tr>
<tr><td rowspan="13">哈尔滨市</td><td rowspan="6">基础地质类</td><td rowspan="6">13</td><td>地层剖面</td><td>6</td><td>层型剖面</td><td>6</td><td rowspan="13">地质遗迹 38 处，占全省总数 15.5%。已批准国家级地质公园 1 家，省级地质公园 6 家</td></tr>
<tr><td rowspan="2">岩石剖面</td><td rowspan="2">4</td><td>侵入岩剖面</td><td>1</td></tr>
<tr><td>火山岩剖面</td><td>3</td></tr>
<tr><td>构造剖面</td><td>1</td><td>断裂</td><td>1</td></tr>
<tr><td>重要化石产地</td><td>1</td><td>古植物化石产地</td><td>1</td></tr>
<tr><td>重要岩矿石产地</td><td>1</td><td>矿业遗址</td><td>1</td></tr>
<tr><td rowspan="7">地貌景观类</td><td rowspan="7">25</td><td rowspan="2">岩土体地貌</td><td rowspan="2">13</td><td>侵入岩地貌</td><td>12</td></tr>
<tr><td>黄土地貌</td><td>1</td></tr>
<tr><td rowspan="2">水体地貌</td><td rowspan="2">3</td><td>湿地-沼泽</td><td>2</td></tr>
<tr><td>瀑布</td><td>1</td></tr>
<tr><td rowspan="2">火山地貌</td><td rowspan="2">8</td><td>火山机构</td><td>1</td></tr>
<tr><td>火山岩地貌</td><td>7</td></tr>
<tr><td>构造地貌</td><td>1</td><td>峡谷(断层崖)</td><td>1</td></tr>
<tr><td rowspan="8">齐齐哈尔市</td><td rowspan="3">基础地质类</td><td rowspan="3">4</td><td>地层剖面</td><td>1</td><td>层型剖面</td><td>1</td><td rowspan="8">地质遗迹 9 处，占全省总数 3.67%。已批准省级地质公园 1 家</td></tr>
<tr><td>岩石剖面</td><td>2</td><td>火山岩剖面</td><td>2</td></tr>
<tr><td>重要岩矿石产地</td><td>1</td><td>典型矿床类露头</td><td>1</td></tr>
<tr><td rowspan="5">地貌景观类</td><td rowspan="5">5</td><td rowspan="2">岩土体地貌</td><td rowspan="2">2</td><td>碳酸盐岩地貌</td><td>1</td></tr>
<tr><td>侵入岩地貌</td><td>1</td></tr>
<tr><td rowspan="2">水体地貌</td><td rowspan="2">2</td><td>湿地-沼泽</td><td>1</td></tr>
<tr><td>河流(景观带)</td><td>1</td></tr>
<tr><td>火山地貌</td><td>1</td><td>火山机构</td><td>1</td></tr>
<tr><td rowspan="11">鸡西市</td><td rowspan="6">基础地质类</td><td rowspan="6">18</td><td rowspan="2">地层剖面</td><td rowspan="2">9</td><td>层型剖面</td><td>8</td><td rowspan="11">地质遗迹 26 处，占全省总数 10.61%。已批准国家级地质公园 1 家，省级地质公园 1 家</td></tr>
<tr><td>地质事件剖面</td><td>1</td></tr>
<tr><td rowspan="2">岩石剖面</td><td rowspan="2">3</td><td>火山岩剖面</td><td>2</td></tr>
<tr><td>变质岩剖面</td><td>1</td></tr>
<tr><td rowspan="2">重要岩矿石产地</td><td rowspan="2">6</td><td>典型矿床类露头</td><td>5</td></tr>
<tr><td>矿业遗迹</td><td>1</td></tr>
<tr><td rowspan="5">地貌景观类</td><td rowspan="5">8</td><td>岩土体地貌</td><td>2</td><td>侵入岩地貌</td><td>2</td></tr>
<tr><td rowspan="2">水体地貌</td><td rowspan="2">4</td><td>湖泊、潭</td><td>2</td></tr>
<tr><td>湿地-沼泽</td><td>2</td></tr>
<tr><td>火山地貌</td><td>1</td><td>火山岩地貌</td><td>1</td></tr>
<tr><td>构造地貌</td><td>1</td><td>峡谷(断层崖)</td><td>1</td></tr>
</table>

续表 1-2

调查工作区	调查数量统计(按类型分)						备注
	大类		类		亚类		
大庆市	基础地质类	2	重要化石产地	1	古动物化石产地	1	地质遗迹 6 处,占全省总数 2.44%。已批准省级地质公园 1 家
	地貌景观类	4	重要岩矿石产地	1	矿业遗址	1	
			水体地貌	4	湖泊、潭	1	
					湿地-沼泽	3	
双鸭山市	基础地质类	12	地层剖面	4	层型(典型剖面)	4	地质遗迹 20 处,占全省总数 8.16%。已批准省级地质公园 1 家
			岩石剖面	1	火山岩剖面	1	
			构造剖面	6	褶皱与变形	6	
			重要化石产地	1	古动物化石产地	1	
	地貌景观类	8	岩土体地貌	2	侵入岩地貌	1	
					变质岩地貌	1	
			水体地貌	5	湿地-沼泽	5	
			火山地貌	1	火山岩地貌	1	
伊春市	基础地质类	13	地层剖面	6	层型(典型剖面)	5	地质遗迹 27 处,占全省总数 11.02%。已批准建立国家级地质公园 3 家,省级地质公园 3 家
			岩石剖面	3	侵入岩剖面	2	
					火山岩剖面	1	
			重要化石产地	3	古植物化石产地	1	
					古动物化石产地	2	
			重要岩矿石产地	1	矿业遗址	1	
	地貌景观类	14	岩土体地貌	10	侵入岩地貌	10	
			水体地貌	3	河流(景观带)	1	
					瀑布	1	
					湿地-沼泽	1	
			构造地貌	1	峡谷(断层崖)	1	
佳木斯市	基础地质类	1	岩石剖面	1	火山岩剖面	1	地质遗迹 9 处,占全省总数 3.67%
	地貌景观类	8	岩土体地貌	2	侵入岩地貌	2	
			水体地貌	4	河流(景观带)	1	
					湿地-沼泽	3	
			火山地貌	2	火山岩地貌	2	
七台河市	基础地质类	2	地层剖面	1	层型(典型剖面)	1	地质遗迹 4 处,占全省总数 1.63%。已批准省级地质公园 1 家
			重要化石产地	1	古植物化石产地	1	
	地貌景观类	2	岩土体地貌	1	变质岩地貌	1	
			火山地貌	1	火山岩地貌	1	

续表 1-2

调查工作区	调查数量统计(按类型分)						备注
	大类		类		亚类		
绥化市	基础地质类	1	重要化石产地	1	古动物化石产地	1	地质遗迹 3 处,占全省总数 1.22%
	地貌景观类	2	岩土体地貌	1	黄土地貌	1	
			火山地貌	1	火山岩地貌	1	
鹤岗市	基础地质类	4	重要岩矿石产地	4	典型矿床类露头	1	地质遗迹 7 处,占全省总数 2.85%。已批准省级地质公园 2 家
					矿业遗迹	2	
	地貌景观类	4	岩土体地貌	1	侵入岩地貌	1	
			水体地貌	1	河流(景观带)	1	
			构造地貌	2	峡谷(断层崖)	2	
牡丹江市	基础地质类	5	岩石剖面	4	变质岩剖面	2	地质遗迹 30 处,占全省总数 12.24%。已批准建立世界级地质公园 1 家,省级地质公园 3 家
					火山岩剖面	2	
			构造剖面	1	断裂	1	
	地貌景观类	25	岩土体地貌	11	侵入岩地貌	9	
					变质岩地貌	2	
			水体地貌	4	湖泊、潭	3	
					瀑布	1	
			火山地貌	8	火山机构	2	
					火山岩地貌	6	
			构造地貌	2	峡谷	2	
黑河市	基础地质类	19	地层剖面	8	层型剖面	8	地质遗迹 34 处,占全省总数 13.8%。已批准世界级地质公园 1 家,国家级地质公园 2 家
			岩石剖面	5	侵入岩剖面	1	
					火山岩剖面	4	
			重要化石产地	2	古动物化石产地	1	
					古植物化石产地	1	
			重要岩矿石产地	4	典型矿床类露头	2	
					典型矿物岩石命名地	1	
					矿业遗址	1	
	地貌景观类	15	岩土体地貌	1	侵入岩地貌	1	
			水体地貌	6	湖泊与潭	2	
					湿地-沼泽	3	
					泉	1	
			火山地貌	7	火山机构	2	
					火山岩地貌	5	
			构造地貌	1	峡谷(断层崖)	1	

续表 1-2

调查工作区	调查数量统计(按类型分)						备注
	大类		类		亚类		
大兴安岭地区	基础地质类	13	地层剖面	4	层型剖面	4	地质遗迹 31 处,占全省总数 12.6%。已批准省级地质公园 1 家
			岩石剖面	3	侵入岩剖面	1	
					变质岩剖面	2	
			重要化石产地	2	古动物化石产地	2	
					典型矿床类露头	2	
			重要岩矿石产地	4	矿业遗址	2	
	地貌景观类	18	岩土体地貌	3	侵入岩地貌	3	
			水体地貌	11	湖泊与潭	1	
					湿地-沼泽	5	
					河流(景观带)	5	
			火山地貌	4	火山机构	1	
					火山岩地貌	3	

(二)确定黑龙江省重要地质遗迹保护名录

黑龙江省重要地质遗迹保护名录,是按照《地质遗迹调查规范》(DZ/T 0303—2017)制定的地质遗迹分类和评价标准。这些地质遗迹分布在地质公园的 86 处,分布在地质公园以外的 159 处(表 1-3)。本次工作确定的地质遗迹保护名录是黑龙江省自开展地质遗迹专项调查工作以来首次建立的,随着时间和社会的发展,日后有待不断地补充和完善。

表 1-3 黑龙江省重要地质遗迹评价统计表

单位:处

地质遗迹类型		地质遗迹评价等级				地质公园		
大类	类	世界级	国家级	省级	小计	在地质公园	不在地质公园	小计
基础地质	地层剖面	—	2	39	41	1	40	41
	岩石剖面	1	—	25	26	1	25	26
	构造剖面	—	—	8	8	—	8	8
	重要化石产地	—	2	10	12	1	11	12
	重要岩矿石产地	1	5	15	21	1	20	21
地貌景观	岩土体地貌	—	5	44	49	40	9	49
	水体地貌	3	7	37	47	16	31	47
	火山地貌	5	4	24	33	19	14	34
	构造地貌	—	2	6	8	7	1	8
合计		10	27	208	245	86	159	245

（三）编绘黑龙江省重要地质遗迹资源图

在确定的黑龙江省重要地质遗迹保护名录的基础上，将基础地质大类（地层剖面类、岩石剖面类、构造剖面类、重要化石产地类、重要岩矿石产地类）、地貌景观大类（岩土体地貌类、火山地貌类、水体地貌类、构造地貌类）、地质灾害大类（其他地质灾害类）等三大类地质遗迹表示在图面上，准确地反映黑龙江省重要地质遗迹分布情况，详见黑龙江省重要地质遗迹资源图及黑龙江省重要地质遗迹资源图说明书。

（四）摸清黑龙江省地质遗迹分布规律，编绘了黑龙江省地质遗迹区划图

根据黑龙江省重要地质遗迹资源分布情况，以地质遗迹类型（地层剖面、岩石剖面、构造剖面、重要化石产地、重要岩矿石产地、岩土体地貌、水体地貌、火山地貌、构造地貌）为序，系统总结了地质遗迹的分布规律。以地质遗迹调查规范为指导，在黑龙江省重要地质遗迹资源图的基础上，结合黑龙江省地质构造、地层、地貌区划等研究成果，完成黑龙江省自然区划，将黑龙江省划分出 6 个地质遗迹大区、11 个地质遗迹分区和 25 个地质遗迹小区，并编制了黑龙江省重要地质遗迹区划图及说明书。

1. 大兴安岭山地地质遗迹大区

大兴安岭山地地质遗迹大区的地质遗迹主要有地层剖面类 14 处，岩石剖面类 9 处，重要化石产地类 4 处，重要岩矿石产地类 7 处，岩土体地貌类 5 处，水体地貌类 12 处，火山地貌类 4 处，构造地貌类 1 处。总计重要地质遗迹资源 56 处。

2. 松嫩-结雅盆地地质遗迹大区

松嫩-结雅盆地地质遗迹大区的地质遗迹主要有地层剖面类 7 处，岩石剖面类 1 处，重要化石产地类 4 处，重要岩矿石产地类 4 处，岩土体地貌类 3 处，水体地貌类 11 处，火山地貌类 9 处，构造地貌类 1 处。总计重要地质遗迹资源 40 处。

3. 小兴安岭-张广才岭山地地质遗迹大区

小兴安岭-张广才岭山地地质遗迹大区的地质遗迹主要有地层剖面类 6 处，岩石剖面类 7 处，构造剖面类 1 处，重要化石产地类 2 处，重要岩矿石产地类 4 处，岩土体地貌类 34 处，水体地貌类 10 处，火山地貌类 13 处，构造地貌类 4 处。总计重要地质遗迹资源 81 处。

4. 三江平原地质遗迹大区

三江平原地质遗迹大区的地质遗迹主要有水体地貌类 9 处，火山地貌类 2 处。总计重要地质遗迹资源 11 处。

5. 完达山-太平岭-老爷岭山地地质遗迹大区

完达山-太平岭-老爷岭山地地质遗迹大区的地质遗迹主要有地层剖面类 13 处，岩石剖面类 9 处，构造剖面类 7 处，重要化石产地类 2 处，重要岩矿石产地类 5 处，岩土体地貌类 5 处，水体地貌类 1 处，火山地貌类 5 处，构造地貌类 2 处。总计重要地质遗迹资源 49 处。

6. 兴凯平原地质遗迹大区

兴凯平原区地质遗迹缺乏，地质遗迹零星分布。主要有地层剖面类 1 处，岩石剖面类 1 处；重要岩

矿石产地类1处，岩土体地貌类1处，水体地貌类4处。总计重要地质遗迹资源8处。

（五）提出地质遗迹保护规划建议，编制了地质遗迹保护规划建议图

在黑龙江省地质遗迹保护现状的基础上，提出重要地质遗迹保护规划建议。建议规划呼玛-兴隆奥陶纪地层剖面及化石产地保护区、上黑龙江断陷侏罗纪地层剖面及化石产地保护区等12个基础类地质遗迹保护区；北极村风景河段保护区、小古里火山地质遗迹保护区等9个地貌类地质遗迹保护区。同时建议按照黑龙江省13个地市以行政区为依据进行布局，编制黑龙江省地质遗迹保护规划建议图。

（六）建立了黑龙江省重要地质遗迹数据库

以"地质遗迹数据采集系统软件"为平台，以地质遗迹点为基本建库单元，以本项目在野外地质遗迹调查和资料综合整理研究基础上填制的地质遗迹调查表、重要地质遗迹登录表为数据采集源，制定合理的建库流程，建立黑龙江省重要地质遗迹数据库。建库目的为全国地质遗迹保护管理工作服务，为国土资源管理部门行使管理地质遗迹的职能，以及为其他有关单位提供更加方便快捷的查询、更改、补充、完善等信息化服务。

（七）编纂了《黑龙江省地质遗迹博览》图集

通过资料收集和地质遗迹野外调查，项目组整理地质遗迹图片3000余张，以能充分反映地质遗迹特征为原则，精选高像素图片，编纂了《黑龙江省地质遗迹博览》图集，涵盖了黑龙江省的地质遗迹精品。

（八）调查成果的应用

项目实施周期，通过野外调查，新发掘可以申报省级地质公园候选地16处，可以申办科研、科普教育野外观测基地4处。其中齐齐哈尔碾子山、鸡西麒麟山、木兰鸡冠山等11处候选地在黑龙江省"第三届地质公园评审大会"中获得省级地质公园称号。同时，项目成果为黑龙江省地质遗迹资源成果集成、黑龙江省地质公园规划修编、地质公园申报、地质旅游路线设定提供了翔实的地质遗迹数据，在成果转化方面发挥了巨大的作用。

第二章　区域背景

第一节　地理概况

一、人文地理

（一）地理位置与行政区划

黑龙江省位于中国东北地区最北部。北部、东部隔黑龙江和乌苏里江与俄罗斯相望，西部与内蒙古自治区毗邻，南部与吉林省接壤。全省总面积 47.26 万 km^2（其中包括内蒙古自治区的松岭区和加格达奇区），仅次于新疆、西藏、内蒙古、青海和四川，居全国第六位。截至 2023 年末，黑龙江省常住总人口 3062 万人，全省有 10 个世居少数民族——满族、蒙古族、朝鲜族、回族、达斡尔族、鄂伦春族、锡伯族、鄂温克族、赫哲族、柯尔克孜族。截至 2023 年 6 月，黑龙江省共辖 12 个地级市、1 个地区，省会设在哈尔滨市（图 2-1）。

（二）位置与交通

黑龙江省是全国交通运输较发达的省份之一。交通运输以铁路为骨干，以哈尔滨、齐齐哈尔、牡丹江、佳木斯 4 个中心城市为轴心向周边及外省辐射，与全国铁路网相连。截至 2022 年有干线、支线、联络线 105 条。线路总延展长度 15 939.549km，其中哈尔滨—绥芬河、哈尔滨—满洲里两条铁路与俄罗斯西伯利亚大铁路相连，沟通欧亚国际干线。

公路交通发展迅速，以“一环五射”高速公路网架为核心的“OK”形公路网骨架基本形成。同江—三亚 GZ10、绥芬河—满洲里 GZ15 两条国道主干线和 G102、G111、G201、G202、G203、G222 等 6 条国道通过黑龙江省，公路总里程达 16.9 万 km；区域中心城市相互连接，辐射市县级公路，构成四通八达公路网络。

黑龙江省水运条件优越，居东北三省之冠。全省内河航道通航里程达 7667km，随着嫩江干流和松花江干流水利枢纽工程的建设，内河通航条件将有很大提升。哈尔滨、佳木斯、黑河为主要港口。

哈尔滨有可起落大型飞机的现代化大型机场，可和省内外、国内外重要城市通航。另外，黑龙江省内各地市均建立了机场，实现省内外通航。

黑龙江省位于中国东北部，地处欧亚大陆东部、太平洋西北岸，是中国沿边开放大省，是欧亚及太平洋地区陆路通往俄罗斯和欧亚大陆的重要通道。其中哈尔滨、绥芬河、黑河、同江、佳木斯、齐齐哈尔、牡丹江等口岸城市是东北亚地区经济贸易往来的重要窗口。

图 2-1　黑龙江省行政区划图

二、自然地理

黑龙江省地域辽阔，地形复杂多样，总的地貌格局是山地和平原相间坐落。西北部为大兴安岭山地，北部为小兴安岭山地，东南部为张广才岭、老爷岭、太平岭山地，东部为完达山山地；东北部有三江平原，西南部有松嫩平原。山地和丘陵海拔在 300～1500m 之间。平原面积广阔，地势低平，属波状起伏的低凹平原，大部分海拔在 50～250m 之间。山地和平原的分布构成了黑龙江省北部和东南部高，东北部和西南部低的地势。

省内水系发育，河流纵横，流域宽广，河流总的流向由西向东，主要有黑龙江、乌苏里江、松花江和绥芬河四大水系，流域在 50km^2 以上的河流 1918 条。其中黑龙江是一条流经中国、俄罗斯、蒙古国的国际河流，也是国内第三大河，省内最大河流。特别是黑龙江、乌苏里江、松花江、牡丹江、绥芬河等大小河流形成众多的风景河段，成为旅游胜地。星罗棋布，数以千计的湖沼，似镶嵌在黑土地上的颗颗明珠，镜泊湖、五大连池、兴凯湖、山口湖已成为世界级和国家级地质公园。沼泽广布，构成壮丽的湿地风貌。

（一）山地与平原

大兴安岭山地：位于黑龙江省北部，属大兴安岭山脉的北段，境内面积约 11 万 km^2。整个山地地势北高南低、东陡西缓，山势向东南急剧过渡到松嫩平原，向西逐渐过渡到内蒙古高原。整个山地地势比较缓和，山顶平坦，高差幅度小，平均海拔 500～700m，伊勒呼里山主峰大白山海拔 1528m，为黑龙江省大兴安岭山地的最高峰。大兴安岭山地由中山、低山、丘陵、山间盆地、山间河谷及台地构成。

小兴安岭山地：位于黑龙江省北部，北部与大兴安岭相接，整个山地地势比较缓和，北低南高、东陡西缓，海拔 500～1000m。主峰平顶山海拔 1429m。

东南山地：位于黑龙江省东南部，面积 7 万余平方千米，东部山地属于长白山系的北延部分。自西向东主要由张广才岭、老爷岭、太平岭和完达山脉组成，松嫩平原以东、张广才岭以西为大青山，张广才岭主脉往东北的延伸部分称为小锅盔山，完达山与老爷岭之间为肯特阿岭，三江平原与倭肯河河谷平原之间为阿尔哈倭山，牡丹江河谷平原与倭肯河河谷平原之间为佛爷岭。整个地势以中南部的张广才岭为最高，属于中山，海拔 600～1100m，主峰大秃顶子海拔 1 668.9m，是黑龙江省最高峰。西北部与东南部地势较低，海拔 300～800m，属于低山和丘陵。晚新生代以来，张广才岭和小兴安岭东北部有多期玄武岩浆喷溢，形成了火山熔岩低山、丘陵及台地。

松嫩平原：位于黑龙江省中部和西部，西部、北部、东部分别被大兴安岭、小兴安岭和东部山地所包围，南与平原内分水岭相接，面积 10 多万 km^2。松嫩平原海拔 120～300m，地势低平，坡降 1/7000。平原内分布有众多的沼泽湿地和大小湖泡。松嫩平原中的冲积平原主要分布在中南部的嫩江和松花江的河间地带，海拔 120～200m，主要由河漫滩和第一阶地构成，地势十分平坦。

三江平原：位于黑龙江省东部，西起小兴安岭，东达乌苏里江，北迄黑龙江，南抵兴凯湖，面积约 4.6 万 km^2。三江平原地势较为低平，由西南向东北倾斜，平均海拔 50～60m，抚远三角洲最低，海拔 34m。地面总坡降 1/10 000。在平原上零星分布着孤山和残丘，如卧儿虎山、别拉音山、二龙山和街津山等，海拔多在 500m 以下。三江平原为冲积平原，由黑龙江、松花江、乌苏里江 3 条江河不断迁徙、泛滥所冲积而成。河漫滩极为宽阔，河漫滩和第一阶地构成冲积平原的主体。

兴凯平原：三江平原的组成部分，面积约 1.3 万 km^2，包括密山市和虎林市。兴凯平原地势由西南向东北倾斜，地面坡降 1/3000～1/8000。在平原上断续分布着丘陵、台地。

（二）河流与湖泊

黑龙江省河流纵横，主要河流有黑龙江、松花江、乌苏里江和绥芬河。湖泊有兴凯湖、镜泊湖和五大连池等。

第二节　区域地质概况

一、地层

黑龙江省地层发育比较齐全，从新太古界至中新生界均有出露。由于受后期构造运动的影响，前中生界分布多不连续，有的呈捕虏体分布于花岗岩中。小兴安岭西北部下古生界、伊春-延寿带上古生界、饶河地区中生界、哈尔滨-齐齐哈尔等地的新生界，都有保存完好的地层剖面，地层中赋存有丰富的古生物化石，是黑龙江省重要的地质遗迹资源，具有极高的科研价值，有些剖面具有重要的研究价值（表2-1）。

（一）元古宇—古生界

1. 中—新元古界

分布于佳木斯、兴凯地层分区的中—新元古界麻山岩群，包括西麻山岩组和余庆岩组。中—新元古界兴东岩群可分为大盘道岩组和建堂岩组，为一套具孔兹岩系特点的火山-沉积岩建造，变质程度以高角闪岩相为主，局部达麻粒岩相；分布于松嫩-小兴安岭地层分区的中—新元古界东风山岩群，可分为亮子河岩组、桦皮沟岩组和红林岩组，为一套含硼的碎屑岩-碳酸盐岩建造，分布于大兴安岭地层分区的新—中元古界兴华渡口岩群，包括兴华岩组、兴安桥岩组和门都里河岩组，为一套经历了角闪岩相变质的火山-沉积岩系。上述地层构成古老地块的结晶基底或活动带中的古老残块，其中古元古界均含有硅铁建造。新太古界—古元古界是黑龙江省大型、超大型晶质石墨矿床、夕线石矿床、条带状硅铁建造型铁矿床和金矿床的矿源层。著名的柳毛石墨矿床、云山石墨矿床、三道沟夕线石矿床、双鸭山铁矿床、东风山金矿床都为黑龙江省典型矿床，同时也是黑龙江省研究老地层、深变质岩的重要区域。

2. 新元古界—寒武系

黑龙江省新元古界—寒武系为稳定陆缘陆表海沉积的碎屑岩-碳酸盐岩建造。大兴安岭地层分区的兴隆岩群自下而上可分为高力沟岩组、洪胜沟岩组、三义沟岩组、焦布勒石河岩组，属碎屑岩-碳酸盐夹火山岩建造；松嫩-小兴安岭地层分区的西林群，包括老道庙沟组、铅山组、五星镇组、晨明组，为碎屑岩-富镁碳酸盐岩建造，含有早寒武世三叶虫化石；兴凯地层区的金银库组以碳酸盐岩沉积为主。

3. 奥陶系

黑龙江省奥陶纪地层发育，主要分布在大兴安岭、松嫩-小兴安岭地层分区。大兴安岭地层分区西北部的兴隆地层小区奥陶系发育齐全，自下而上可分为下奥陶统库纳森河组、黄斑脊山组，中奥陶统大伊希康河组，为含火山物质的碎屑岩-碳酸盐岩建造；东南部的罕达气地层小区自下而上可分为下—中奥陶统铜山组、多宝山组，上奥陶统裸河组和爱辉组，为岛弧型碎屑岩-火山岩建造。大兴安岭地层分区的奥陶系含丰富的笔石、三叶虫、腕足类等多门类海相动物化石。松嫩—小兴安岭地层分区为火山弧型碎屑岩-碳酸盐岩-火山岩建造，可划分为中—上奥陶统小金沟组，以中酸性火山岩及砂板岩为主夹碳酸盐岩，含腕足类化石。

4. 志留系

黑龙江省志留系出露范围有限，分布在西北部的兴隆-罕达气-黑河地区岩性以碳酸盐岩和碎屑岩为主，自下而上可分黄花沟组、八十里小河组、卧都河组和古兰河组，为残留海砂泥质沉积，海水动荡的沉积环境。卧都河组显示了由细变粗的海退旋回，含有丰富的以图瓦贝为代表的腕足类化石。黑龙江省志留系在我国北方具有代表性，分布在松嫩-小兴安岭地层分区伊春-延寿地层小区的为大青组。

5. 泥盆系

泥盆系是黑龙江省古生代分布最广的地层之一，发育较齐全，沉积相变显著，产丰富的多门类化石，大致可分为3种地层类型，分布不同地层区。

大兴安岭地层分区：下泥盆统泥鳅河组为浅海相碎屑岩-碳酸盐岩夹火山岩建造，含多门类海相动物化石，主要分布于塔河地层区、兴隆地层区和罕达气地层区；在漠河呈推覆体见于中生代地层中；德安组、根里河组、小河里河组广泛分布于罕达气地层区，德安组为浅海相碎屑岩建造，含腕足类、珊瑚、腹足类、三叶虫化石；根里河组为滨浅海相碎屑岩建造，含腕足类动物化石；小河里河组为海陆交互相碎屑岩建造，下部含腕足类化石，上部含植物化石。

松嫩-小兴安岭地层分区：中—下泥盆统黑龙宫组为海相碎屑岩-碳酸盐岩夹火山岩建造，含多门类海相动物化石，宏川组为滨海类磨拉石建造，同生砾岩含腕足类、苔藓虫化石；中泥盆统福兴屯组为陆相碎屑岩夹火山岩建造，含植物化石；小北湖地区中—下泥盆统小北湖组为浅海相碎屑岩建造，含腕足类化石；中—上泥盆统歪鼻子组为酸性火山岩夹碎屑岩建造。

佳木斯地层区：中—下泥盆统黑台组为稳定陆缘碎屑岩-碳酸盐岩建造，含多门类海相动物化石，多具南方生物群特点，与罕达气地区明显不同；中—上泥盆统老秃顶子组、七里卡山组为中酸性火山岩为主的陆相中酸性火山碎屑岩-碎屑岩建造。

6. 石炭系

石炭纪为两大板块碰撞阶段，黑龙江全省以活动陆缘型中酸性火山碎屑岩-碎屑岩建造为主，含安加拉植物群化石。

额尔古纳地层分区：额尔古纳地层分区下石炭统红水泉组为海相碎屑岩-碳酸盐岩建造，含腕足类化石。

大兴安岭地层分区：罕达气地层分区下石炭统花达气组、查尔格拉河组为陆相碎屑岩建造。上石炭统—下二叠统宝力高庙组为中酸性火山岩建造，花朵山组为陆相火山碎屑岩建造，沉积岩夹层中含植物化石。

松嫩-小兴安岭地层分区：伊春—延寿地层小区下中石炭统缺失，上石炭统—下二叠统唐家屯组为中酸性火山碎屑岩-碎屑岩建造，片理化强烈；上石炭统—下二叠统杨木岗组为陆相细碎岩夹中酸性火山岩组合，含安加拉植物群化石。龙江-塔溪地层小区下石炭统洪湖吐河组为陆相火山碎屑岩建造，含腕足类化石；上石炭统寿山沟组为陆相碎屑岩建造，上石炭统—下二叠统大石寨组为海相火山碎屑岩建造，含腕足类化石；

佳木斯地层分区：密山-宝清地层小区，下石炭统北兴组为海相中酸性火山碎屑岩-碎屑岩建造，含杜内期腕足类化石；上石炭统光庆组为陆相碎屑岩-中酸性火山岩建造，含安加拉植物群化石；上石炭统—下二叠统珍子山组为陆相碎屑岩夹火山岩含煤建造。

饶河地区，外来岩块中上石炭统分布有含珊瑚、䗴科化石的灰岩。

7. 二叠系

二叠系为古生代分布最广的地层之一，多为造山后上叠盆地型沉积。

松嫩-小兴安岭地层小区：龙江-塔溪地层小区，中叠统哲斯组为海相碎屑岩-碳酸盐岩建造，含䗴、珊瑚等化石；上统林西组为河-湖相碎屑沉积，含淡水双壳类 *Palaeanodonta-Palaeomutela*（P-P）动物化石组合。伊春-延寿地层小区：下叠统青龙屯组为陆相中基性火山岩-沉积岩建造；中叠统交界屯组为海相碳酸盐岩建造，富含珊瑚、腕足类、苔藓虫化石等，土门岭组为海陆交互相细碎屑岩-碳酸盐建造，含丰富的腕足类、珊瑚化石；上叠统红山组为山间盆地碎屑沉积，含安加拉群植物化石，五道岭组为安山—英安质火山岩夹沉积岩建造。上二叠统—上三叠统张广才岭杂岩包括新兴、东风林场、夹信山 3 个岩片，为活动陆缘型海相碎屑岩-火山岩建造。

佳木斯地层分区：密山-宝清地层小区，下叠统二龙山组为陆相中基性火山岩-沉积岩组合，中—上叠统杨岗组为陆相中酸性火山岩-沉积岩组合，上叠统城山组为陆相碎屑岩建造，含植物化石。

兴凯地层分区：平阳镇、老黑山地层小区，上石炭统—下二叠统红叶桥组为海相中性火山岩-碎屑岩-碳酸盐岩建造，含䗴化石；中统亮子川组为海相细碎屑岩组合，含腕足类、双壳类化石，上叠统缺失；

上石炭统—下二叠统平阳镇组为海相细碎屑岩-碳酸盐岩组合。上石炭统—下二叠统双桥子组为陆相碎屑岩夹中酸性火山岩组合，含安加拉植物群化石。

古生代是黑龙江省位于天山-兴蒙地槽系的重要地质历史发展阶段，许多地层剖面含有丰富的古生物化石，是黑龙江省乃至我国重要的地质遗迹资源，曾引起国内外地学界的关注，具有重要的科研价值。

（二）中生界

中生代黑龙江省一并卷入滨太平洋构造域，开始了新的地质历史发展阶段，见表2-2。

1. 三叠系

黑龙江省三叠系可分为海相、陆相、海陆交互相3种沉积类型。大兴安岭地层分区分布下叠统老龙头组，为杂色碎屑岩-火山岩建造；中叠统哈达陶勒盖组为火山碎屑岩建造。张广才岭地层分区仅分布上叠统冷山组陆相碎屑岩-火山岩建造，含植物化石；太平岭地层分区分布上叠统南村组、罗圈站组，为陆相火山岩-沉积建造，含植物化石；鸡西-密山地层分区分布上叠统南双鸭山组，为海陆交互相细碎屑岩建造，含丰富的双壳类、菊石化石；小兴安岭地层小区分布的楼家围子组为陆相碎屑岩建造，凤山屯组为酸性火山岩-陆相碎屑岩建造。

2. 侏罗系

黑龙江省侏罗系发育较全，既有陆相地层又有海相沉积，同时伴有火山活动。

大兴安岭地层分区：漠河地层小区额木尔河群为河流-滨湖相沉积，可分为中上侏罗统绣峰组、二十二站组，下白垩统漠河组，含淡水双壳类和植物化石，局部含煤；上—中侏罗统塔木兰沟组玄武岩构成大兴安岭火山岩带的下部层位；呼玛-龙江地层小区分布的中统七林河组为山间盆地型火山含煤碎屑沉积，主要分布于多宝山地区。

松嫩-小兴安岭地层分区：小兴安岭地层小区分布的太安屯组为碎屑岩-火山碎屑岩建造，产丰富的植物化石；神树镇组为中酸性火山岩建造。

张广才岭地层分区：下侏罗统二浪河组为安山-英安质火山岩建造。

鸡西-密山地层分区：密山小区，下侏罗统大秃山组为河流相碎屑沉积，主要分布于密山—虎林一带；中侏罗统缺失。

三江地层分区：绥滨组、东荣组为海陆交互相，含晚侏罗世海相双壳类、沟鞭藻化石，分布于三江盆地，地表未出露。

饶河地层分区：完达山增生杂岩主体为镁铁质杂岩和深海沉积成因的硅质岩；上侏罗统—下白垩统东安镇组为海相细碎屑岩沉积，含晚侏罗世提塘期和早白垩世凡兰今早期双壳类及菊石化石，是黑龙江省东部地区重要的地层单元，很可能成为侏罗系和白垩系的界线剖面。

3. 白垩系

白垩系为黑龙江省最发育的中生代地层。西部火山岩发育，构成著名的大兴安岭火山岩带，中东部地区盆地发育，蕴藏丰富的能源矿产。早白垩世以断陷-坳陷型盆地沉积为主，是成煤的主要地质时期，著名的鹤岗、鸡西、七台河、双鸭山四大煤田，是黑龙江省重要的能源基地；晚白垩世以大型坳陷型盆地沉积为主，是成油气的主要时期，大庆油气田无论是储量还是产量均居全国首位。

大兴安岭地层分区：松嫩盆地以西以北地区，白垩系自上而下可分为白音高老组、龙江组、光华组，为一套由流纹质火山岩-安山质火山岩-流纹质火山岩-沉积岩建造，含热河生物群叶肢介、介形虫、昆虫等化石，另外，山间盆地分布九峰山组，为含煤碎屑岩-火山岩建造，甘河组为陆相玄武-安山质火山岩建造，西岗子组为含煤碎屑沉积。

表 2-2 黑龙江省中生代地层分区表

地层区		内蒙—松辽 I_2					东北东部 I_3					那丹哈达 I_4
地层分区		大兴安岭 I_2^1			松嫩—小兴安岭 I_2^2		张广才岭 I_3^1	太平岭 I_3^2	鸡西—密山 I_3^3		三江 I_3^4	饶河 I_4^1
地层小区		漠河 I_2^{1-1}	塔河 I_2^{1-2}	呼玛—龙江 I_2^{1-3}	松嫩 I_2^{2-1}	小兴安岭 I_2^{2-2}			鸡西 I_3^{3-1}	密山 I_3^{3-2}		
白垩系 K	上统 K_2				松花江群：明水组 K_2m 四方台组 K_2sf 嫩江组 K_2n 姚家组 K_2y 青山口组 K_2q 泉头组 K_2qt	嘉荫群 K_2J：富饶组 K_2f 渔亮子组 K_2yl 太平林场组 K_2tp 永安村组 K_2yn	海浪组 K_2hl	松木河组 K_2s			雁窝组 K_2yw 七星河组 K_2qx	四平山组 $K_{1-2}sp$
	下统 K_1	北极村杂岩 gnK_1 九峰山组 K_1j 光华组 K_1gn 瓦拉干组 K_1w 漠河组 J_3K_1m	孤山镇组 K_1gs 甘河组 K_1g 龙江组 K_1l 额木尔河群 J_3K_1E 白音高老组 K_1by	西岗子组 K_1x 王福店组 K_1wf	松花江群 $K_{1-2}s$ 登娄库组 K_1dl 营城组 K_1yc 沙河子组 K_1s 火石岭组 K_1hs	淘淇河组 K_1t 福民河组 K_1f 美丰组 K_1mf 建兴组 K_1jx 宁远村组 K_1n 板子房组 K_1b	淘淇河组 K_1t	猴石沟组 K_1h 东山组 K_1ds 穆棱组 K_1m	鸡西群 K_1J：穆棱组 K_1m 城子河组 K_1c 滴道组 K_1d	珠山组 K_1z 云山组 K_1y 七虎林河组 K_1q 裴德组 K_1P	龙爪沟群 K_1L：穆棱组 K_1m 城子河组 K_1c	皮克山组 K_1pk 珍宝岛组 K_1zb 大架山组 K_1dj 南大塔山组 K_1nd 东安镇组 J_3K_1d
侏罗系 J	上统 J_3	二十二站组 J_3K_1e 绣峰组 J_3K_1x 塔木兰沟组 $J_{2-3}t$	额木尔河群 J_3K_1E 玛尼吐组 J_3mn 满克头鄂博组 J_3m								东荣组 J_3dr 绥滨组 $J_{2-3}s$	完达山增生杂岩（T_2J_3W）：基质：J_{2-3}混杂堆积、浊积岩、含岩块，外来岩块浊积岩；岩块：J_{2-3}弧火山岩、洋岛玄武岩、T_3J_2镁铁—超镁铁质岩，T_3、T_{2-3}硅泥质岩。外来岩块：C—P灰岩。
	中统 J_2			七林河组 J_2q 万宝组 J_2w								
	下统 J_1		战备村组 J_1z			神树镇组 J_1ss 太安屯组 J_1t	二浪河组 J_1e	绥芬河组 J_1s		大秃山组 J_1d		
三叠系 T	上统 T_3					凤山屯组 T_3f	冷山组 T_3ln	罗圈站组 T_3l 南村组 T_3nc		南双鸭山组 T_3n		跃进山增生杂岩（C_2T_3Y）：T_3硅泥质组合；T_3岛弧火山岩；C_2P_3海山玄武岩、大理岩、超镁铁质岩、镁铁质岩。
	中统 T_2			哈达陶勒盖组 T_2h		张广才岭杂岩 P_3T_3Z	东风林场岩片 P_3T_3df 夹信山岩片 P_3T_3j 新兴岩片 P_3T_3x	太平沟岩片 P_3T_3tp 依兰岩片 P_3T_3yl 桦南岩片 P_3T_3hn 磨刀石岩片 P_3T_3m	虎林岩片 P_3T_3h 道河岩片 P_3T_3d 杨木岩片 P_3T_3ym	黑龙江增生杂岩 P_3T_3H		
	下统 T_1			老龙头组 T_1l		楼家围子组 T_1lj						

松嫩-小兴安岭地层分区：松嫩盆地下白垩统—上白垩统为松花江群，自下而上可分下白垩统登楼库组，上白垩统泉头组、青山口组、姚家组、嫩江组、四方台组和明水组。这套地层为河湖相碎屑沉积，含叶肢介、介形虫、双壳类、鱼类、轮藻、沟鞭藻、孢粉等多门类化石及丰富的油气资源。下白垩统自下而上可分板子房组、宁远村组、建兴组、美丰组、淘淇河组、福民河组。下统以中酸性火山岩为主，上部以山间盆地型含煤碎屑沉积为主；上白垩统主要见于嘉荫盆地，自下而上可分为永安村组、太平林场组、渔亮子组、富饶组，为河湖相碎屑沉积，含恐龙和被子植物化石。其中富饶组湖沼相含煤碎屑沉积，所含植物化石和孢粉组合可与结雅盆地的查加阳组对比，锆石 U-Pb 同位素年龄值 66Ma，接近白垩纪与古近纪界线年龄 65.5Ma。

鸡西-密山地层分区：下白垩统为断陷-坳陷盆地型含煤碎屑沉积，可分两种类型，鸡西群以陆相为主的含煤岩系，主要分布于鹤岗、双鸭山、七台河、鸡西等盆地，自下而上可分为滴道组、城子河组、穆棱组；龙爪沟群为海陆交互相含煤碎屑沉积，主要分布于勃利盆地，自下而上可分为裴德组、七虎林河组、云山组、珠山组。两群之上均被东山组和猴石沟组覆盖；上白垩统下部为松木河组安山-流纹质火山岩，分布上述盆地中，多不整合于猴石沟组之上，上部海浪组为河湖相杂色碎屑沉积，主要分布于海浪盆地。

饶河地层分区：下白垩统南大塔山组为中、酸性火山岩建造，下白垩统大架山组为海陆交互相细碎屑沉积，含双壳类、菊石化石。珍宝岛组为陆相含煤细碎屑沉积。皮克山组为陆相安山-英安质火山岩，四平山组为山间盆地型碎屑沉积。

（三）新生界

1. 古近系

黑龙江省古近系主要分布于松嫩、三江、兴凯湖等大型盆地和依舒、敦密等地堑式盆地内，以河湖细碎屑沉积为主，含丰富的褐煤和油页岩等（表 2-3）。

松嫩平原地层分区：古新统缺失，始新统—渐新统依安组为湖沼相含煤碎屑沉积，含钙质结核，主要分布于依安、林甸、富裕等地。

依舒地堑-三江平原地层分区：古—渐新统宝泉岭组主要分布于萝北宝泉岭农场、富锦县大兴农场、依兰县达连河等地，为河流-湖沼相含煤碎屑沉积。始新统—渐新统达连河组，主要分布依兰—方正一带，为河流-湖沼相碎屑沉积，含煤和油页岩。

敦密-兴凯湖平原地层分区：虎林组为河流-湖沼相碎屑岩夹玄武岩组合，含煤和油页岩，普遍分布盆地内。

小兴安岭地层分区：古新统乌云组零星分布于嘉荫、逊克等地，为河流-湖沼相含煤碎屑沉积，本地区乌云组正引起国内外地学界关注，很可能成为 K-Pg 界线剖面。

2. 新近系

在继承古近系沉积格局的基础上，山间盆地发育了类磨拉石型河流相沉积，晚期有大量陆相玄武岩喷发。

北部大、小兴安岭广泛分布孙吴组，属河流相类磨拉石碎屑沉积，含孙吴式铁矿；松嫩平原分布大安河组；三江平原和兴凯湖平原广泛分布富锦组，为河、湖相含煤碎屑沉积。晚期北部分布西山玄武岩；南部分布船底山玄武岩，向南延入吉林省。西山玄武岩和船底山玄武岩常覆盖在不同时代地质体之上，呈方山、席状、桌状等，柱状节理发育，常构成具观赏价值的地貌景观。

表 2-3 黑龙江省新生代地层分区表

地层分区	大兴安岭Ⅱ$_2^1$	松嫩平原Ⅱ$_2^2$			小兴安岭Ⅱ$_2^3$	张广才岭—老爷岭Ⅱ$_2^4$	依舒地堑—三江平原Ⅱ$_2^5$		敦密—兴凯湖平原Ⅱ$_2^6$		
地层小区		小古里河—二克山火山岩带	齐齐哈尔（低平原）Ⅱ$_2^{2-1}$	哈尔滨（高平原）Ⅱ$_2^{2-2}$			依舒地堑Ⅱ$_2^{5-1}$	三江平原Ⅱ$_2^{5-2}$	敦—密地堑Ⅱ$_2^{6-1}$		兴凯湖平原Ⅱ$_2^{6-2}$
第四系 Q 全新统 Qh：Qh^3	Qh^{3b}、Qh^{3a}	老黑山玄武岩 βQh^3l	风积Qh^{3e}	沼泽沉积Qh^{3a}；运粮河文化Qh^{3b}	采金遗迹Qh^{3b}		沼泽沉积Qh^{3a}	友谊文化Qh^{3b}	渤海国文化Qh^{3b}	沼泽沉积Qh^{3a}	大湖岗风积湖积层Qh$^{2-3el}d$
—0.25万年— Qh^2	冰水堆积Qh^{2-3g}、Qh^{2-3fp}		昂昂溪文化 Qh^{1-2b}	低漫滩冲积—洪积层Qh^{2-3fp}					镜泊近期玄武岩 βQh^2j		
—0.75万年— Qh^1	高漫滩冲积—洪积层Qh^{1-2fp}										
—1.1万年— 更新统 Qp：萨拉乌苏阶 Qp^3	雅鲁河组Qp^3y		大兴屯组Qp^3d	顾乡屯组Qp^3g			别拉洪河组Qp^3b		镜泊晚期玄武岩 βQp^3j	别拉洪河组Qp^3b	太阳岗风积湖积层Qp^{3el}t
	诺敏河组Qp^{2-3}n	大椅山玄武岩 βQp^3d	齐齐哈尔组Qp^{2-3}q	哈尔滨组Qp^{2-3}h			向阳川组Qp^{2-3}x				二道岗风积湖积层Qp^{3el}e；荒岗风积湖积层Qp^{2el}h
—12.8万年— 周口店阶 Qp^2	绰尔河组Qp^2c	笔架山玄武岩 βQp^2b；尾山玄武岩 βQp^2w	林甸组Qp^{1-2}b	上荒山组Qp^2s			浓江组Qp^{1-2}n				东林岗风积湖积层Qp^{2el}d
—78.0万年—	白土山组Qp^{1-2}b	焦得布玄武岩 βQp^1j		下荒山组Qp^{1-2}x							
泥河湾阶 Qp^1	东华组Qp^1d	大熊山玄武岩 βQp^1d	泰康组Qp^1t	东深井组Qp^1d；猞猁组Qp^1s	冲积—湖积层Qp^{1fl}		冲积—湖积层Qp^{1fl}		镜泊中期玄武岩 βQp$^1j^{1-2}$；镜泊早期玄武岩 βQp$^1j^{1-1}$	冲积—湖积层Qp^{1fl}	
—2.588Ma— 新近系 N：上新统 N$_2$ —5.3Ma— 中新统 N$_1$ —23Ma—	孙吴组N$_{1-2}s$	西山玄武岩 βN$_1x$	大安河组N$_{1-2}d$	孙吴组		桦南组N$_1h$	大罗密玄武岩 βN$_1d$；富锦组N$_{1-2}f$		船底山玄武岩 βN$_{1-2}c$	土门子组N$_1t$	富锦组N$_{1-2}f$
古近系 E：渐新统 E$_3$ —33Ma— 始新统 E$_2$ —56Ma—			依安组E$_{2-3}y$				达连河组E$_{2-3}d$	宝泉岭组E$_{2-3}b$	鸡林玄武岩 βE$_3j$；黄花玄武岩 βE$_2h$	永庆组E$_{2-3}y$	虎林组E$_{2-3}h$
古新统 E$_1$ —66Ma				乌云组E$_1w$	含煤段 白山头段E$_1^b$		乌云组E$_1w$				

3. 第四系

黑龙江省第四系非常发育，分布面积约占全省面积的一半，主要分布于松嫩、三江、兴凯湖平原和山区的山间谷地及山麓地带，包括河流、湖泊、沼泽、风积、冰缘堆积等各种成因类型。具有代表冰缘气候特征的披毛犀-猛犸象动物群，火山地貌发育完好的五大连池、镜泊湖等第四纪火山群，都是第四纪重要的地质遗迹，同时第四系还含有砂金、泥炭、黏土等矿产资源。

(1)第四系更新统。

松嫩平原地层分区：西部第四系自下而上可分为泰康组、林甸组、齐齐哈尔组和大兴屯组。东部为猞猁组、东深井组、下荒山组、上荒山组；哈尔滨组、顾乡屯组。其中大兴屯组含披毛犀化石，顾乡屯组含猛犸象化石，二者均为重要的化石产地。

依舒地堑-三江平原地层分区：下部为冲-洪积层，浓江组、向阳川组和别拉洪河组构成Ⅱ级、Ⅰ级阶地堆积。

敦密-兴凯湖平原地层分区：下部为冲积-湖积层；中上部为风积湖积层，湖岗风积层是黑龙江省第四纪一种特殊的沉积类型。

大兴安岭地层分区：东华组为冰缘环境湖相沉积；白土山组为山前台地冰缘洪积、融冻堆积，绰尔河组为Ⅱ级阶地冰缘洪积；诺敏河组为埋藏阶地，雅鲁河组为砂砾石和亚黏土堆积。

(2)第四系全新统。

全新统全省均分为下部高漫滩堆积和上部低漫滩堆积。其中高漫滩堆积是黑龙江省湿地分布区的地貌单元。

五大连池火山群：共有 5 个喷发期，即早更新世格拉球期，中更新世焦得布期、尾山期，晚更新世笔架期，全新世老黑山期，均为陆相富钾碱性玄武岩类。5 期玄武岩构成 14 座火山锥及其熔岩台地，是世界级五大连池地质公园的重要组成。

镜泊火山群：共有 4 个喷发期，即早更新世镜泊早期玄武岩；中更新世镜泊中期玄武岩；晚更新世镜泊晚期玄武岩；全新世镜泊近期玄武岩，均为大陆碱性玄武岩类。4 期玄武岩所形成的火山锥及熔岩台地，是世界级镜泊湖地质公园的重要组成。

二、岩石

(一)侵入岩

黑龙江省岩浆活动频繁，受构造单元控制明显，侵入岩极为发育，分布面积约 11 万 km^2。岩石类型齐全，从超基性岩—基性岩—中酸性岩类—酸性岩类均有分布，其中以中酸性—酸性岩类，也即花岗岩类分布最为广泛。黑龙江省侵入岩地貌常形成极具观赏价值的石林景观和各种象形石，常构成峡谷地貌。

1. 大兴安岭弧盆系侵入岩

1)漠河前陆盆地侵入岩

新元古代侵入岩主要有塔河县双合站秀水交代巨斑二长花岗岩(K-Ar 同位素年龄值分别为 160.8Ma和 157.5Ma)，可见由晚侏罗世漠河推覆作用形成的构造窗。构造窗为主要的构造事件，是重要的地质遗迹；早白垩世侵入岩主要表现为与早白垩世大兴安岭火山岩密切相关的侵入活动，形成了塔河县二十四站北山闪长岩(K-Ar 同位素年龄值 121.9Ma)。鸥浦石英二长岩，樟松山、古鲁干、二十一战等花岗闪长岩复式岩株(K-Ar 同位素年龄值 115.0Ma)，下渔亮子、永合站东、象鼻山南、马林和二十四站北等黑云母二长花岗岩、正长花岗岩等小岩株。岩体零星展布。

2)额尔古纳岛弧侵入岩

新元古代侵入岩主要分布于额尔古纳微地块和兴华微地块，额尔古纳微地块本期巨斑花岗岩、老槽河山(Sm-Na 同位素模式年龄值 638.61Ma)、砂宝斯林场等岩体后期受漠河推覆构造作用已糜棱岩化；兴华微地块塔河县外倭勒根河和西吉雅那勒河为弱片麻状似斑状黑云母二长花岗岩。

早寒武世侵入岩主要为与新元古代—早寒武世倭勒根群构成的陆缘裂陷槽形成密切相关的大兴安岭地区新林蛇绿岩，主要岩体有塔原、新林、小库达音河等，主要岩性为角闪橄榄岩、金云母角闪岩、辉长岩等。塔原小库达音河左岸 754 高地附近获本期金云母角闪岩(K-Ar 法同位素年龄值 593Ma)，塔河县盘古河上游东侧变辉长岩[Sm-Na 同位素年龄值(600±44)Ma]，呼玛北西里见辉长岩等岩体。

晚奥陶世侵入岩为塔河-白银钠辉长岩-角闪辉长岩，K-Ar 同位素年龄值 411.3Ma，主要岩体有抓洛古多河、塔河镇等辉长岩体、十八站石英闪长岩-花岗闪长岩等。

早石炭世侵入岩为与翠岗陆表海闭合、增生造山有关的侵入岩，主要岩体有呼玛县三间房、防火桥闪长岩(K-Ar 同位素年龄值 322.0Ma)，东习刮、雄关二长花岗岩等。

二叠纪侵入岩主要为花岗岩和花岗闪长岩，主要岩体有北西里花岗闪长岩、互拉里闪长岩、鸡尾甸子二长花岗岩(K-Ar 同位素年龄值分别为 225.0Ma、229.0Ma 和 214.7Ma)、内倭勒根西、黑龙沟正长花岗岩和碱长花岗岩。

晚三叠世—早侏罗世侵入岩主要岩体有呼玛县富林经营所二长花岗岩(K-Ar 同位素年龄值 215Ma)，库纳森河上游正长花岗岩，塔河县杨基里河、呼玛五顶山碱长花岗岩。

早白垩世侵入岩与大兴安岭火山岩带密切相关，主要岩体有十八站南坝拉卡其石英二长岩(K-Ar 同位素年龄值 127.12Ma)，小波勒山南、塔源西南、新林花岗闪长岩，肖库加尔、塔南、新林等二长花岗岩与碱长花岗岩，多呈小岩株。

3)呼玛弧后盆地侵入岩

早寒武世侵入岩主要围绕落马湖微地块分布，与新元古代—早寒武世落马湖群边缘增生相关，主要有呼玛县铁山农场东片麻状花岗闪长岩、铁山农场四队片麻状二长花岗岩岩体(锆石 U-Pb 同位素年龄值 1003～467Ma)。

早石炭世侵入岩为十二站奥陶纪—泥盆纪陆缘裂陷槽闭合后增生的侵入岩，有呼玛县铁山四队东花岗闪长岩(K-Ar 同位素年龄值 328Ma)、铁山二队与卫星山二长花岗岩。

晚二叠世—早三叠世侵入岩主要有黑河市砍都河闪长岩和石英闪长岩等岩体；尾河、星山村等花岗闪长岩岩体；余庆沟西山(K-Ar 同位素年龄值 255Ma)、510 高地、315 高地、二十四号桥南二长花岗岩体；三分处等正长花岗岩岩体。

晚三叠世—早侏罗世侵入岩主要有南砍都河口(U-Pb 同位素年龄值 203Ma)、566 高地等花岗闪长岩岩体；485 高地、496.8 高地等二长花岗岩岩体；呼玛县十二站、645 高地、五道沟、沟央梁子等正长花岗岩岩体。

早白垩世侵入岩与大兴安岭火山岩带密切相关，岩体零星分布，规模不大，主要有 352.5 高地、四道沟、三包山等花岗闪长岩岩体；兴隆沟西北花岗斑岩；妙美山二长花岗岩；长沟顶河西部正长花岗岩；大奥卢尔提河碱长花岗岩等。

4)多宝山岛弧区侵入岩

早石炭世是多宝山岛弧最终闭合增生阶段，与其有关的侵入岩有白石砬子糜棱岩化闪长岩(K-Ar 同位素年龄值 308Ma)；多宝山糜棱岩化花岗闪长岩；城中山、黑花山等二长花岗岩。

晚三叠世—早侏罗世侵入岩为多宝山岛弧闭合增生后所形成的侵入岩，主要有固固河、三道沟、泉乎河等二长花岗岩；762 高地、金冠山、庄乎河等碱长花岗；门鲁河下游、四站林场等碱性花岗岩体。

早白垩世侵入岩与大兴安岭火山岩带密切相关，主要岩体有太平林场西石英二长岩；独立山、三矿沟、鸡冠山、阿龙沟等花岗闪长岩；门鲁河上游二长花岗岩；霍龙门窝窝(K-Ar 同位素年龄值 114.0Ma)、新业等碱长花岗岩体。

5)黑河蛇绿混杂岩带侵入岩

该蛇绿混杂岩带内侵入岩主要表现为沿黑河缝合带嫩江断裂沿线发育的石炭纪蛇绿混杂岩体，如黑河市七二七林场、付地营子、二道河子、霍龙沟等蛇绿混杂岩体。由于蛇绿岩套代表古洋壳的残余，它呈混杂体出现，意味着古俯冲带或地缝合线的存在。

本带早石炭世、晚二叠世—早三叠世、早—中侏罗世侵入岩，由于造山运动挤压碰撞多呈混杂岩体。黑河七二七林场、新开岭、白石砬子、城中山、黑花山一带分布大量英云闪长质、花岗闪长质和二长花岗岩(同位素年龄多为345～209Ma)、正长花岗质糜棱岩带、大黑山碱长花岗岩等。

侏罗纪侵入岩主要分布在小岭山、二胜山、马厂、八里桥及德都县512高地，以超基性岩、基性岩、中性侵入岩株分布。

早白垩世侵入岩有闪长岩、花岗闪长岩、二长花岗岩等及黑河市格池捞、冰沟大山、龙江县碾子山等碱长花岗岩等小岩株。

6)塔溪岩浆弧侵入岩

晚二叠世侵入岩主要是与早石炭世洪湖吐河断陷和二叠纪塔溪-引龙河断陷闭合有关的侵入岩。主要有三站林场、白云、小西施阁南山等二长花岗岩体；群山、沐河屯等碱长花岗岩；松木山、四站林场等碱性花岗岩等。

2. 小兴安岭-张广才岭弧盆系侵入岩

1)东风山-尔站微地块侵入岩

东风山-尔站微地块侵入岩主要为与东风山岩群、尔站群、张广才岭杂岩密切相伴的一套前寒武纪花岗岩类，分布于东风山微地块、张广才岭裂谷、尔站微地块，代表性岩体有楚山、胡铁岭等花岗闪长岩等岩体。

2)伊春-延寿岩浆弧侵入岩

晚奥陶世侵入岩与伊春-延寿裂陷槽相关的角闪辉长岩[Sm-Na等时线年龄值(425±9)Ma、Sm-Na同位素年龄值(1700±21)Ma，为镁铁质岩浆分异或岩浆源区年龄]；同造山花岗闪长岩体；小西林等混杂花岗岩体；大丰[Rb-Sr等时线年龄值(456±2)Ma、单粒锆石U-Pb同位素年龄值379～349Ma]等二长花岗岩岩体。

早石炭世花岗岩类主要在南部地区，围绕小北湖早泥盆世和晚石炭世火山弧分布，小北湖西为石英闪长岩体、张家窑等花岗闪长岩体，小北湖南二长花岗岩体[Rb-Sr等时线年龄值分别为(346±71)Ma、364.89Ma、407Ma]。

晚石炭世花岗岩类主要分布于北部伊春一带，主要有泉山林场等片麻状石英闪长岩；松林林场等片麻状花岗闪长岩；伊春新青—汤旺河—乌伊岭—南岔—带岭一带的黑云母二长花岗岩。本期同位素年龄值多为311～207Ma。

晚三叠世—早侏罗世花岗岩类有苇河、团结、延寿等二长花岗岩；小白、猴石、柳树河子等正长花岗岩体；红石砬子、一撮毛等碱长花岗岩体；清水、朝鲜屯、大王折子等碱性花岗岩体。本期花岗岩同位素年龄值多为222～199Ma，分布广泛，为伊春-延寿花岗岩带主体。侵入岩常构成具有观赏性的地貌景观，如小兴安岭国家级花岗岩石林地质公园；横头山、松峰山、二龙山等省级地质公园。

晚侏罗世侵入岩主要分布于本带南部。代表岩体为冷山北细粒花岗闪长岩体、七峰林场二长花岗岩、地下森林北细粒正长花岗岩体。

早白垩世侵入岩分布广泛，出露零星。岩体众多，多呈小岩株、岩墙状产出，有桦阳、七号闸、大楞场、弓棚子等闪长岩和花岗闪长岩体；丰林林场、伊东林场、高峰林场等二长花岗岩体；冷山等碱长花岗岩体。

伊春-延寿岩浆弧区侵入岩非常发育，有不同期次、不同类型侵入岩体500多个，是黑龙江花岗岩带主要组成部分。

3. 佳木斯地块侵入岩

1)太平沟-穆棱裂谷带侵入岩

早寒武世侵入岩主要分布于嘉荫—依兰—穆棱一带,有超基性—基性岩等组成的蛇绿岩;早寒武世侵入岩分布于萝北县庆林林场、嘉荫县嘉荫河岛为中细粒二长花岗岩(单粒锆石 U-Pb 同位素年龄值 500.4Ma)。

2)兴东古陆块侵入岩

新太古代侵入岩主要分布于鸡西古陆核区,为同构造期的辉长岩。

古元古代侵入岩主要分布于萝北县、双鸭山市、勃利县一带,主要有罗泉、象鼻山等混合花岗岩,上游、青山、湖水、七星砬子等花岗闪长岩岩体;胜利等花岗岩体。

晚奥陶世侵入岩有宝清蓝花顶子、碾盘山等正长花岗岩[Rb-Sr 等时线年龄值(415±6Ma)]。

晚二叠世—早三叠世侵入岩,有鸡西滴道北细粒石英二长闪长岩、四海店等二长花岗岩(K-Ar 同位素年龄值 254Ma)。

晚三叠世—早侏罗世侵入岩,有密山市红庄、珍子山北、锅盔河等二长花岗岩岩体;连珠山西北正长花岩等岩体。

早白垩世侵入岩分布零星,多呈岩株、岩脉产出,有密山市裴德参场闪长岩、大珠西山闪长玢岩、花岗闪长岩等小岩体。

4. 完达山结合带侵入岩

晚三叠世—早侏罗世侵入岩,有饶河蛤蟆河(K-Ar 同位素年龄值 189.3Ma),宝石、虎林市三元坝、农垦师二团等花岗闪长岩,饶河永幸林场、太平村似斑状二长花岗岩,饶河县太平林场、虎林三元坝西、蛤蟆通、尖山子正长花岗岩等。

早白垩世侵入岩,有饶河县龙山闪长岩、和平屯南山石英二长岩(K-Ar 同位素年龄值 113.4Ma)、小别拉坑河二长花岗岩;镇江村、永幸林场碱长花岗岩等小岩株。

5. 兴凯地块侵入岩

新太古代侵入岩有虎头混合岗岩等,主要分布于虎头陆核区。

晚二叠世侵入岩有西大翁透辉石岩、辉长岩、杨木林子辉长岩等岩体,杨木乡育青花岗闪长岩等,杨木沟、蜂蜜山等二长花岗岩。

晚三叠世—早侏罗世侵入岩,有密山市柳毛乡、杨木乡、虎林市石青山、东宁市绥阳镇西、大徐山、闹枝沟等黑云母二长花岗岩;向化、金场沟、八楞山等正长花岗岩;紫阳、沙河子、共和林场等碱长花岗岩。

早白垩世侵入岩为与早白垩世火山岩密切相关的太平岭花岗闪长岩,密山市插旗山兴隆、育林、南林子正长岩、钠铁闪石霞石正长岩等。

(二)火山岩

黑龙江省火山岩分布广泛,面积达 5.6 万 km^2,占全省山区面积的近 1/4。尤以中、新代火山岩最为发育,占火山岩总面积的 90%。各种岩石类型中,古生代细碧角斑岩、中生代海相超镁铁质熔岩和陆相含橄榄石安粗岩、新生代碱玄质响岩等,都是具有特色的岩石类型。前寒武纪火山岩由于变质程度深,放在变质岩部分叙述。

根据火山岩形成的阶段、构造环境、岩石组合类型、以往同位素年龄测定、火山作用特征等,对黑龙江省构造岩浆活动进行了初步划分。一般以含火山物质 40%以上,出现熔岩的地层组作为火山岩组。

1. 海相火山岩

海相火山岩总体特点：主要形成古亚洲洋生成演化过程中的裂谷盆地或岛弧的伸展构造环境，蛇绿混杂岩建造、细碧角斑岩建造、巨厚火山复理石建造等。

1）大兴安岭弧盆系海相火山岩

早—中奥陶世海相火山岩：主要形成于多宝山岛弧和呼玛弧后盆地的伸展构造环境，喷发期次为中奥陶世，以火山弧的形式存在。如铜山组火山复理石/复理石建造、多宝山组钙碱性系列玄武岩-流纹岩建造。

泥盆纪海相火山岩：主要形成于多宝山岛弧区的罕达气裂谷、呼玛弧后盆地的五道沟裂陷盆地中，主要喷发期次为泥鳅河组，为火山复理石建造-细碧角斑岩建造。

早二叠世海相火山岩：主要形成于塔溪岩浆弧区的龙江-塔溪裂谷的构造环境。大石寨组为中基性、酸性火山岩建造、碳酸盐岩建造，局部出现角斑岩。

2）小兴安岭-张广才岭弧盆系海相火山岩

早—中奥陶世火山岩形成于伊春-延寿岩浆弧的伸展构造环境，以火山弧的形式存在。宝泉组为钙碱系列中性、酸性火山岩建造；大青组为钙碱系列、中性、中酸性火山岩建造。

3）佳木斯-兴凯地块海相火山岩

晚古生代火山岩主要形成于地块的凹陷盆地中。

早石炭世火山岩形成于密山-宝清凹陷盆环境中。北兴组为中酸性火山碎屑岩建造。

早二叠世火山岩形成于老黑山凹陷盆中，红叶桥组为中性、中酸性火山岩-碎屑岩-碳酸盐岩建造。

4）完达山结合带海相火山岩

跃进山俯冲增生杂岩分布有复理石夹硅质岩、超基性—基性熔岩的火山岩建造。

2. 陆相火山岩

黑龙江省陆相火山岩从晚古生代—中新生代均有分布，尤以晚侏罗世—早白垩世陆相火山岩最为发育。可分古亚洲构造域和滨太平洋构造域陆相火山岩。

1）古亚洲构造域陆相火山岩

（1）大兴安岭弧盆系陆相火山岩：主要有五道岭组中性、酸性火山岩，形成挤压向伸展转换环境。

（2）小兴安岭陆相火山岩：主要有福兴屯组碎屑岩夹酸性火山岩沉积建造，分布于黑龙宫裂陷盆地；唐家屯组中酸性—酸性火山岩建造，分布于滨东地区；二叠纪火山岩主要有青龙屯组中基性火山岩—沉积岩建造，五道岭组中性—酸性火山岩，分布于伊春-延寿岩浆弧区。

（3）佳木斯-兴凯地块区：主要有老秃顶子组中性、酸性火山岩建造；七里卡山组中酸性火山碎屑岩建造，形成于伸展环境中；二叠纪陆相火山岩二龙山组中基性火山岩建造，分布于密山-宝清凹陷盆地；双桥子组中性、中酸性火山岩建造，分布于平阳-老黑山陆内凹陷盆地中；晚三叠世—中侏罗世陆相火山岩，有兴凯地块上的南村组中性火山岩夹少量基性及酸性火山岩组合；罗圈站组酸性火山岩建造，绥芬河组中基性火山岩建造。

2）滨太平洋构造域陆相火山岩

（1）大兴安岭火山活动带：七林河组属山间盆地型含煤沉积建造夹少量中性、中酸性火山岩；晚侏罗世—早白垩世火山岩可划分 5 个火山喷发期次，从老到新分别为塔木兰沟组以熔岩为主的中基性火山岩建造；白音高老组为中酸性火山岩建造；龙江组为中性火山岩建造；光华组为酸性火山岩建造；甘河组为基性火山岩建造。

（2）小兴安岭-张广才岭陆相火山岩：早侏罗世陆相火山岩有二浪河组中性、中酸性火山岩建造，分布于尚志—海林一带；太安屯组酸性火山岩建造分布于滨东地区；神树镇组为酸性火山岩建造。早白垩世陆相火山岩可分 2 个喷发期次，分别为板子房组中性火山岩建造和宁远村组酸性火山岩建造。

（3）佳木斯-兴凯地块陆相火山岩：主要有东山组中性火山岩建造、皮克山组中酸性火山岩建造；晚白垩世陆相火山岩有松木河组安山-流纹质火山岩建造。

(4)新生代陆相火山岩:新近系陆相火山岩为沿嫩江断裂分布的西山组橄榄白榴石玄武岩;沿依舒地堑、敦密地堑、双鸭山、东宁老黑山等地分布有新近系船底山组大陆拉斑玄武岩;第四纪陆相火山岩主要为分布于五大连池、镜泊湖、逊克等地的玄武岩。

(三)变质岩

黑龙江省前寒武纪变质岩,主要分布于佳木斯地块、兴凯地块、额尔古纳微地块和落马湖微地块、东风山微地块等古老变质岩区。

根据变质岩所处构造域、变质岩特征、变质相等,对全省变质岩进行了单元划分。全省均处于天山-兴蒙前古生代变质岩域,可分为佳木斯-兴凯地块变质岩区、东风-尔站地块变质岩区、额尔古纳地块变质岩区。

1. 佳木斯-兴凯地块变质岩区

(1)中—新元古代变质岩系分布于鸡西麻山、虎林等地,是佳木斯、兴凯地块的核心区,由麻山岩群和兴东岩群组成。麻山岩群由西麻山岩组和余庆岩组组成。变质程度以高角闪岩相为主,局部达麻粒岩相,为一套具孔兹岩特点的片麻岩-麻粒岩变质建造,属于中压区域热流变质作用。兴东岩群由大盘道岩组和建堂岩组组成。变质程度以低角闪岩相为主,局部达高角闪岩相,混合岩化发育。兴东岩群各组均属低中压区域热流变质作用,形成于湿热浅海陆棚区的沉积环境。

(2)中生代变质岩系主要由黑龙江增生杂岩组成,分布于太平沟裂谷带、依兰裂谷带和穆棱裂谷带,变质作用以绿片岩相-低角闪岩相为主。变质岩带内遭受多期复合成因的韧性剪切作用,岩石遭受多期强烈变质变形改造,层序紊乱,可参考的标志性岩石组合为白云钠长片岩、白云石英片岩。区内可分4个条带,各带中均有侵位的基性—超基性岩块呈带状分布。原岩均为两个双峰式。

2. 东风-尔站地块变质岩区

(1)中—新元古代变质岩系主要分布于伊春—汤原一带,由东风山岩群组成。东风山岩群分亮子河岩组、桦皮沟岩组和红林岩组,属绿片岩相至低角闪岩相。

(2)古生代变质岩系主要分布于海林一带,由张广才岭杂岩组成。张广才岭杂岩分新兴岩片、东风林场岩片、夹信山岩片。属绿片岩相。

3. 额尔古纳地块变质岩区

(1)中—新元古代变质岩系主要分布于呼玛、塔河、漠河一带,由兴华渡口岩群组成,兴华渡口岩群分为光华岩组和兴安桥岩组,属高绿片岩相和低角闪岩。

(2)古生代变质岩系主要分布于呼玛、新林等地,由落马湖岩群和倭勒根岩群组成,落马湖岩群可分为嘎拉山岩组和北宽河岩组,倭勒根岩群可分为吉祥沟岩组和大网子岩组。两群均属低绿片岩相。

三、区域地质构造

(一)大地构造位置

黑龙江省地处古亚洲构造域和滨太平洋构造域交接复合部位。前中生代处于西伯利亚古陆和华北古陆之间,中生代一并卷入滨太平洋构造域。在漫长的地质构造演化过程中,海陆变迁,壳幔物质能量交换,其发展经历了反复交替的体制,总的发展趋势是从稳定向活动过渡,又从活动向稳定发展。地质构造十分复杂。

(二)大地构造分区

Ⅰ级和Ⅱ级大地构造单元分区,原则上采用全国大地构造分区初步划分方案,Ⅲ级构造单元划分,以黑龙江省系列编图大地构造划分方案为基础。

根据前述地质构造单元划分原则、地质构造的基本特征,将黑龙江省构造单元划分为五级(表 2-4)。

表 2-4 黑龙江省大地构造单元划分一览表

Ⅰ级	Ⅱ级	Ⅲ级	Ⅳ级—Ⅴ级
西伯利亚克拉通(南缘陆缘增生带)	额尔古纳-图瓦联合地块	额尔古纳地块	古莲-兴华隆起(Pt_1、Pt_{2-3}):十七站古陆核(Pt_1)、古莲隆起(Pt_{2-3})、兴华隆起(Pt_{2-3})
			洛古河-塔河侵入岩带:洛古河侵入岩亚带、塔河侵入岩亚带
			前哨-馒头山古生代坳陷(D-P):前哨坳陷(D_1)、布鲁吉坳陷(C_1)、馒头山坳陷(P_2)
			霍洛台山-金山侵入岩弧(J_1):霍洛台山侵入岩弧、金山侵入岩弧
			漠河前陆盆地(J_3K_1):北极村构造混杂岩带(K_1)、滨黑龙江隆起、中央坳陷、古莲河隆起、塔河隆起
			呼源-盘古火山岩带(J_3K_1):长缨-龙河林场亚带(K_1)、呼源-盘古亚带(J_3K_1)、林海-翠岗亚带(J_3K_1)、白银纳火山-沉积盆地(K_1)、霍拉盆断陷盆地(K_1)
	兴蒙古生代造山带	新林-喜桂图旗结合带	新林-塔源-兴隆俯冲增生杂岩带($Pt_3\in_1$)
		大兴安岭弧盆系	呼玛弧后盆地(O-S_1、D、J):兴隆残留海盆($Pt_3\in_1$)、北西里弧后盆地(O)、旗西山火山弧(O)、五道沟-老道店弧背盆地(S、D、J)
			日照山-西厂山弧间盆地(O-S、D、C、J):日照山弧间盆地(O-S、D、C)、柏树山侵入岩(带)弧(C_2、J_1-J_2)、西厂山弧间盆地(O-S、D、C)
			多宝山岛弧(O-P_1、J):多宝山-三峰山岛弧(O-S)、卧都河-罕达气弧背盆地(O-S、D、C)、大韭菜沟-大黑山侵入岩弧(C-P_1、J)
			古龙-木耳气火山-沉积盆地(J_2-K_1):古龙-旁开门火山-沉积盆地(K_1)、木耳气火山-沉积盆地(J_2、K_1)、傲山火山-沉积盆地(K_1)
		嫩江-黑河结合带	嫩江-黑河俯冲增生杂岩带(C_1)、新开岭片麻杂岩带(J_{2-3})、锦河农场侵入岩弧(J_{1-2})
		松嫩地块	山泉-桃山古陆核:山泉古陆核(Ar_3、Pt_1),桃山古陆核(Pt_1)
			一面坡-大秃顶子隆起($Pt_3\in_1$):一面坡隆起、杜家隆起、大秃顶子隆起
			滨东坳陷(D-P):铁力断坳陷盆地、黑龙宫断坳陷盆地
			龙江-塔溪后造山裂陷盆地(C_2P_3):塔溪后造山裂陷盆地(C_2P_3)、龙江后造山裂陷盆地(C_2P_3)
			九水山-小兴安侵入岩(带)弧(C_2P_1、J_1-J_2):九水山-哈吐山侵入岩(带)弧(C_2P_1、J_1-J_2)、小兴安侵入岩弧(J_1-J_2)
			山泉-松峰山火山-沉积盆地(J_1、K_1):五马子山火山-沉积盆地(K_1)、山泉火山-沉积盆地(K_1)、小吉岭库火山盆地(K_1)、东兴沉积盆地(K_1)、蒙古山火山盆地(J_1)、宁远村火山-沉积盆地(J_1、K_1)、松峰山火山盆地(J_1)、帽儿山火山盆地(J_1)

续表 2-4

Ⅰ级	Ⅱ级	Ⅲ级	Ⅳ级—Ⅴ级
西伯利亚克拉通(南缘陆缘增生带)	兴蒙古生代造山带	伊春-亚布力岩浆弧	东风山-尔站微地块(Pt_{2-3}):东风山微地块(Pt_{2-3})、尔站微地块(Pt_{2-3})
			五星镇陆表海盆地($\in_{1-2}$)
			宝泉-小金沟古生代岩浆弧:乌马河火山弧(O-S)、小金沟火山弧(O-S)、汤旺河-老黑顶子侵入岩弧(O-S)、小北湖火山弧(D)、桦树川水库火山弧(C-P)、江湾-温春侵入岩弧(P_{2-3})
			五营-亚布力中生代岩浆弧(T_3-J_1):白鹿山-大青顶子侵入岩弧(J_1)、乌马河火山弧(J_1)、守虎山-园莫顶子侵入岩弧(T_3)、亚布力侵入岩弧(T_3-J_1)、石头河子火山弧(T_3-J_1)
			逊克-尚志构造杂岩带(P_3T_3)
			张广才岭构造杂岩带(P_3T_3):夹信山岩片、东风林场岩片、新兴岩片
			美丰-庆阳火山-沉积盆地(K_1):美丰火山盆地(K_1)、友好火山-沉积盆地(K_1)、延寿火山-沉积盆地(K_1)、庆阳火山-沉积盆地(K_1)
西伯利亚-环太平洋叠加构造区Ⅱ	布列亚-佳木斯-兴凯联合地块	嘉荫-牡丹江结合带	嘉荫-牡丹江俯冲增生杂岩带(P_3T_3)
		佳木斯地块	双鸭山-麻山隆起(Pt_{2-3}、O-S):萝北隆起(Pt_{2-3}、O-S)、双鸭山隆起(Pt_{2-3})、大盘道隆起(Pt_{2-3})、麻山隆起(Pt_{2-3})、马家街坳陷(O-S)
			林口-七星砬子寒武纪侵入岩带($\in$):七星砬子亚带($\in_{1-2}$、$\in_{3-4}$)、勃利亚带($\in_{1-2}$)、桦林亚带($\in_{1-2}$)
			柴河-孟家岗二叠纪侵入岩弧(P):孟家岗侵入岩弧(P_{2-3})、五林侵入岩弧(P_{2-3})、连珠山侵入岩弧(P_{1-2}、T_3J_1)、老秃顶子侵入岩弧(P_{1-2})
			密山-宝清活动陆缘(D-P):碾盘山-蓝棒山裂陷盆地、七里嘎山裂陷盆地、珍子山裂陷盆地
			头林-杨岗残余海盆(T_3J_1):头林残余海盆(T_3)、杨岗残余海盆(T_3J_1)
			大三江盆地(K_1):鹤岗盆地(K_1)、双鸭山盆地(K_1)、双桦盆地(K_1)、勃利盆地(K_1)、鸡西盆地(K_1)、穆棱盆地(K_1)
		兴凯地块	虎头隆起(Pt_{2-3}):火石山隆起(Pt_{2-3})、虎头隆起(Pt_{2-3})
			金银库陆表海盆地($\in_{1-2}$)
			绥阳-东宁裂陷盆地(C_2-P):绥阳裂陷盆地(C_2-P)、东宁裂陷盆地(C_2-P)
			太平岭早中生代岩浆弧(T_3J_1):绥芬河-老黑山火山弧、西大翁-黄松侵入岩弧
			下城子-东宁火山-沉积盆地(K_{1-2}):下城子火山-沉积盆地、共和火山-沉积盆地、东宁火山-沉积盆地

续表 2-4

Ⅰ级	Ⅱ级	Ⅲ级	Ⅳ级—Ⅴ级
环太平洋造山带Ⅲ	完达山-锡霍特-美浓增生造山带	完达山亚带	跃进山俯冲增生杂岩带(C_2T_3)
			饶河俯冲增生杂岩带(T_2J_3)
			大架山-东安镇残余海盆地(J_3-K_1):东安镇残余海盆地(J_3-K_1)、大架山残余海盆地(K_1)
			皮克山-蛤蟆河-勤得利岩浆弧(K_1-K_2):皮克山火山弧(K)、蛤蟆河侵入岩弧(K_1)、三元坝侵入岩弧(K_1)、勤得利侵入岩弧(K_2)
	松辽上叠盆地	松嫩盆地(K-Q)	东南隆起区、东北隆起区、中央坳陷区、北部倾没区、西部斜坡区
	中国东部中-新生代裂谷系(K_2-Q)	郯庐断裂北段地堑系(E-Q)	依舒地堑:汤原断陷、依兰断隆、方正断陷、尚志断隆、山河断陷
			敦密地堑:七虎林河断陷、兴凯-杨岗断陷、杏山断隆、鸡东断陷、穆棱断隆、宁安断陷、乌河断隆、镜泊湖断陷
			兴凯湖坳陷盆地(E-Q):西北部隆起区、东南部坳陷区
		三江上叠盆地(K-Q)	军川隆起、绥滨坳陷、富锦隆起、前进坳陷、乌尔古力山侵入岩弧(E_{1-2})
		孙吴-嘉荫断陷(K-Q)	孙吴断陷、逊克断陷、乌云-嘉荫断陷
		新生代火山岩带(N-Q)	科洛-五大连池火山喷发带(N、Q):科洛火山群、五大连池火山群、莲花火山群、二克山火山群
			逊克火山喷发带(N):大寿山玄武岩台地(N)
			依舒火山喷发带(N):尚志火山群、大罗密火山群
			敦密火山喷发带(NQ):蛤蟆塘火山群(Q)、地下森林火山群(Q)、杏山火山群(N)、天岭玄武岩台地(N)
			东宁火山喷发带(N):老黑山玄武岩台地(N)

第三节 水文及水文地质概况

一、水文概况

黑龙江省水系发育,河流纵横,湖沼星罗棋布,以黑龙江、松花江、乌苏里江、绥芬河 4 个水系为主干。流域面积在 50km^2以上的河流有 1918 条,集水面积几乎囊括全省。此外还有以兴凯湖、镜泊湖、五大连池、连环湖为主的正常水面面积在 0.1km^2以上的湖泊 640 多个,正常蓄水量 98.86 亿 m^3,水面面积 5255km^2,地表水总量 656 亿 m^3。

1. 河流

(1)黑龙江:中国与俄罗斯的边境河流。黑龙江有南北两源,流经至抚远市东部与乌苏里江汇合后流入俄罗斯境内，最后注入鄂霍茨克海。干流全长 2821km，黑龙江省境内 1887km，本省流域面积 11.96km²。流域面积 1000km² 以上支流 34 条。

黑龙江水以雨水补给为主，融雪补给为辅，在中国境内的多年平均来水量为 1 144.8 亿 m³；多年平均封冻时间 160d，最长 185d，最短 116d。

（2）松花江：黑龙江右岸的最大支流，也是黑龙江省境内最大河流。松花江有南北两源，南源第二松花江在吉林省境内，发源于长白山天池；北源嫩江发源于大兴安岭伊勒呼里山。两源汇合处至注入黑龙江的江段称松花江干流。松花江总长 2309km，上段嫩江长 1370km，下段松花江干流长 939km。松花江以雨水补给为主，以融雪补给、地下补给为辅。

（3）乌苏里江：中国与俄罗斯的边界河流，有东西两源。东源发源于俄罗斯境内的锡霍特山西侧。西源松阿察河发源于兴凯湖，缓缓流至抚远市东侧注入黑龙江，河流长 890km，在黑龙江省境内 492km。

乌苏里江以雨水补给为主，以融雪及地下水补给为辅。多年平均径流量 554.1 亿 m³。多年平均封冻时间 148d，最长 162d，最短 104d。

乌苏里江流域面积 18.7 万 km²，主要支流有穆棱河、挠力河。穆棱河长 834km，流域面积 18 427km²。在扬岗水文站处，多年平均径流量 20.8 亿 m³。挠力河长 596km，流域面积 23 988km²，在菜咀子水文站多处多年平均径流量 19.8 亿 m³，最大水深 1～4m。

（4）绥芬河上源大绥芬河发源于老爷岭，北源小绥芬河发源于东宁市太平岭，在于道河镇东北汇合，河长 258km。

绥芬河以雨水补给为主，以融雪及地下水补给为辅。多年平均径流量 13.1 亿 m³（东宁站）。多年平均封冻 128d，最长 155d，最短 94d。

绥芬河流域面积 17 321km²，在本省境内 7541km²，主要支流有瑚布图河、黄泥河等。

2. 湖泊

（1）兴凯湖、小兴凯湖：兴凯湖正常高水位时面积 4010km²，其中中国一侧面积为 1080km²，流域面积 36 400km²。小兴凯湖正常高水位时面积 150km²，流域面积 15 299km²。兴凯湖蓄水容积 175 亿 m³（年调节库容 20 亿 m³），多年平均来水量 90m³/s。小兴凯湖蓄水容积 3.3 亿 m³，多年平均来水量 30.5m³/s。

（2）镜泊湖：正常水面面积 127km²，湖水平均深 13.9m，最深处达 64.5m。于 1939 年修筑水库形式的中型水力发电站，坝址以上控制流域面积 11 820km²，水库总库容 18.24 亿 m³，年平均来水量 32 亿 m³（1954—1979 年）。

（3）连环湖：正常水面面积 430km²，由 15 个大小湖泡组成。养鱼保护水位 137.9m 时蓄水容积 5.7 亿 m³，蓄洪水位 139.2m 时，蓄水容积 11.5 亿 m³。

（4）五大连池：正常水面面积 41.5km²，蓄水总容积 1.86 亿 m³，其中三池最大，为 0.86 亿 m³。各池深一般 2～5m，三池最深处 12m。

二、水文地质概况

（一）地下水类型

地下水以储存含水层（体）空隙特征和岩性类别划分为松散岩类孔隙水及裂隙微孔隙水、碎屑岩类裂隙孔隙水及孔隙裂隙水、基岩裂隙水、玄武岩孔洞裂隙水、碳酸盐岩溶洞裂隙水 5 种类型。

1. 松散岩类孔隙水及裂隙微孔隙水

松散岩类孔隙水是地下水资源的主体，分布总面积占 1/2 以上，地下水资源量约占总量的 70%，遍布松嫩、三江、兴凯湖三大平原和大兴安岭、小兴安岭、东部山地的山间河谷中。松散岩类裂隙微孔隙水分布于松嫩平原高平原和三江、兴凯湖平原山前台地黄土状土分布区。

含水层系统岩性为第四系砂、砂砾石及黄土等，局部有古近系、新近系弱胶结松散砂岩、砂砾岩。低矿化淡水，水质良好。

2. 碎屑岩类裂隙孔隙水及孔隙裂隙水

碎屑岩类裂隙孔隙水及孔隙裂隙水集中分布于松嫩、三江、兴凯湖平原、新生代断坳陷盆地中，以及东部山地、小兴安岭、大兴安岭丘陵地区以中生代为主的中、小型煤盆地和依舒、敦密、黑龙江断陷盆地中。为孔隙水贫乏区的主要地下水资源。

含水层岩性主要为白垩系、古近系、新近系砂岩、砂砾岩、砾岩及泥岩等，少量侏罗系砂砾岩、砂泥岩。构成以孔隙或裂隙为主的储水空间。水质一般，矿化度微高。

3. 基岩裂隙水

基岩裂隙水分布于东部山地、小兴安岭、大兴安岭各时代花岗岩、火山岩、变质岩及沉积岩中。为山区贫水区主要供水水源。以断裂构造裂隙为主，复合有风化裂隙成岩裂隙含水体系统。蓄水空间多为带状，少数为片状。多呈潜水型的浅层地下水，部分断裂裂隙带(脉)状水为承压水与降水、地表水直接转化。低矿化淡水，水质优。

4. 玄武岩孔洞裂隙水

新近系、第四系分布于东部老爷岭山地和小兴安岭西南坡，石参山火山区、五大连池火山区、镜泊湖火山区等。绝大部分属潜水性质，直接受降水补给。低矿化淡水，水质一般。

5. 碳酸盐岩溶洞裂隙水

碳酸盐岩溶洞裂隙水赋存于碳酸盐岩中溶洞和溶蚀、构造、风化裂隙空间的地下水。零星分布于西林铅锌矿、亮子河林场、翠宏山、阿城石发等地，与寒武纪西林群和泥盆纪黑龙宫组等碳酸盐岩有关。

(二)地下水动力循环

1. 地下水动力系统

(1)松嫩平原水域地下动力系统：地下水水位差由山地到平原排泄基准面标高 110m，总水位差 300～700m；平原内部由高平原到低平原水位差 110～210m。地下水开采量松散岩类承压水 8.70 亿 m^3/a、碎屑岩类承压水 2.04 亿 m^3/a。地下水系统形成地下水水力坡度 5/1000～1/30 000，总体流向嫩江和松花江地下水动力场。

(2)三江平原水域地下水动力系统：地下水水位差自西部、南部山地到北部排泄基准面标高 35m 左右，地下水总体水位差 565～765m。平原区内水位差 35～75m。地下水开采量 11.35 亿 m^3/a。平原区地下水水力坡度 1/10 000～7/10 000，极缓地总体流向黑龙江及乌苏里江地下水动力场。

(3)兴凯湖平原水域地下水系统：地下水水位差自西部、北部山地到地下水排泄基准面标高 50m 左右，地下水总水位差 350～750m。平原内总水位差 35～45m。地下水系统的地下水水力坡度极缓、变化不大，完整一体北东向流向地下水动力场。

(4)黑龙江水域地下水动力系统：地下水水位差自西北部、南部山地到地下水排泄基准面标高100m左右，地下水总水位差300～900m。乌云-结雅盆地地下水水位差200～230m，具较高地下水势能。地下水系统的地下水水力坡度1/1000～3/1000，系统内北东向流入黑龙江，系统边界排入三江地下水动力场。

2.地下水循环规律

地下水补给→径流→排泄，即输入→内部运移→输出过程是地下水循环的基本规律。

全省域视为一个整体地下水单元，地下水循环规律以降水渗入为主要补给源。地下径流由山区流向平原，由高平原流向低平原、河谷，复杂多变，差异甚大。由松嫩平原、兴凯湖平原、乌云-结雅盆地分别径流松花江、乌苏里江、黑龙江河谷流入三江平原地下水亚系统，垂向上由浅向深，由潜水转入承压水，由上层承压水转入下层承压水。以蒸发排泄、地表水排泄、地下径流向境外排泄、地下水开采多渠道排泄。

地形地貌格局与地表水系一致，各自独立又相关，分为松嫩平原、三江平原、兴凯湖平原和黑龙江水域4个地下水系统。

3.地下水理化特征

地下水尤其是浅层地下水处于弱酸性还原水文地球化学环境，地下水中元素贫乏，有机质丰富。普遍为无色、无臭、无味、透明、无可见厌恶物质、低温4～7℃地下水。地下水矿化度<0.5g/L、pH值6～8，为重碳酸钙型或重碳酸钠型淡水。松嫩、汤原盆地深层碎屑岩类中地下水温度59°(井口温度)，为地下热水。由山区到平原、由浅到深矿化度变大，阳离子以钙为主变为以钠为主。盆地中深层地下水和部分矿水为高矿化水；局部出现复杂特殊水化学类型地下水。地下水水化学成分普遍含锶、偏硅酸较高(高硅水)，为矿泉水。普遍含铁，锰较高，超生活饮用水标准2～10倍。松嫩等低平原区含氟高。人为活动(如长期施用农药、化肥，污水灌溉等)对地下水理化特征改变程度日趋加重。大兴安岭森林火灾导致弱酸性还原水文地球化学环境转化为中性—弱碱性弱氧化水文地球化学环境。

4.地下水的成控因素

地下水的成控因素是多方面的，但气候条件相对重要，特别是大气降水和蒸发量。全省大部分属中温带，最北部属北温带，同属大陆性季风气候，是我国气温最低的省份。冬季在极地大陆气团控制下，气候严寒、干燥；夏季受副热带海洋气团的影响，降水集中，气候温热湿润；春秋两季气候多变，春季多大风，降水少，易发生干旱；秋季降温急剧，常有早霜。年平均气温从北向东南为－5～5℃，全年有5个月的时间平均气温在0℃以下，最冷月(1月)平均气温，从北往南由－31℃逐渐递增到－15℃，在漠河极端最低气温曾达到－52.3℃，为全国最低纪录，最热月(7月)平均气温，从北往东南由18℃递增到23℃。极端最高气温达41.6℃。无霜期多达100～150d，大兴安岭地区无霜期只有80～90d。全省多年平均年降水量400～800mm，雨季多集中于7—8月份。

第四节 前人地质遗迹调查工作研究程度

一、前人地质遗迹调查工作程度

黑龙江省开始系统的地质调查工作是在中华人民共和国成立以后，基础地质调查和矿产勘查同步发展。截至2023年末，地质调查方面，黑龙江省已完成1∶20万区域地质调查51幅、1∶25万区域地质调查245幅、1∶5万区域地质调查85幅；黑龙江省地矿局编写完成了《黑龙江省区域地质志》《黑龙江省岩石地层》《黑龙江省区域矿产总结》。此外，在全省范围内还开展了区域水文地质普查、环境地质调查、地质灾害区划等工作。这些地质工作成果资料从不同角度反映了黑龙江省各类地质遗迹的分布和赋存状态，为本次工作的开展尤其是基础地质类地质遗迹的调查提供了丰富的基础资料，翔实可靠。

黑龙江省在21世纪初陆续开展地质遗迹调查评价工作，2003年黑龙江省区域地质调查所承担完成了"黑龙江省地质遗迹调查与保护规划(2003—2010年)"项目。项目对黑龙江省的重要地质遗迹类型和分布进行了概略的调查，编制了黑龙江省地质遗迹保护规划和黑龙江省地质遗迹调查报告，制定目标需要保护的地质遗迹41处，制定地质遗迹一级规划区11个，二级规划区6个，三级规划区53个，对黑龙江省地质遗迹提出了保护建议。项目对黑龙江省地质遗迹进行了分类分级，编写了地质遗迹调查工作方法及技术要求，在地质遗迹类型划分、野外调查工作方法、室内资料整理分析研究、地质遗迹评价、地质遗迹分布图编绘等方面，取得了初步成果，虽工作程度很低，但为本次工作的开展打下了基础，提供了地质遗迹调查技术工作基本方法和野外工作经验。为本次工作的开展提供了可以借鉴的地质遗迹保护规划依据。

二、地质公园的地质遗迹调查概述

自2000年开始申报批准设立地质公园以来，黑龙江省有关地质勘查单位对申报世界级、国家级、省级地质公园的重点地质遗迹集中带进行了重点调查，重点查明地质遗迹赋存状态，评价地质遗迹，编制地质公园综合考察报告和地质遗迹保护规划。截至2023年，黑龙江省已申报并被世界教科文组织批准设立了五大连池、镜泊湖世界地质公园2家；申报并被自然资源部批准设立了兴凯湖、嘉荫恐龙、伊春花岗岩石林、小兴安岭、凤凰山、山口湖、漠河、青冈猛犸象国家级地质公园8家；申请并被黑龙江省自然资源厅批准设立了铧子山、仙翁山、喀尔喀、朗乡石林、横头山、二龙长寿山、洞庭峡谷、七星峰、兴安大峡谷、莲花湖、宁安火山口、连环湖、大青山、双子山、鸡冠山、麒麟山、碾子山、漠河鹿角河、呼中苍山、长寿山、金顶山、那丹哈达岭、伊春五营省级地质公园23家。这些地质公园开展申报时进行了地质遗迹专项调查，世界地质公园、国家地质公园的重要典型地质遗迹选择依据充分，地质遗迹调查相对精度较高，省级地质公园的典型地质遗迹选择依据较充分，地质遗迹调查精度相对低一些。近年，黑龙江省委省政府高度重视地质遗迹调查与保护工作，地质公园申报材料关于地质遗迹调查的精度越来越高，这些地质公园申报材料为本次重要地质遗迹筛选工作提供了基础依据。

同时，黑龙江省还成功申报国家级矿山公园6家、国家湿地公园24家(含大兴安岭地区)。这些地质公园、矿山公园、湿地公园的申报和建立，为本次工作的开展提供了最新、最翔实、最全方位的地质遗迹资料。

第三章　地质遗迹调查

第一节　调查方法和内容

地质遗迹调查在方法上既不同于区域地质调查，也不同于水工环地质调查，因为地质遗迹调查工作涉及地层、构造、古生物化石、岩石、矿物、矿产、地貌、水文地质、旅游、地质灾害等诸多专业领域，工作范围广、工作内容复杂。地质遗迹调查是在以往地质工作的基础上，重点调查具有观赏价值和科普教育意义的地质景观、具有开发利用价值和保护价值的地质遗迹等。因此，地质遗迹调查方法与区域地质调查方法和水工环地质调查方法不同，具有自身相应的内容、思路和要求。

地质遗迹调查的内容是厘定地质遗迹类型，描述地质遗迹特征，分析研究地质遗迹成因与时代、地质背景与演化等；圈定地理边界，阐述其完整性；总结调查区地质、地貌的区域特征，围绕地质遗迹，分析研究地史演化过程，填写地质遗迹点信息采集表，建立数据库，编制相应的图件和报告。

一、调查方法

（一）一般要求

（1）充分利用已有区域地质调查成果和资料，利用遥感解译资料，筛选相关地质遗迹，开展野外调查。实物工作量应包括收集资料的数量、遥感解译的范围、野外调查路线的长度、观测点及GPS定点的数量，调查表填写的数量等。

（2）野外工作底图一般采用1∶50 000地形图，也可根据调查内容和范围选择适宜比例尺的地形图。

（3）省（自治区、直辖市）地质遗迹调查成图比例尺为1∶500 000～1∶2 000 000；重要地质遗迹集中区成图比例尺不小于1∶250 000；重要地质遗迹点调查成图比例尺不小于1∶50 000。

（4）在地质遗迹调查过程中，按《地质遗迹调查规范》中地质遗迹调查表的格式和要求，逐项填写地质遗迹调查表。地质遗迹调查完成后，按《地质遗迹调查规范》中地质遗迹价值等级评价标准表的格式和要求，整理并填写地质遗迹信息采集表。

（5）使用野外数字采集系统收集到的野外数据，应在野外工作期间将所有野外记录及时整理并导出。

(二)资料收集与筛选

(1)收集调查区内已有的区域地质资料,初步确定主要遗迹内容和范围;结合自然保护区、风景名胜区、地质公园及其他地质资料,进一步确定地质遗迹调查对象;通过地方史籍(包括县志、考古、历史记载)及高精度遥感影像、地形图、宣传片等资料及走访记录,确认可进行调查的地质遗迹。

(2)摘录地质遗迹的位置、范围、特征、科学意义等相关内容,填写地质遗迹筛选信息表(表3-1)。

表3-1 地质遗迹筛选信息表

序号*	编号*	遗迹名称*	大类*	类*	亚类*	遗迹重要特征*	地理位置*	经度*	纬度*	地貌单元	时代*	赋存地质体单位	岩性	构造单元	有无保护措施	初步评价等级*	所属公园*	登录人	登录时间*	资料来源*	多媒体编号	备注

注:* 为必填项。

(3)对收集的遥感影像资料进行初步解译,了解地质遗迹的大致分布范围和形态特征。

(4)在上述工作的基础上,筛选出具有重要价值的地质遗迹点(区)。

(三)遥感解译

选择高分辨率的遥感影像数据,结合已有资料建立地质遗迹影像特征和解译标志,初步确定地质遗迹类型,圈定地质遗迹分布范围,为野外实地调查提供基础资料。

(四)野外调查

(1)野外调查路线采用穿越和追索相结合的方法,应能控制调查区地质遗迹分布的主要范围。对沿途不同地质遗迹特征进行概略了解和记录。

(2)定点和描述。地质遗迹观测点分为观察点、遗迹特征点、边界点。在观察点主要记录地质遗迹的形态和组合、地貌单元特征;在遗迹特征点主要描述地质遗迹的特征;在边界点主要描述地质遗迹的分布范围。地质遗迹观测点应采用GPS进行定点测量,并对重要地质遗迹勾绘信手剖面、素描,照相或摄像等,记录其规模和形态及结构等特征。

定点描述:对具有地质遗迹特征的现象进行定点描述,描述内容主要有地质遗迹点名称、类型、坐标、露头形态、特征、交通状况等。

照相:应能反映地质遗迹出露的全貌、总体现状、局部特点及形态。

摄像:应能反映地质遗迹的地貌单元、保存现状及宏观特征等。

描述:应对重要的地质遗迹现象进行描绘。

圈定范围:应对地质遗迹出露边界控制点进行划定。

(3)根据调查要求、地质遗迹规模、地形条件,可选择测绳丈量或GPS航迹与坐标测量、遥感解译等方法确定地质遗迹的范围、规模。洞穴调查应根据研究的遗迹价值和开发利用的程度进行记录与描述，必要时展开洞穴测量，依据洞穴形态、洞内地形与堆积物的变化进行分段和分层，逐段和逐层描述。对重要现象进行描述、照相、采集标本，标记在导线平面图和纵剖面图上。对重要地段勾绘断面图。布置连续导线，测量洞穴形态，连续勾绘导线平面图、纵剖面图及代表性的断面图，比例尺不小于1∶1000。

二、调查内容

1. 自然地理特征调查

调查地质遗迹点所在地的地理位置、地形地貌、植被、气候、水文、交通等，调查与地质遗迹相关的人文历史等内容。

2. 地质遗迹特征调查

调查地质遗迹的类型、分布、规模、数量、形态、物质组成、性状、现象组合关系等基本特征，分析研究地质遗迹的地质背景（岩性、地层和构造）、成因（内外营力）及演化。

3. 保护利用状况调查

调查地质遗迹的保存现状、面临的威胁、保护管理状况，以及开发利用现状等。

4. 不同类地质遗迹特征调查

（1）地层剖面类地质遗迹：侧重调查详细的分层特征与标志，以及其接触关系和地层序列。

（2）岩石剖面类地质遗迹：侧重调查岩石的结构特征和岩性。

（3）构造剖面类地质遗迹：侧重调查地质体或构造形迹所构成的空间结构与先后序次（时间-地层、空间-构造）。

（4）重要化石产地类地质遗迹：侧重调查古生物化石的个体种属及数量、埋藏特征、赋存层位，收集反映古生态与古地理环境的证据。

（5）重要岩矿石产地类地质遗迹：侧重调查岩石与矿物的结构特征，以及矿体的结构形态、产状、控矿构造和矿石结构构造、围岩蚀变等。其中，矿业遗迹侧重探、采、选、冶、加工、商贸的遗址调查和矿业史料的收集，查找能反映矿石特征与矿床成因的典型露头，以及宏大、奇特的遗址景观；陨石主要调查其产地位置、形态、体积、物质组分。

（6）岩土体地貌类地质遗迹：侧重调查地貌单元的岩性、形态、规模、组合、结构关系、地理分布、地貌形成的控制因素、数量等自然特征，以及景观的美学特征。

（7）火山地貌类地质遗迹：侧重调查火山机构与火山岩地貌类型的特点、火山微地貌的形态特征及火山喷发物的性质等。

（8）水体地貌类地质遗迹：侧重搜集流量、深度、面积、水质、温度等水文资料，调查不同季节的景观特征及遗迹点依存的地质地貌环境。

（9）冰川地貌类地质遗迹：侧重调查地貌的形态，地貌的组合关系和冰碛物的物质组成特征。值得提出的是，黑龙江省目前没有现代冰川，但不排除古冰川存在的可能性。

(10)构造地貌类地质遗迹:侧重调查地质构造形式、组合及各构造要素特征。调查构造的形态和成因变化。

(11)地震灾害类地质遗迹:侧重调查灾变地质现象的类型、结构形态,并收集地质灾害发生过程的证据、破坏程度,了解地震的时间、震中、震源、震级和烈度。

(12)其他地质灾害类地质遗迹:侧重调查地质灾害的类型、规模、体量、形态、分布范围、造成的危害程度等,了解地质灾害发生的时间序列和主要原因。

调查成果要及时整理,各种资料综合汇总,形成系统完整的调查资料。按要求附以地质遗迹调查表和必要的地质遗迹调查记录,确保野外地质遗迹调查的真实性、准确性与完整性。

第二节　地质遗迹类型及特征

黑龙江省地质遗迹资源很丰富,基础地质类、地貌景观类、地质灾害类等地质遗迹均有分布,以基础地质类地质遗迹和地貌景观类地质遗迹为主,分布广泛,分布规律明显(表3-2)。

表3-2　黑龙江省地质遗迹分类表

大类	类	亚类	备注
基础地质类地质遗迹	地层剖面	全球层型剖面	
		层型(典型剖面)	
		地质事件剖面	
	岩石剖面	侵入岩剖面	
		火山岩剖面	
		变质岩剖面	
	构造剖面	断裂	
		褶皱与变形	
		不整合面	
	重要化石产地	古人类化石产地	
		古生物群化石产地	
		古动物化石产地	
		古植物化石产地	
		古生物遗迹化石产地	
	重要岩矿石产地	典型矿床类露头	
		典型矿物岩石命名地	
		矿业遗迹	
		陨石坑和陨石体	

续表 3-2

大类	类	亚类	备注
地貌景观类地质遗迹	岩土体地貌	碳酸盐岩地貌(岩溶地貌)	
		侵入岩地貌	
		变质岩地貌	
		碎屑岩地貌	
		黄土地貌	
	水体地貌	河流(景观带)	
		湖泊、潭	
		湿地-沼泽	
		瀑布	
		泉	
	构造地貌	飞来峰	
		构造窗	
		峡谷(断层崖)	
	火山地貌	火山机构	火山锥、火山口
		火山岩地貌	柱状节理、熔岩流等
	冰川地貌	古冰川遗迹	冰蚀地貌、冰积地貌
地质灾害类地质遗迹	地震遗迹	地裂缝	
		地面变形等	
	其他地质灾害	崩塌	
		滑坡	
		泥石流	
		地面塌陷	
		地面沉降	

黑龙江省缺失岩土体地貌类的沙漠地貌和戈壁地貌,冰川地貌类的现代冰川遗迹、海岸地貌类的海蚀及海积地貌类。

一、基础地质类地质遗迹及特征

(一)地层剖面

黑龙江省地处天山-兴蒙、布列亚-佳木斯两个地层大区,各时代地层发育齐全,新太古界—中新生界均有分布,仅缺失第二统—芙蓉统。由于受构造运动影响,前中生代地层多不连续。呼玛-黑河地区、伊春-延寿地区古生界,饶河-虎林地区中生界,乌云-嘉荫地区上白垩统—古近系,松嫩平原上白垩统及新生界,都有保存完好具有代表性的地层剖面,地层中含有丰富的古生物化石,具有极高的科研价值,这些剖面都列入了《中国地层典》,有些地层剖面在我国具有重要的地学价值(图 3-1)。下面仅选重要的地层剖面加以陈述。

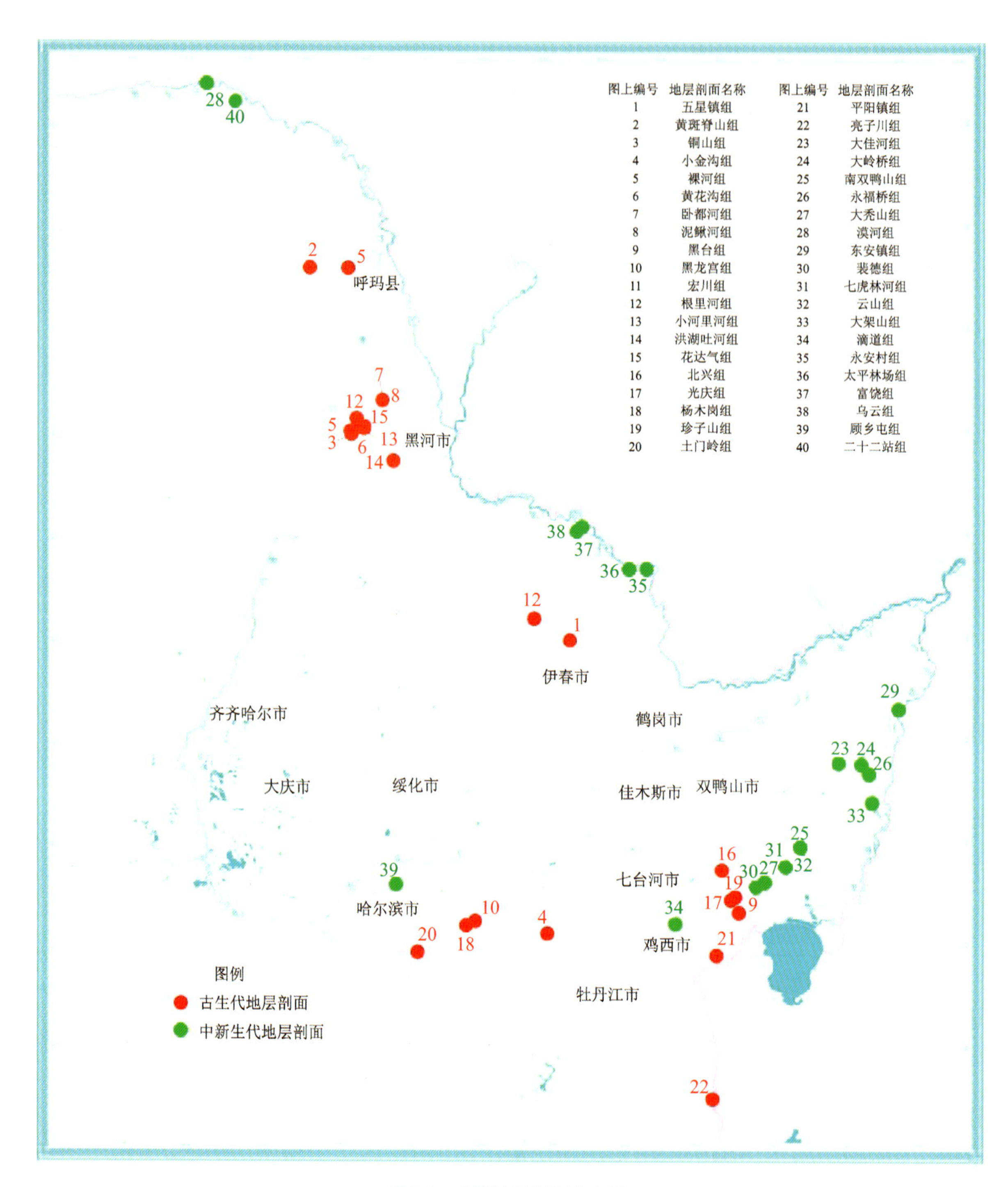

图 3-1 主要地层剖面分布图

1. 漠河-塔河侏罗纪地层剖面

本区构造位置属漠河前陆盆地，分布有黑龙江省稀有的晚侏罗世—早白垩世额木尔河群，自下而上可分为绣峰组、二十二站组、漠河组，为一套河湖相含煤建造，含有丰富的动植物化石。

(1)二十二站组地层剖面。

二十二站组为一套滨湖-浅湖相砂泥质沉积，主要由灰绿色、灰色岩屑长石砂岩、长石岩屑砂岩与灰黑色细砂岩、粉砂岩、泥质粉砂岩组成，具有韵律沉积特征，层理发育。产丰富的淡水双壳类、腹足类、介形虫等动物化石。双壳类为 *Margaritifera–Ferganoconcha* 组合，植物属 *Coniopteris–Phoenicopsis* 植物群晚期组合。

该组地层剖面为正层型剖面，与下伏绣峰组和上覆漠河组均为整合接触，为湖相砂泥质沉积，对研究漠河前陆盆地成因、形成时代、古地理和沉积环境、生物演化具有重要意义。

（2）漠河组地层剖面。

剖面位于漠河市乌苏里沿江剖面。省道 S209 从剖面南部通过，有乡间公路可达剖面，交通较方便。

漠河组为一套以河流相为主、间有沼泽相的碎屑沉积，以各种粒级的砂岩为主，夹砾岩、含砾粗砂岩、泥质页岩和煤线及煤层。具韵律沉积特征，产丰富的植物化石。植物属 *Coniopteris–Phoenicopsis* 植物群晚期组合，时代为中侏罗世。漠河组为额木尔河群中最发育的一个组，呈近东西向分布于漠河前陆盆地中。

2. 呼玛–兴隆地区奥陶纪地层剖面

本区构造位置属呼玛弧后盆地，分布有伊勒呼里山群，自下而上可分为库纳森河组、黄斑脊山组、大伊希康河组、南阳河组、裸河组，分布于伊勒呼里山北坡。为一套海相碎屑岩类夹少量碳酸盐岩建造，其中黄斑脊山组和裸河组产丰富的三叶虫、腕足类等重要化石。

（1）黄斑脊山组地层剖面。

剖面位于新林区富林经营所黄斑脊山，嫩林铁路和省道 S207 从剖面西部通过，有县乡级公路可达剖面，交通较为方便。

黄斑脊山组岩石组合以细碎屑岩为主，为整合于库钠森河组之上、大伊希康河组之下的砂板岩组合。以深灰色、黄褐色变质粉砂岩、板岩为主，偶夹片理化酸性凝灰岩。产丰富的腕足类及三叶虫化石。腕足类为 *Finkelnburgia bellatula–Humaella huangbanjiensis* 组合。三叶虫为 *Ceratopyge–Apatokephalus* 组合。本组纵向略显海进韵律，下部以粉砂岩为主，向上变为粉砂质板岩，上部以板岩为主。本组所产腕足类、三叶虫化石，和国内外某些地区的壳相特马豆克期地层可完全对比。时代置于早奥陶世。

（2）裸河组地层剖面。

剖面位于呼玛县兴隆西安娘娘桥东山，有公路可达，交通方便。

裸河组为位于铜山组之上的砂砾岩和板岩组合。下部为砂砾岩段：灰黄绿色砾岩、砂砾岩、砂岩，局部为细—粉砂岩夹砾岩和大理岩；上部为板岩段：粉砂质板岩，夹细砂岩、粉砂岩或薄层灰岩。上部板岩及粉砂岩中产三叶虫及腕足类化石。其中以 *Eudolatites* sp.、*Rostricellula lapworthis*、*Othid* sp. 等为代表的三叶虫化石，是本组的重要依据。

根据黄斑脊山组和裸河组地层剖面，对伊勒呼里山群岩石地层进行划分。研究呼玛–兴隆地区奥陶纪地质发展历史、古地理、古环境、古生物演化，且这套地层海相火山岩不发育，具弧后盆地的特征。

3. 多宝山–罕达气地区古生代地层剖面

本区构造位置属多宝山岛弧区，分布有奥陶系铜山组、多宝山组、裸河组、爱辉组。志留系可分黄花沟组、八十里小河组（非典型剖面，不做阐述）、卧都河组；泥盆系有泥鳅河组等几个重要的地层剖面；石炭系有洪湖吐河组和花达气组。其中多宝山组将在火山岩部分叙述，爱辉组将在化石部分叙述。

（1）铜山组地层剖面。

剖面位于嫩江市裸河西岸，岩石为灰黑色微层状板岩与黄色杂砂质砂砾岩、中粗粒杂砂质长石砂岩、灰白色流纹质凝灰砾岩、凝灰熔岩等。总厚度大于 846m。底界不清，顶与多宝山组呈断层接触。铜山组的突出特点是构成复理石或火山复理石建造。既有代表浅水环境的砂砾岩和流纹质凝灰熔岩，也有代表深水环境的黑色微层状板岩或交替出现的复理石建造。浅色粗碎屑岩产腕足类、三叶虫化石、黑色板岩产笔石化石。其中腕足类化石以 *Productorthis americana*、*Diparelasma dongbeiensis*、*Famatinorthis luoheensis–Brandysia biconuexa* 组合为代表；三叶虫化石以 *Pliomerops–Parasphaerexochus*、*Pliomerellus–Metopolichas*、*Trinodus–Eudolatites* 组合为代表；笔石化石以 *Didymograptus* cf. *nanus*、*Phyllograptus anna*、*Dicellograptus sextans–Climacograptusputillus* 组合带为代表，时代置于早—中奥陶世。

(2)裸河组地层剖面。

剖面位于黑河市裸河东岸。裸河组下部为杂色凝灰砂岩夹含砾钙质凝灰砂岩、含铁杂砂岩；上部为灰绿色、黄绿色钙质凝灰细—粉砂岩及变质粉砂岩夹细砂岩。产丰富的三叶虫和腕足类化石。裸河组划分标志较明显：一是岩石颜色为杂色；二是韵律由粗到细；三是杂色砂岩中含磁铁矿。其中腕足类化石以 *Hingganoleptaena nenjiangensis–Giraldibella*、*Dalmanella sulcata–Dedzetina feilongshanensis* 组合为代表，三叶虫化石以 *Encrinuroides*(*Humaencrinuroides*)、*Phillipsinella–Whittingtonia* 组合为代表，笔石化石以 *Dictyonema–Dendrograptus* 组合为代表，时代置于晚奥陶世。剖面总厚度 346.99m。

(3)黄花沟组地层剖面。

剖面位于黑河市裸河东岸。黄花沟组分布于裸河流域及罕达气等地区，八十里小河组之下，爱辉组之上，均呈整合接触，岩石下部为黄绿色、灰黑色板岩夹粉砂岩、细砂岩组合；中部为灰绿色、黄绿色细—粉砂岩与板岩互层；上部为灰绿色、黄绿色粉砂质板岩夹粉砂岩。中上部产腕足类化石。以 *Chonetoidea* 组合为代表。时代为早志留世。

(4)卧都河组地层剖面。

剖面位于黑河市七二七林场北。卧都河组为整合于八十里小河组之上，泥鳅河组之下的砂岩、板岩互层组合。本组为一套产有大图瓦贝的碎屑岩。下部以板岩为主，上部为砂岩、板岩互层夹砂砾岩。下部主要为灰绿色、黄绿色粉砂质板岩、粉砂岩、凝灰质板岩。产腕足类 *Tuvaella rackovskii–Tuvaella gigantea* 组合。时代置于晚志留世。

志留纪地层剖面对研究天山-兴蒙造山系有重要作用，全国地层表北方区采用了黑龙江省黄花沟组、八十里小河组、卧都河组命名。

本区泥盆系自下而上可分为泥鳅河组，德安组、根里河组、小河里河组。

(5)泥鳅河组地层剖面。

剖面位于黑河市七二七林场北西古兰河。泥鳅河组为整合于卧都河组之上，区域上整合于腰桑南组或根里河组之下的一套粉砂岩、板岩夹火山岩及大理岩组合。产腕足类、珊瑚等化石。泥鳅河组为浅海相碎屑岩夹碳酸盐岩薄层，局部发育有火山岩。火山岩不稳定，常出现在中下部，岩性多为英安岩，少量为安山岩和流纹岩。岩石普遍具低级区域变质，基本为低绿片岩相。产丰富的海相生物化石，如腕足类 *Leptocoelia sinica* 组合、*Gladiostrophia kondoi* 组合和 *Acrospirifer dyaobomus* 组合，时代置于早泥盆世。该剖面是黑龙江省乃至北方槽区的典型代表，存在上、下古生界地质界线，对黑龙江省西部晚古生代古地理、古气候、地壳变迁、生物演化都具有重要意义。本组是值得进一步研究的地层单元。

位于呼玛弧后盆地和多宝山岛弧区的古生代地层剖面，具有极高的科研价值(这些剖面都已列入《中国地层典》)，属国家级地质遗迹，是黑龙江省研究古亚洲构造域、地质发展历史、古地理、古生物演化和地层划分对比的重要地区。

(6)德安组地层剖面。

剖面位于黑河市罕达气镇金水一带，由整合于泥鳅河组之上的杂色砂板岩组成，为灰紫色、灰绿色杂砂岩、凝灰砂岩、板岩夹灰岩透镜体。产珊瑚、三叶虫、杆石等化石。总厚度 650.54m。

(7)根里河组地层剖面。

剖面位于黑河市大河里河西岸，主要分布于黑河市大河里河流域，整合于泥鳅河组之上，区域上整合于小河里河组之下，为灰黑色杂岩、杂砂质长石砂岩、绿泥板岩、凝灰砂岩、凝灰岩等。本组为海相沉积砂板岩组合，岩石颜色较深，以黑色为主，见少量的火山岩。含丰富的腕足类化石，时代为中—晚泥盆世。总厚度 961m。

(8)小河里河组地层剖面。

剖面位于黑河市罕达气镇小河里河右岸。为砾岩、杂砂岩、板岩及粉砂岩夹碳质板岩组合。产丰富的植物化石，下部产海相腕足类化石。与下伏的根里河组为整合接触，被下石炭统花达气组整合覆盖，时代为晚泥盆世。总厚度 925m。

(9)洪湖吐河组地层剖面。

剖面位于黑河市洪湖吐河一带。剖面下部以火山碎屑岩为主，上部正常沉积碎屑岩与凝灰岩交替出现。在凝灰岩中产以 *Fusella taidonensis* 和 *Syringothyris hannibalensis* 为代表的腕足类化石。总厚度 1792m。

(10)花达气组地层剖面。

剖面位于黑河市小河里河下游。主要由灰褐色砾岩、黑色凝灰砂岩夹板岩组成，产丰富的植物化石。底与裸河组为界，顶与查尔格拉河组砾岩为界，均为整合接触，时代为早石炭世。

4. 伊春-尚志地区古生代地层剖面

本区构造位置属伊春-延寿岩浆弧。代表性剖面有寒武系五星镇组、奥陶系小金沟组、泥盆系黑龙宫组、泥盆系宏川组、石炭系杨木岗组、二叠系土门岭组等。

(1)五星镇组地层剖面(图 3-2)。

剖面位于伊春市五星镇，由暗色碳酸盐岩组成。即灰色大理岩间夹碳质板岩、粉砂质板岩，其上为灰黑色生物大理岩、灰色大理岩夹砂质板岩、碳质板岩。与下伏铅山组为整合接触，顶界不清。总厚度 199m。本组与钻孔中见三叶虫化石，为黑龙江省内唯一含三叶虫化石的寒武纪地层。

图 3-2　五星镇组地层剖面

(2)小金沟组地层剖面。

剖面位于尚志市小金沟林场西山。小金沟组在区域上整合于宝泉组之上、大青组之下。下部为灰紫色、灰白色条带状钙质细砂岩、粉砂岩互层，夹大理岩；中部为灰白色中粗粒含砾混合砂岩；上部为灰白色厚层状大理岩、条带状大理岩、细—粉砂岩，夹中酸性熔岩。下部大理岩中产丰富腕足类化石。其中 *Vellamo trentonesis*、*Orthambonites* 为中奥陶世代表性化石。

小金沟组为浅海环境，局部为次深海或滞流还原环境沉积形成。小金沟组建组剖面是 1987 年发现的，1987 年前黑龙江省东部没有奥陶系分布，此处发现含腕足类化石的奥陶纪地层，填补了黑龙江省东部奥陶纪地层的空白。

(3)黑龙宫组地层剖面(图 3-3)。

剖面位于尚志市得好屯。黑龙宫组为滨海-浅海相的砂页岩—碳酸盐岩组合。下部以灰色、灰绿色砂岩、杂砂岩、长石石英砂岩、凝灰砂岩及浅黄色千枚状粉砂泥质板岩、凝灰质千枚岩、粉砂岩、大理岩、结晶灰岩为主，夹中性凝灰岩、凝灰熔岩。厚度大于 568m。上部主要由深灰色砂岩、板岩组成，夹凝灰岩及熔岩。乳白色、粉红色厚层条带状大理岩，灰色薄层状结晶灰岩产丰富的腕足类、珊瑚等化石，腕足类称 *Coelospirella orientalis* 组合，是鉴别划分本组的重要标志之一。岩石具低级区域变质。褶皱发育，岩相及厚度变化大。时代置于早泥盆世。

(4)宏川组地层剖面。

剖面位于伊春市宏川车站南。为灰绿色凝灰质砂砾岩、角砾岩、砂板岩夹灰岩。产腕足类化石，未见底。

图 3-3 黑龙宫组地层剖面出露地

宏川组为一套分选差，砾石成分极为复杂的杂色粗碎屑沉积，多为砾岩和角砾岩。其中产腕足类化石，称 *Acrospirifer? dyadomus* 组合。属滨海相沉积，具磨拉石建造特征。

(5)杨木岗组地层剖面。

剖面位于尚志市杨木岗西山。以砂板岩为主，夹少量碎屑岩及熔岩。产丰富的安加拉植物群化石。未见底，顶部被太安屯组不整合覆盖。时代置于晚石炭世—早二叠世。剖面总厚度大于 371m。

(6)土门岭组地层剖面(图 3-4)。

图 3-4 土门岭组地层剖面点

剖面位于五常市背荫河镇土门岭。主要分布于小兴安岭南部至张广才岭地区。以砂板岩为主，夹灰岩、酸性凝灰岩及凝灰砂岩透镜体，具有韵律性沉积，富产动、植物化石，与上覆五道岭组断层接触。厚度大于 1044m。

土门岭组岩石具条带构造，局部具千枚状构造及片理化，含碳质及钙质。所产腕足类化石以 *Spiriferella–Anidanthus* 为代表，植物化石以 *Nephropsis elegans–Noeggerathiopsis derzauinii* 为代表。其中尤以腕足类化石最为丰富。时代置于中二叠世。

土门岭组从铁力到滨东都有分布，为海相或海陆交互相地层，对研究该地区古地理环境具有重要意义，也是确定铁力陆缘海盆(C—P)的有力依据。

5. 密山-宝清地区古生代地层剖面

(1)黑台组地层剖面(图 3-5)。

剖面位于密山市新中村，可分 3 个段。下部为砂砾岩段，由花岗质砂岩、砂砾岩、砂质板岩组成；中部为灰岩段，由砂质灰岩、泥质岩、薄层灰岩等组成；上部为砂板岩段，由杂砂岩、钙质砂岩与板岩互层夹凝灰砂岩组成。整合于老秃顶子组之下，底界不清。时代置于早—中泥盆世。总厚度 110m。

图 3-5 黑台组地层剖面点槽现场

(2)北兴组地层剖面。

剖面位于七台河市七里卡山。以黄褐色英安质凝灰岩、灰色及灰黑色凝灰质板岩为主,夹中细粒砂岩,产腕足类化石,整合于上泥盆统七里卡山组之上,顶界不清,时代为早石炭世。总厚度 215.36m。

(3)光庆组地层剖面(图 3-6)。

剖面位于密山市庙山。下部以杂砂岩为主,夹凝灰质板岩及凝灰岩,底部为砾岩,上部为凝灰质板岩与杂砂岩互层,产以 *Angaridium* 为代表的安加拉植物群化石,时代置于晚石炭世。剖面总厚度大于 832.34m。

图 3-6 光庆组地层剖面点

(4)珍子山组地层剖面。

剖面位于密山市二龙山林场。为整合于光庆组之上、二龙山组之下的碎屑岩沉积,夹煤层及少量凝灰质板岩,是以含安加拉植物群为主的一套陆相碎屑岩组合。时代为晚石炭世—早二叠世。剖面总厚度大于 412.87m。

6. 东宁地区古生代地层剖面

(1)平阳镇组地层剖面(图 3-7)。

剖面位于鸡东县石灰窑。为以千枚岩为主,偶夹砂岩、片岩及大理岩透镜体的一套地层,产珊瑚化石。未见底,其上与洞子沟组呈断层接触,时代为早二叠世。剖面总厚度大于 691.40m。

图 3-7 平阳镇组地层剖面出露地

(2)亮子川组地层剖面。

剖面位于东宁市老黑山镇亮子川。为不含火山岩的角岩化粉砂岩、变质中细粒砂岩及角岩组合,产早二叠世动物化石及植物化石碎片。平行不整合于红叶桥火山岩之上,被新近纪船底山组不整合覆盖。时代为早二叠世。总厚度 1 150.30m。

7. 虎林地区中生代地层剖面

(1)南双鸭山组地层剖面。

剖面位于虎林市方山林场后山。由凝灰粉砂质板岩、凝灰质细砂岩、沉凝灰岩、凝灰质板岩、中细粒杂砂质长石砂岩、长石质杂砂岩组成。夹数层流纹质凝灰岩,产丰富的晚三叠世海相双壳类及植物化石。区域上被大秃山组覆盖,底界不清,时代为晚三叠世。剖面总厚度大于 2076m。

(2)龙爪沟群地层剖面(图 3-8)。

剖面位于虎林市永红乡。自徐衍强 1958 年发现第一块考斯马菊石后,立即成为中生代研究的热点地区。原时代置于中—晚侏罗世。1997 年,顾知微和沙金庚等对虎林-密山地区龙爪沟双壳类等化石进行研究,将龙爪沟群置于早白垩世,自下而上划分为裴德组、七虎林河组和云山组。

裴德组:为七虎林河组之下的陆相含煤地层及火山岩层,下部主要为砾岩、砂岩夹泥岩、粉砂岩、凝灰岩及薄煤层,上部以火山岩为主,主要为中性、中酸性火山角砾岩、凝灰岩夹砂岩。产 *Coniopterir–Phoenicopsis* 植物群晚期组合分子。

七虎林河组:整合于裴德组之上、云山组之下的海陆交互相砂泥质沉积。下部以粉砂岩为主,夹细砂岩;上部以暗色泥岩或粉砂质泥岩为主,夹砂岩,局部含凝灰质,产海相双壳类、菊石及植物化石。

云山组:整合于七虎林河组之上,下部为海陆交互相;上部为陆相,产丰富的动、植物化石。

图 3-8　龙爪沟群地层剖面

龙爪沟群是我国北方不可多见的海陆交互相地层，产丰富的古生物化石，且门类繁多，有些化石保存完好，十分罕见（图 3-9）。该地质遗迹具有典型性、代表性、稀有性、系统性和完整性。因此吸引了大批国内外地质、地层古生物专家、学者前来考察和研究。其中有些化石除具重要地质意义外，还具有较好的观赏价值。

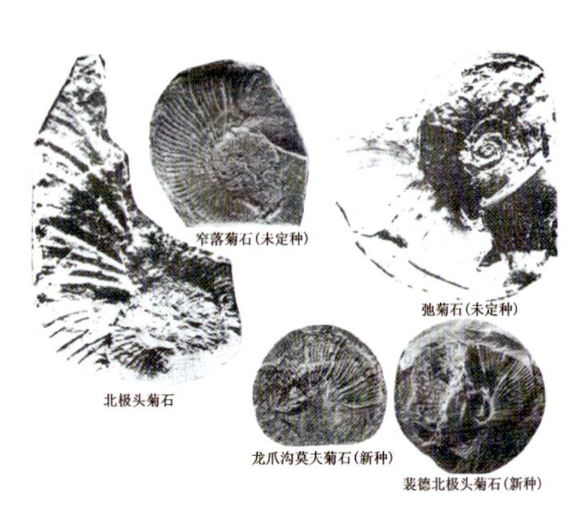

图 3-9　龙爪沟群化石

8. 鸡西地区鸡西群地层剖面

鸡西群自下而上可分滴道组、城子河组和穆棱组。其中仅滴道组剖面地上可见，城子河组和穆棱组均为钻孔剖面。

（1）滴道组地层剖面。

剖面位于鸡西市滴道暖泉北山。平行不整合于城子河组之下。下部以砾、砂岩为主；中部以粗粒砂岩为主，夹几层泥岩、粉砂岩、凝灰岩及煤层；上部为中性火山岩，产孢粉及植物化石。总厚度 234.70m。

（2）城子河组地层剖面。

剖面位于鸡西市哈达乡杏花村煤田哈达立井。下部以中细粒砂岩与泥岩、粉砂岩互层为主，夹凝灰质砂岩、碳质泥岩及薄煤层，泥岩中产化石；中部以中粗砂岩为主，夹细砂岩、粉砂岩和碳质泥岩及工业煤层；上部为中粗—中细粒砂岩及粉砂岩，泥岩韵律互层，夹工业煤层，产植物化石。时代属早白垩世。

（3）穆棱组地层剖面。

选层型剖面位于鸡西煤田平岗精查区十六剖面，为一套具韵律砂泥质沉积，含工业煤层，以凝灰物质增多有别于城子河组。总厚度 890.17m。时代属早白垩世。

9. 饶河地区中生代地层剖面

本区构造位置属完达山结合带，分布有黑龙江省，甚至是我国北方稀有的深海沉积地层——完达山群。自下而上可分为大佳河组、大岭桥组、永福桥组，东安镇组。

（1）大佳河组地层剖面。

剖面位于饶河县红旗岭农场北大坝北山。大佳河组整合于大岭桥组之下，以硅质岩为主，夹硅质、粉砂质板岩及碳酸盐岩，产丰富的放射虫及牙形石化石。大佳河组是以硅质岩为主夹多层细碎屑岩的深海硅质页岩建造，可分为硅质—泥质岩类；硅质—纯碧玉页岩类，岩石有硅质岩、硅质板岩、碧玉岩等。由于受强烈地质构造作用，岩层产状较陡，多形成北西、南北向紧密褶皱、膝折等。该组产丰富放射虫和牙形石，其中放射虫以 *Pseudostylosphaera-Triassocampe*、*Liuarella-Canoptum*、*Bipedis-Palaeosat-*

urnalis 为代表，牙形石以 *Nenogondolella* 为代表，其放射虫时代均属中—晚三叠世。

(2)大岭桥组地层剖面。

剖面位于饶河县二联桥南山。大岭桥组以沉积巨厚的深海相复理石建造为特征，由不同粒级的浊积杂砂岩、厚层状粉砂岩、粉砂质板岩及板岩等组成多个韵律层，其间夹有数层硅质岩，基性、超基性熔岩，并夹有少量的火山碎屑岩。粉砂岩及板岩中含砾，产放射虫及牙形石碎片。时代置于晚三叠世—早侏罗世。

(3)永福桥组地层剖面。

剖面位于饶河县四帮山北山。有乡间公路可达剖面，交通较方便。

永福桥组整合于大岭桥组之上，为一套陆源碎屑岩沉积。以长石砂岩为主，夹多层粉砂质板岩、粉砂岩等，构成多个韵律层。其中粗碎屑成分的单层厚度较大，不含硅质岩夹层，没有动物化石，偶见植物化石碎片。时代置于早侏罗世。

完达山群的大顶子山堆积岩、坨窑山枕状熔岩代表大洋壳，大佳河组、大岭桥组和永福桥组代表大陆壳。由此可研究完达山地槽发展历史是确定完达山结合带的重要依据。大佳河组含放射虫、牙形石深海硅质岩建造；大岭桥组含放射虫、牙形石火山复理石建造；永福桥组复理建造，是确定完达山中生代地槽时代，研究沉积环境、生物演化等的重要地区。饶河地区深海相三叠系是我国北方甘肃省秦安县和黑龙江省饶河地区仅有的两处。全国稀有，曾引起国内外地学界的广泛关注。

(4)东安镇组地层剖面。

剖面位于饶河县下营西山(图 3-10)，为一套海相陆源细碎屑沉积。以灰黑色、黑绿色细砂岩、粉砂岩、粉砂质泥岩为主，产丰富的菊石、海相双壳类化石。双壳类化石为 *Buchia* aff. *volgensis*-*Buchia* cf. *unschensis*-*Buchia* aff. *volgensis* 组合及菊石。

东安镇组产有丰富的海相双壳类、菊石等动物化石，是研究海相侏罗系—白垩系界线的重要地层单元，受出露所限，其顶底界线目前尚未控制，待今后进一步研究。

图 3-10　东安镇组地层剖面

10. 嘉荫地区晚白垩世—古近纪地层剖面

分布于嘉荫县永安村和太平林场一带，沿黑龙江沿岸出露的一套地层称嘉荫群，包括永安村组、太平林场组、渔亮子组，其上的富饶组也与嘉荫群关系密切。时代置于晚白垩世。出露于嘉荫县乌云镇黑龙江右岸长白山一带的古近系乌云组亦与嘉荫群关系密切。

(1)永安村组地层剖面(图 3-11)。

剖面位于嘉荫县朝阳镇永安村。永安村组以灰绿色、黄灰色细砂岩、粉砂岩、泥炭为主，局部夹泥炭岩、石膏及褐煤层。产介形虫、叶肢介、植物、孢粉及脊椎动物化石(图 3-12)。底界不清，与上覆太平林场组为整合接触。总厚度大于 158.9m。时代置于晚白垩世。

(2)太平林场组地层剖面(图 3-13)。

剖面位于嘉荫县太平林场北黑龙江岸。太平林场组主要由灰色泥岩、粉砂岩和细粒长石砂岩组成。产叶肢介、介形虫、植物、孢粉等化石(图 3-14)。下与永安村组整合接触，上被渔亮子组平行不整合覆盖。总厚度 635.2m。时代置于晚白垩世。

嘉荫群是嘉荫地区晚白垩世的一套含煤及油页岩的碎屑岩组合。产丰富的恐龙、被子植物和叶肢介、介形虫、鱼、昆虫等化石。*Metasequoiu*-*Trochodendroides*-*Cobbania* 化石组合最具特点。

图 3-11　永安村组江边实测剖面

1～4.具棱葛赫叶；5.准紫树(未定种)；6.似南蛇藤叶(未定种)；7.北极似昆栏树。

图 3-12　永安村植物组合称为 *Paral axodium*-*Quereuxia* 组合

图 3-13　太平林场组江边实测剖面

1.北极似昆栏树；2.太平林场似昆栏树；3.披针型似昆栏树；4.短尖头似昆栏树；5、6.昆都尔似南蛇藤。

图 3-14　太平林场植物组合

(3)渔亮子组地层剖面。

剖面位于嘉荫县沿黑龙江右岸的渔亮子村以东的龙骨山。岩性为灰绿色、黄色砾石、砂岩和泥岩等，富产恐龙等脊椎动物化石。该组平行不整合或整合于太平林场组之上，与上覆富饶组的接触关系不明，总厚度 288m。

(4)富饶组地层剖面。

剖面位于嘉荫县乌云镇富饶乡小河沿南山。为整合于渔亮子组之上的含煤细碎屑沉积。主要为深灰色、黑色泥岩、粉砂质泥岩、粉砂岩组成的地层。夹薄层褐煤。底界不清，其上与乌云组整合接触，时代为晚白垩世。总厚度大于 299m。

(5)乌云组地层剖面(图 3-15)。

图 3-15　乌云组地层剖面

剖面位于嘉荫县乌云镇乌云煤矿。主要由灰色、灰白色砂质砾岩、含砾砂岩、粗砂岩、细砂岩、粉砂岩及黑色碳质页岩、浅褐色砂质页岩(泥岩)组成。上部夹多层褐煤。泥岩、粉砂岩和褐煤中产丰富的植物化石，以 *Seguoia*、*Langsdolorfii* 为主。与下伏富饶组整合接触。总厚度 15.40m。

嘉荫县小河沿上白垩统富饶组和古近系乌云组剖面产嘉荫型植物群，这里曾吸引国内外地学界专家来此考察调研，剖面所产植物、孢粉化石在 K—Pg 界线划分中的地层学意义不凡，很可能成为具有世界意义的"金钉子"。

11. 松嫩盆地第四纪地层剖面

由于松嫩盆地第四纪地层多被覆盖，许多地层组标准剖面一般为钻孔所建。

（1）荒山组、哈尔滨组地层剖面（图 3-16）。

剖面位于哈尔滨市团结镇砖厂。剖面分荒山组和哈尔滨组。

荒山组：下部由粗砂和含砾粗砂组成；上部由黄褐色亚黏土和黄土状亚黏土组成。含丰富的孢粉。

哈尔滨组：由浅黄色黏土、棕黄色—浅黄色黄土状亚黏土、浅黄色—灰黄色黄土组成。

图 3-16　荒山组、哈尔滨组地层剖面

（2）顾乡屯组剖面：剖面位于哈尔滨市道理区房地局砖厂。据顾乡屯房地局院内 80-18 钻孔，底部砂砾层中，下部为橙黄色—黄绿色、灰绿色中粗砂及含砾中粗砂，上部为灰黑色淤泥质亚黏土薄层，含大量植物残体，与下伏东深井组呈平行不整合；中部细砂层为条带状铁染、分选好的泥质粉砂及细砂等；上部为黄褐色亚黏土、亚砂土等。

顾乡屯组为一套河流相沉积，地貌构成为Ⅰ级阶地，产丰富的动物化石，即披毛犀-猛犸象动物群，种属超过 70 余种。披毛犀、猛犸象等动物化石遍及省内各地，绝大部分产于顾乡屯组等晚更新世地层中，为典型的冰缘气候环境下的生态标志。

顾乡屯组闻名国内外，是知名度很高的地层单元，研究历史较长，研究程度较高，并含有古人类化石与古人类活动遗迹，倍受国内外地质、古生物学家关注。所以松嫩平原的第四纪顾乡屯组是我国乃至世界研究、考察的理想地区之一。顾乡屯组对于我国第四纪划分对比、恢复古地理、古气候、地壳变迁等，都具有非常重要的意义。它含有丰富的哺乳类动物化石，其中不乏有保存较完整的个体，特别是披毛犀、猛犸象等具观赏性及科普教育意义。

（二）岩石剖面

1. 侵入岩剖面

黑龙江省岩浆活动频繁而强烈，侵入岩极为发育，分布面积约 11 万 km^2，有超镁铁质—镁铁质岩类和花岗岩类，其中以花岗岩类最为发育，有各种岩类大小不等的岩体上千个。各个时代岩体都有分布，但以晚印支期花岗岩为主，有些岩体形成极具观赏性的地貌景观，雄伟奇峻、峰峦叠嶂。下面仅选几个具时代划分、经济价值、观赏性等的代表性岩体进行简要介绍。

（1）象鼻子山混合花岗岩岩体。

剖面位于双鸭山市象鼻子村。岩体分布于双鸭山市象鼻子山一带，剖面构造位置属兴东陆缘增生带。面积约 35km^2，呈北西向延伸，东端侵入古元古界大盘道组，并与之呈渐变关系，南被白垩系城子河组覆盖。岩体由混合花岗岩组成。岩体相变明显，混合花岗岩为岩体主体部分，向南逐渐变为斑状混合花岗岩，南端为含石榴子石混合花岗岩。矿物组成：斜长石 47%、钾长石 20%、石英 25%～30%、暗色矿物黑云母 5%。

岩石特征：与大盘道岩组相伴出露，与其呈混合交代关系；SiO_2 含量在 67.28%～73.48%之间；副矿物以大量石榴子石及夕线石为特征；稀土元素含量较高，曲线左高右低、呈小“V”字形，为轻稀土富集，Eu负异常明显的配分型式。岩体成因显示重熔型特点，是经区域变质经过混合岩化到花岗岩化阶段的产物。

本岩体是研究区域变质作用的有利地段，也是研究花岗岩成因演化的重要地区。

(2)楚山花岗闪长岩岩体剖面。

岩体位于林口县楚山镇一带。楚山岩体和柴河岩体为一个巨大花岗岩基。岩体侵入新元古界张广才岭群，在楚山岩体获Rb-Sr等时线年龄值627Ma，确定岩体为新元古代。岩体由花岗闪长岩组成，岩相变化不明确，局部相变为黑云母花岗岩。矿物组成：碱性长石7%～15%、斜长石40%～60%、石英10%～20%，黑云母和角闪石15%～18%，副矿物主要为锆石、磷灰石、褐帘石，次为石榴子石等。

新元古代张广才岭运动，使张广才岭裂陷槽褶皱造山，同构造期同熔型岩浆经结晶分异形成楚山岩体。楚山岩体是张广才岭期代表性岩体，是研究结晶分异和构造环境的重要岩体。

(3)北西里辉长岩岩体。

岩体分布于呼玛县兴隆北西里东山，呈北西向延伸。侵入洪胜沟组，被龙江组火山岩覆盖。岩体以辉长岩为主，其次为碎裂闪长岩和石英闪长岩。呈岩柱状产出，为呼玛兴隆-北西里钛磁铁矿的母岩。

岩体可分为两个岩相带。

辉长岩岩相带：该带以浅色辉长岩为主，含闪长岩异离体，位于岩体中部，是岩体的中心相。

闪长岩岩相带：岩石以闪长岩为主，边缘见有石英闪长岩，并见混杂现象，位于岩体边部，是岩体边缘相。

(4)小西林混染花岗岩岩体。

岩体分布于伊春市美溪区小西林一带。侵入寒武系铅山组，岩体呈岩株状产出，面积仅5km²，由混染花岗岩组成。岩石呈暗灰色，具斑状或似斑状，同化混染强烈，强烈碎裂。岩石矿物成分变化大，有时斜长石集结成堆，有时钾长石集中斑晶增多。获得U-Pb等时线年龄为451Ma。矿物组成：碱性长石15%～20%、斜长石40%～50%、石英20%～25%、暗色矿物(黑云母和角闪石)10%～15%。

(5)鸡岭花岗闪长岩岩体。

岩体位于铁力市朗乡鸡岭一带。在三角山侵入小金沟组，被五道岭组覆盖。岩体主要岩石类型为混染花岗闪长岩，也有少量二长花岗岩、英云闪长岩、闪长岩等，岩体边缘以细粒为主，片麻状构造发育。岩体获Rb-Sr等时线年龄值445Ma。矿物组成：碱性长石20%、斜长石50%、石英20%、角闪石10%，碱性长石大斑晶分布不均匀。

鸡岭花岗闪长岩岩体为奥陶纪花岗岩，对伊春-延寿带花岗岩时代确定具有重要意义，岩体岩石具有巨斑、碎裂、混杂现象，具片麻状构造，是研究伊春-延寿带奥陶纪花岗岩成因和构造环境的重要岩体。

(6)多宝山花岗闪长岩岩体。

岩体出露于嫩江市多宝镇多宝山一带。分布面积约10km²，主要由花岗闪长岩组成，岩体内岩性极不稳定，其次还有斜长花岗岩和少许石英闪长岩。具不明显的细粒边缘相，局部可见大小不等的地层捕虏体。花岗闪长岩矿物组成：斜长石50%～60%(更—中长石)、碱性长石10%～15%、石英20%～25%，暗色矿物以黑云母为主，含量8%～10%。岩体K-Ar同位素年龄值292～289Ma，时代属石炭纪。

岩体侵入奥陶系多宝山组，同位素年龄值292Ma，可确定岩体时代为石炭纪，对岩体划分对比有重要意义。岩体分布于罕达气优地槽、多宝山岛弧区，是研究地槽成生发展的重要地质体；多宝山花岗闪长岩岩体既是多宝山大型铜钼矿床的成矿母岩，也是成矿围岩，具有重要找矿意义。

(7)一撮毛正长花岗岩岩体。

岩体出露于哈尔滨市阿城区小岭镇一撮毛一带。呈岩基产出，侵入二叠系五道岭组，被太安屯组覆盖。岩体可分为内部相和边缘相，内部相为粗粒正长花岗岩，边缘相为中细—细粒正长花岗岩。矿物组成：碱性长石45%～65%、斜长石10%～15%、石英25%～30%、暗色矿物黑云母3%。

(8)小白正长花岗岩岩体。

岩体位于铁力市小白镇。面积约 460km^2,呈岩基产出,近南北向延伸。主要由正长花岗岩组成,局部相变为花岗岩。岩体有岩相变化,但不易划出岩相带。岩体获 Rb-Sr 等时线年龄值 209.8Ma。

小白正长花岗岩岩体时代确定为晚三叠世—早侏罗世,为大陆内部花岗岩,形成机制尚待研究。小白正长花岗岩岩体局部具有观赏性,朗乡花岗岩石林地质公园即位于小白正长花岗岩岩体内。

(9)清水碱性花岗岩岩体。

岩体出露于伊春市红星区清水河一带。侵入寒武纪西林群,岩体可分内部相和外部相,内部相由碱性花岗岩组成,外部相由碱长花岗岩组成。二者均为中细粒结构,局部为细粒。内部相碱性花岗岩出现碱性闪石、铁锂云母,副矿物出现铌铁矿。岩体获 Rb-Sr 等时线年龄值 218Ma。碱性花岗岩矿物组成:碱性长石 53%~70%、斜长石少量、石英 25%~35%,暗色矿物出现碱性闪石和铁锂云母。

(10)松峰山碱长花岗岩岩体。

岩体分布于阿城区松峰山镇一带,大致呈北东向展布,呈岩基状,面积约 50km^2。侵入二叠系土门岭组,被侏罗系太安屯组覆盖,被燕山期三清岩体侵入。岩体由中粒晶洞碱长花岗岩组成,岩相变化不明显,靠近围岩处出现很窄的(200~300m)冷却边,由中细粒碱长花岗岩组成。岩石矿物组成:碱性长石 50%~60%、斜长石 7%~13%、石英 30%~35%、黑云母 3%。岩体晶洞构造发育,晶洞不同程度地存在石英晶簇。岩体节理发育,构成独特的花岗岩地貌,具有极高的观赏性,已成为松峰山地质公园的主体景观区。

(11)碾子山碱性花岗岩岩体。

岩体出露于齐齐哈尔碾子山区,面积约 16km^2。侵入三叠系老龙头组,并被后期斑岩侵入,岩体内见有老龙头组捕虏体。岩体由碱性花岗岩组成。边缘相中细粒似斑状结构,斑晶大者可达 10~15mm,基质局部具文象结构,岩体普遍发育晶洞。岩石由碱性长石 50%~80%、斜长石 5%~10%、石英 35%组成。斜长石为钠长石,暗色矿物为钠铁闪石。钠铁闪石 K-Ar 法获同位素年龄值 70.3Ma。

岩体为碱性花岗岩,属省内稀有。岩体稀土元素(Nb_2O_5)含量局部可接近边界品位。岩体极具观赏性,构成碾子山地质公园的主体景观区。

2. 火山岩剖面

黑龙江省火山岩分布广泛,出露面积约 5.6 万 km^2,占全省山区面积的近 1/4,尤以中、新生代火山岩最发育,占火山岩面积的 90%以上。各种类型火山岩中,古生代细碧角斑岩、中生代海相超镁铁质熔岩和陆相含橄榄石安粗岩、新生代碱玄质响岩,都是具有特色的岩石类型。由于前寒武系火山岩原岩恢复较困难,现仅介绍古生代以来的火山岩。

(1)宝泉组火山岩剖面。

本组仅分布于汤旺河流域及木兰、尚志等地。为灰绿色流纹质凝灰岩、凝灰岩夹黑色板岩、碳质板岩及少量结晶灰岩。底部为石英岩、石英砾岩或片理化酸性熔岩、石英角斑岩。不整合于晨明组之上,与小金沟组呈断层接触。总厚度 874m。获本组火山岩 Rb-Sr 等时线年龄值 437Ma,时代置于早奥陶世。

宝泉组为黑龙江省火山岩及火山活动具有代表性的喷发旋回,是研究黑龙江省中部伊春-延寿地区奥陶纪沉积建造、火山活动、地壳演化、沉积环境具有重要意义的火山岩地层单元。

(2)大青组火山岩剖面。

本组主要分布于尚志市小金沟、延寿县等地,整合于小金沟组之上,顶界不清。以中性熔岩、中酸性熔岩为主,夹砂板岩组合。为灰绿色安山岩、灰紫色安山岩、英安岩,夹变质粉砂岩等。

(3)多宝山组火山岩剖面。

指分布于嫩江市多宝山-黑河市罕达气等地区,区域上整合于铜山组之上、裸河组之下的中性、中酸性火山岩。以中基性火山岩为主，下部为灰绿色安山质-英安质火山角砾岩、熔岩及凝灰岩，夹结晶灰岩透镜体，顶部为沉凝灰岩，其中灰岩产腕足类和三叶虫化石。腕足类化石以 *Leptellina sinica*-*Titambonites incertus* 组合为代表；三叶虫化石以 *Remopleurides*-*Ceauinella* 组合为代表；笔石化石以 *Dictyonema*-*Dendrograptus* 组合为代表。中部以灰绿色安山岩、火山角砾岩、安山质凝灰岩为主；上部为灰绿色、灰白色英安岩、英安质火山角砾岩、凝灰岩、含集块角砾熔岩。本组为多宝山铜矿围岩，时代置于中奥陶世。

多宝山组火山岩非常发育，并含丰富的腕足类和三叶虫等多门类化石，可较为准确地划分对比地层。可以通过多宝山组火山岩研究中奥陶世本区构造环境。

(4)老秃顶子组火山岩剖面(图 3-17)。

剖面位于宝清县小城子镇老秃顶子山一带。本组主要分布于宝清县老秃顶子、蓝花顶子、七台河市七里卡山、密山市珍子山等地。为整合于黑台组之上、七里卡山组之下的火山岩-碎屑岩组合。以流纹质熔岩和砂岩、板岩及硅质板岩等为主。岩石颜色较浅，并具硅化及片理化。

老秃顶子组具地层划分对比意义，是黑龙江省东部晚泥盆世主要的火山喷发旋回，对研究古地理、古气候、沉积环境等具有重要价值。

图 3-17　老秃顶子组火山岩剖面

(5)唐家屯组火山岩剖面。

剖面位于哈尔滨市阿城区玉泉镇唐家屯一带。以片理化酸性、中酸性火山岩为主，夹少量中基性火山岩，以及片理化正常沉积岩，未见底。本组在尚志市永安屯产植物化石，时代置于晚石炭世。总厚度 1208m。

(6)二龙山组火山岩剖面。

剖面位于密山市二龙山林场。整合于珍子山组之上，以安山岩、安山玄武岩(含砾和角砾)、凝灰岩为主，夹粉砂质板岩薄层。总厚度 400m。本组为一套以杂色中基性火山岩为主的陆相熔岩-火山碎屑岩沉积建造。岩性单一，岩相变化不大，变质轻微。

(7)五道岭组火山岩剖面。

剖面位于哈尔滨市阿城区小岭镇五道岭。可分为两个岩性段：下部以中性火山岩为主，上部以酸性火山岩为主。两段均夹正常沉积岩层，沉积岩夹层中产植物化石。Rb-Sr 等时线年龄值 231Ma，时代属于晚二叠世。总厚度大于 350m。

(8)罗圈站组火山岩剖面。

剖面位于东宁市老黑山镇罗圈站一带。以流纹质和浅色英安质火山岩为主，夹少量的沉凝灰岩、凝灰质砂岩和安山质火山岩，产丰富的植物化石。未见底，顶部与绥芬河组不整合接触，厚度大于 813.30m。所产植物化石 *Cycadocarpidium taeniopateris* 组合。时代属晚三叠世。

(9)龙江组-光华组火山岩剖面。

龙江组：位于龙江县山泉镇光华村。主要为安山岩及其凝灰熔岩、凝灰岩夹流纹岩及凝灰熔岩。为平行不整合于七林河组之上、光华组之下的陆相中性火山岩组合。总厚度 1889m。

光华组：与龙江组为同一剖面，为一套陆相酸性火山组夹沉积岩。岩性为酸性凝灰岩、中性熔岩夹黏土岩、杂砂岩等，产叶肢介、介形虫、昆虫等热河生物群化石，其中叶肢介化石以 *Pseudograpta* 为主，昆虫化石以 *Ephemeropsis triseralis* 为主。时代置于早白垩世。总厚度大于 276.1m。

(10)甘河组火山岩剖面。

剖面位于嫩江市哈尔通西北山，为一套以陆相中基性熔岩为主的火山岩组合，主要由气孔状玄武岩、杏仁状橄榄玄武岩、玄武安山岩和玄武安山质火山角砾岩组成。夹少量沉积岩,气孔状玄武岩发育,杏仁体多为玛瑙及燧石。

甘河组属黑龙江省燕山旋回一期火山活动期,对研究黑龙江省滨太平洋火山活动、地壳演化、早白垩世岩相和古地理具有重要意义。

(11)松木河组火山岩剖面。

剖面位于佳木斯市西格木乡,主要分布于牡丹江-鹤岗的南北向火山活动带中。明显可分下、上两部分,下部以中基性熔岩为主夹凝灰岩,称西格木段;上部以酸性熔岩为主,夹中酸性熔岩及火山碎屑岩,称敖其段。二者为喷发不整合接触。与下伏猴石沟组不整合接触,与上覆地层关系不清。总厚度大于1935m。下部的西格木段玄武岩柱状节理发育,具观赏性。

(12)西山玄武岩、船底山玄武岩剖面。

新近系玄武岩分布广泛,分布于黑龙江省西部的称西山玄武岩,分布于东部的称船底山组玄武岩。本期玄武岩常受大断裂影响,呈现出东强西弱的局面。

西山咀玄武岩为富—超镁铁质的碱性玄武岩,为一套喷溢相基性火山岩建造(大陆玄武岩建造)。

船底山玄武岩为含钠较高、属深源的钠质大陆碱性玄武岩。获本期玄武岩同位素年龄值2.98Ma,时代为中—上新世。

本期玄武岩多构成高台地、桌状山、帽状山等柱状节理发育,极具观赏性的地貌景观。广泛分布的玄武岩,是研究地层划分对比的重要层位,也是研究新生代滨太平洋大陆边缘活动带的重要地区。

(13)五大连池玄武岩、镜泊湖玄武岩剖面。

五大连池火山群、镜泊湖火山群均为第四纪火山岩,所形成的火山岩地貌非常壮观,已成为世界地质公园的重要组成。

五大连池火山岩:位于黑河市五大连池镇。其玄武岩可明显地分为5期,自下而上有格拉球期、焦得布期、尾山期、笔架山期和老黑山期等玄武岩。各期玄武岩均为富钾碱性玄武岩,岩石裸露地表,植被分布少,一片黑色,各期火山岩厚度一般为5~10m。

镜泊湖玄武岩:位于宁安市镜泊乡。可分为早期玄武岩、中期玄武岩、晚期玄武岩、近期玄武岩等。岩性基本一致,均属大陆碱性玄武岩。早期以橄榄粗玄岩为主,无火山碎屑。其余3期以橄榄钛辉石玄武岩居多,局部出现伊丁石玄武岩。

3. 变质岩剖面

黑龙江省变质岩主要分布于佳木斯地块、兴凯地块,以及额尔古纳、落马湖、东风山、尔站等微地块。其中中—新元古界麻山岩群分布于佳木斯地块陆核区;中—新元古界兴东岩群分布于兴东陆缘增生带;中—新元古界兴华渡口岩群和东风山岩群分别分布于额尔古纳和东风山微地块;黑龙江增生杂岩分布于太平沟、依兰、穆棱裂谷;奥陶纪—志留纪落马湖岩群,张广才岭杂岩等分布于落马湖微地块和张广才岭裂谷。下面仅就几个具代表性的剖面进行简要介绍。

(1)吉祥村-西麻山煤矿中—新元古界麻山岩群变质岩剖面(图3-18)。

剖面位于鸡西市麻山区。麻山岩群主要分布于鸡西市西麻山至林口县西三阳等地,大致呈近东西向带状分布。

麻山岩群是一套变质程度达到高角闪岩相的变质岩,局部达到紫苏辉石麻粒岩相。自下而上可分为西麻山岩组和余庆岩组,两组为整合接触。麻山岩群夕线石榴二长片麻岩最小一组碎屑锆石U-Pb年龄集中在1026~1014Ma,也是目前黑龙江省最古老的地层。

西麻山岩组:该组主要岩性为与紫苏麻粒岩共生的黑云变粒岩、黑云斜长片麻岩、混合岩、角闪透辉斜长变粒岩、透辉石榴岩等,总厚度大于6436m。

余庆岩组:该组下部以包括混合花岗岩在内的各种类型混合岩为特征;中部以石墨片岩、石墨片麻

图 3-18　麻山岩群变质岩剖面

岩和黑云斜长片麻岩为特征；上部以大理岩、片麻岩、变粒岩、麻粒岩夹混合花岗岩为主。总厚度大于 2652m，是高温高压变质作用的产物（图 3-19）。

图 3-19　余庆岩组变质岩剖面

麻山岩群变质岩达到高角闪岩-麻粒岩相，岩石遭到混合岩化作用，形成混合片麻岩带及混合花岗岩，具孔兹岩系特征，是黑龙江省变质岩变质程度最高的岩石组合。麻山岩群含石墨、夕线石、大理岩等矿产。其中石墨矿床闻名于世、夕线石居全国首位。麻山岩群是研究黑龙江省陆核形成、原岩建造和构造环境等，以及成岩成矿和岩石变质、变形等重要地质问题的地区。

（2）椅子圈上二叠统—上三叠统黑龙江增生杂岩变质岩剖面。

嘉荫-牡丹江增生杂岩主要分布于嘉荫、萝北、依兰、桦南、牡丹江等地。这套复杂的变质岩系采用构造地层划分的方法按岩片划分，根据空间出露位置划分为 7 个岩片：太平沟岩片、依兰岩片、桦南岩片、磨刀石岩片、虎林岩片、道河岩片、杨木岩片。

各构造岩片变质作用以高绿片岩相为主，受推覆及剪切构造作用，形成多期复合成因类型的韧性剪切带，岩层岩石遭受了强烈的变质变形改造，现已呈构造岩系出现，岩层的上、下关系及层序多有混乱；原始的岩序、厚度亦难以恢复。其中以白云母钠长片岩、白云母石英片岩为主要构成成分的岩层遍布各岩片，岩石组合稳定，特征相似。

嘉荫-牡丹江俯冲增生杂岩岩石组成和结构构造特征显示主要为 9 类岩石组合：变超镁铁质岩—镁铁质岩类、角闪片岩（变粒岩）类、透闪片岩类、阳起片岩类、黑云片岩（变粒岩、片麻岩）类、绿泥片岩类、长英质片岩类、石英片岩类、碳酸盐岩类。

嘉荫-牡丹江增生杂岩是研究岩石变质、变形的重要变质岩层。

（3）兴华渡口岩群变质岩剖面。

剖面位于呼玛县兴华渡口一带。兴华渡口岩群可分为下部兴华岩组、上部兴安桥岩组以及门都里河岩组。前二者为整合接触。

兴华岩组：主要由黑云斜长片麻岩、二云斜长片麻岩、二云片麻岩、黑云斜长角闪岩、斜长角闪岩、黑云斜长变粒岩夹二云片岩、二云石英片岩，上部夹镁橄榄石大理岩组成。为一套变质程度较深的变质岩。

兴安桥岩组：下部为石榴二云石英片岩、红柱石榴斜长二云片岩、石榴红柱二云斜长片麻岩夹黑云斜长变粒岩，有时被混合岩取代；中部为透灰大理岩、白云石质大理岩、石墨大理岩夹红柱夕线黑云斜长片麻岩、红柱黑云夕线片麻岩、透辉岩、黑云二长片麻岩、斜长角闪片岩及磷铁石英岩。其下与兴华组呈整合接触。其上被花岗岩侵入。兴安桥组已达高绿片岩和低角闪岩相变质程度。

门都里河岩组：主要岩性为石墨片岩、石墨大理岩、含石墨石榴子石二云英片岩、夕线石大理岩夹石墨矿等。

(4)大盘道岩组变质岩剖面。

剖面位于林口县大盘道铁矿。大盘道组为兴东岩群的一个组，主要分布于萝北、双鸭山、桦南、鸡西等地，呈断续的带状分布。主要为大理岩(透辉大理岩、含铁镁闪石大理岩、金云母大理岩、白云石大理岩)，夹多层红柱二云石英片岩、绢云石英片岩或变粒岩；含多层含铁石英岩或磁铁矿。总厚度 1 496.0m。与上覆建堂岩组为连续沉积。大盘道岩组变质程度以低角闪岩相为主。

(三)构造剖面

黑龙江省大地构造位置属古亚洲构造域和滨太平洋构造域交接复合部位，构造发展多阶段、多期、多旋回明显，地壳活动性较强，因而地质构造错综复杂。大地构造演化发展阶段经历了地块形成阶段、再生地槽发展阶段、盖层形成阶段和大陆边缘活动带发展阶段。古生代属古亚洲构造域，中新生代属滨太平洋构造域。各个构造阶段都留下了许多宝贵的地质遗迹，褶皱变形构造、断裂构造都很发育，不整合亦存在，由于黑龙江省为掩盖区或半掩盖，以往地质调查多为人工挖掘的地质工程，现多已被掩埋，许多地质遗迹都无法展现。现仅就构造部分简述如下。

1. 断裂

黑龙江省断裂构造非常发育，仅选几条意义重大的断裂进行简要介绍(图 3-20)。

(1)得尔布干断裂(F_1)：位于黑龙江省西北部，由内蒙古延入省内。经碧水、塔河、依西肯向北东延入俄罗斯境内，走向北东 60°～70°，省内长度约 240km。断裂两侧在不同地段也有不同的区域地质特征：其北东段在中生代以来北西盘相对下降，沉积了巨厚的中侏罗世火山岩-碎屑岩含煤建造，南东盘相对上升，出露兴华渡口岩群，以及元古代和古生代侵入岩，断裂两侧多处见有擦痕及错动现象，局部见有角砾岩化岩石，显示为压剪性；南西段两侧差异不明显，均为晚侏罗世—早白垩世火山岩，塔河一带断裂有小的基性岩体分布。该断裂是蒙古弧东延主干断裂之一。

通过分析认为，该断裂形成于海西早期，早燕山期复活，晚燕山期以来渐趋稳定。该断裂构造属岩石圈断裂，是研究漠河前陆盆地，额尔古纳岛弧深部构造、地壳演化、古地理、沉积环境等地质构造的重要区域。

(2)嫩江岩石圈断裂带(F_2)：位于黑龙江省西部，北起嫩江，向西南经齐齐哈尔、泰来延入吉林省境内，走向北北东，省内分布长度约 300km。属隐伏断裂带。卫片上显示为多条断续平行分布的线状影像带。断裂东侧重力场宽缓低平，局部重力异常的走向多为近南北向及北东向；断裂西侧局部重力异常的数量明显增多，强度较大，单个异常的面积缩小，轴向多变，反映出断裂西侧基底向上抬升的特点。区域磁场在断裂以东以平缓的负场为主；断裂以西则表现为一系列强烈变化的南北向线性磁异常。据磁场确定的断裂位置明显偏东，断裂倾向东，断裂西侧向上抬升，东侧下降，属断阶式断裂。该断裂在莫霍面图上也有明显显示，是松嫩幔隆区深部的西部斜坡区与中央幔凹区的分界断裂和盆地的西缘断裂，对松嫩盆地的形成具有明显的控制作用。

断裂两侧的北西向断裂发育，切割白垩纪以前的地质体。沿断裂分布有古生代、中生代酸性侵入岩及新生代玄武岩。推测其生成时代为海西末期，中燕山期活动最强，喜马拉雅期仍有继承性活动，是一条切割深达上地幔的岩石圈断裂。

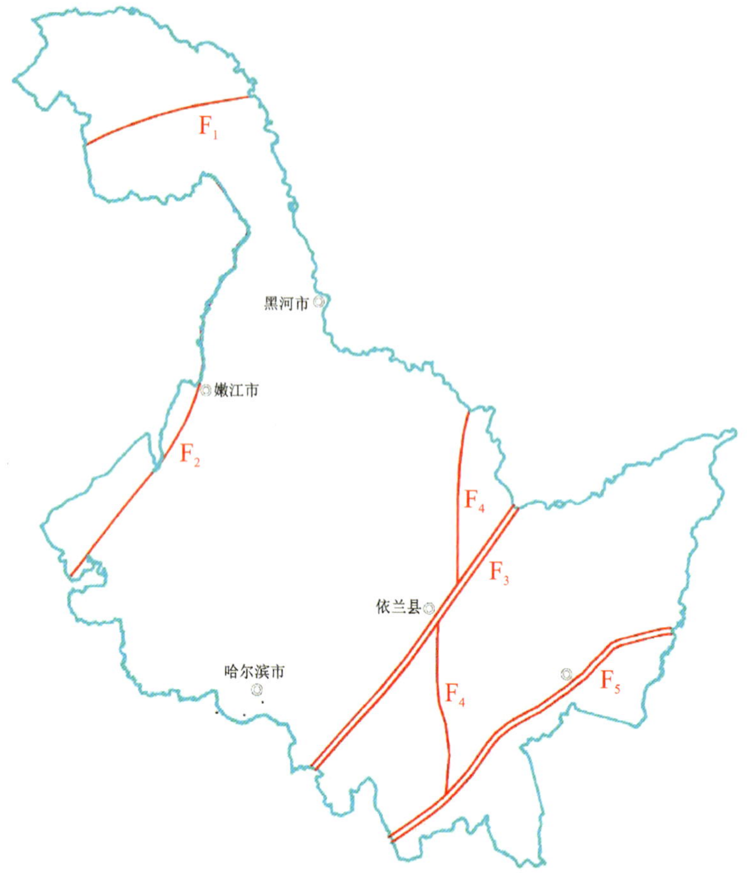

图 3-20　黑龙江省岩石圈断裂分布示意图

(3)依舒岩石圈断裂带(F_3):位于黑龙江省内中部,由吉林省境内的伊通、舒兰向北东进入黑龙江省,经尚志、依兰、萝北延入俄罗斯,向南西经吉林、沈阳与郯城-庐江断裂相连,省内长度约 500km,走向北东 40°～50°。区域重力场图上断裂显示为大面积正场与负场的分界线,沿断裂带分布有一系列串珠状局部重力正异常和负异常,两侧梯度变化较大,区域磁场表现为北东向的负磁异常带,具明显的地堑式断裂带特点。断裂带磁场在吉林市附近切割了两个主要为晚古生代浅变质岩分布区的负磁场,黑龙江省内斜切了 3 个Ⅱ级构造单元及南北向的张广才岭花岗岩带,并导致早燕山期超基性岩侵位。显然,断裂形成于晚印支亚旋回与早燕山亚旋回转换时期,喜马拉雅旋回发展成线型新断陷,宽 8～12km。断裂带内主要分布白垩纪及古近纪沉积物,最大厚度可达 3000m 以上。断裂带分布地区也是地震多发带,黑龙江省萝北曾发生过 4.5～5.8 级的浅源地震,尚志、方正、汤原、佳木斯、宝泉岭等地也有小震发生。

(4)牡丹江岩石圈断裂(F_4):位于黑龙江省东部,由牡丹江市向北经依兰、汤原、嘉荫过黑龙江进入俄罗斯境内,省内分布长度约 500km。

断裂在依兰附近明显被北东向的依舒断裂及东西向的呼兰-虎林断裂切错。断裂南段主要沿牡丹江河谷分布,航片、卫片上显示为线性影像带,区域重力场主要表现为西南岔林场及建堂两处局部重力正场间的南北向狭长负异常带及鸡西-牡丹江北东向重力高值带西南端的南北向拉长变形现象;北段表现为鹤岗大面积重力正场与伊春地区负场的结合带。断裂在航磁图上表现为南北向分布的负磁异常带,两侧磁场形成强烈反差:东侧以平缓的正场为特征、西侧为强烈线性延伸的正磁异常带。重磁场的关系在断裂以东为正相关区,断裂以西为反相关区。

断裂在松花江以北为兴安岭-内蒙地槽褶皱区和兴凯湖地块区两个Ⅰ级构造单元的分界断裂,东侧为稳定的隆起区,西侧以早古生代地槽型沉积为主,广布中加里东期和晚印支期花岗岩。断裂南段沿佳木斯地块与张广才岭边缘隆起带的分界，有近南北向展布的晚印支期花岗岩带；而后期继承性活动又将花岗岩碎裂。故认为，该断裂系新元古代末佳木斯隆起带与张广才岭边缘隆起带的联结部位，晚印支运动复活，发展成为A型俯冲断裂，燕山期以来继承活动。因被敦密断裂切错，其南段移位到俄罗斯境内的东经132°线附近。

(5)敦密岩石圈断裂带(F_5)：位于黑龙江省东南部，走向北东，由吉林省境内的敦化延入黑龙江省，经穆棱、鸡西、密山、虎林北部过乌苏里江进入俄罗斯境内，省内长度约500km。该断裂在沈阳附近可能与郯庐断裂相接，是郯庐断裂在东北的重要分支断裂。

断裂带由两条高角度相对逆冲的主干断裂构造组成，为逆地堑式断裂，地貌上表现为开阔的谷地，东北段与穆棱河谷的分布基本一致。沿断裂可见断层三角面断续分布。在航片、卫片上显示为条带状影像；航磁为线性延伸的负磁异常带，在鸡西、牡丹江一带显示为两种不同磁场的分界线；东北段在重力正场区显示为带状重力低，西南段在重力负场区表现为局部带状重力高。重磁场的带状分布特征显示断裂具一定的宽度，一般为10～20km。断裂在莫霍面图上显示不明显。沿断裂带有多次浅源及深源地震发生。

断裂带两侧岩石破碎，片理发育，局部见牵引构造。密山市可见一花岗岩体中发育有宽约2km的挤压破碎带，走向北东50°，倾向南东，倾角50°，两侧岩石呈压碎状或千糜状。断裂明显切错了完达山地槽褶皱带，控制了龙爪沟群沉积，故其形成时代为里阿斯期中期，以左旋走滑为特征，断裂东南盘向北东平移约240km。剧烈的走滑运动，标志着不同构造体制的转换，即太平洋-库拉板块与欧亚大陆板块相对作用下的中—新生代构造体制的开始。早喜马拉雅旋回，它发展成为线型断陷，宽10～20km。据玄武岩中深源包裹体推测，断裂深度大于67.5km，属岩石圈断裂。断裂形成以后，受北北东向、北东偏北向及近东西向断裂破坏与改造明显。

黑龙江省内断裂构造极为发育，作为构造运动的一种重要的表现形式，断裂构造在地壳发展演化各个不同阶段都有发生。大断裂，特别是深大断裂一般都经历了长期的、多旋回的发展过程，属岩石圈断裂，对省内地质构造的发展演化、沉积建造、岩浆活动、变质作用等都有极为重要的作用，除此之外依舒、敦密等地堑式盆地蕴藏煤、石油、天然气等重要矿产。

2. 那达哈达岭中生代构造

(1)饶河蛇绿岩带：饶河蛇绿岩出露于那丹哈达岭板块俯冲带中，冷侵位于晚三叠世—早侏罗世大岭桥组地层中，北起新开屯，南至苇子沟，南北长约50km，东西宽5～8km，呈近南北向略向西突出的弧形带状分布(图3-21)，其展布方向与区域构造线方向基本一致。蛇绿岩侵位于大岭桥组中，被早侏罗世花岗闪长岩所侵入。区内蛇绿岩在大顶子山出露较为完整。东侧出露超镁铁质堆积杂岩，西侧分布镁铁质堆积杂岩，在西侧为下部枕状熔岩，构成蛇绿岩比较完整的层序。

蛇绿岩基本上分三部分组成。

下部为超镁铁质堆积杂岩系：主要岩性有单辉橄榄岩、单辉角闪橄榄岩、单辉岩、角闪单辉岩、角闪岩、橄榄单辉岩、纯橄榄岩、单辉富橄岩等，岩石具有堆积结构，向上逐渐过渡为镁铁质堆积岩。

中部为镁铁质堆积杂岩系，主要岩性为辉长岩、角闪单辉岩、辉绿岩、辉绿岩岩墙状侵入辉长岩，在镁铁质堆积岩顶部见有岩浆分异产物——钠长岩。岩石堆积结构发育。

上部为枕状熔岩系(图3-22)，分布在镁铁质堆积杂岩之上，岩性有玄武岩、苦橄岩、细碧岩、中基性火山岩及其凝灰岩，细碧岩枕状构造发育等。

蛇绿岩为从镁铁质到超镁铁质岩的一套特定的岩石组合，应包括地幔橄榄岩、辉长岩、斜长花岗岩、高位的辉绿岩、席状岩墙杂岩、镁铁质火山岩和深海硅质岩。各成员之间常为构造接触。蛇绿岩常被认为是古洋壳的残片。蛇绿岩可分两大类：①大洋中脊扩张型；②俯冲带型。根据饶河蛇绿岩岩石学、岩石化学、地球化学等特征，认为其形成可能为大陆边缘小洋盆，俯冲拼贴到大陆壳，构成混杂堆积。

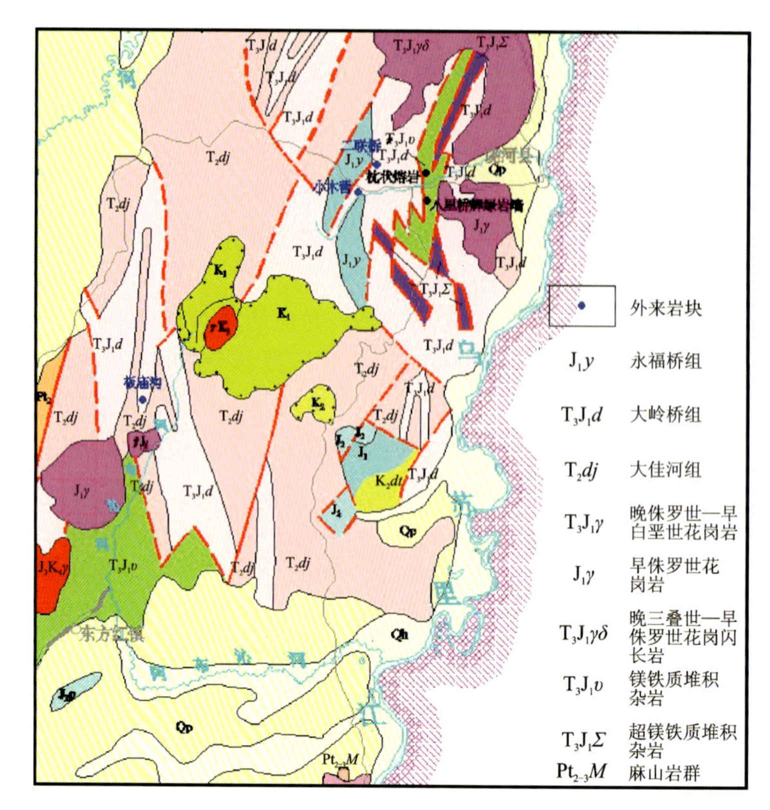

图 3-21　饶河蛇绿岩地质图

图 3-22　大岱北山枕状熔岩

凡是被确定为蛇绿岩的地方，板块构造理论认为此处不是板块缝合线就是板块俯冲带。蛇绿岩中的枕状熔岩，板块构造理论认为是研究地幔物质成分的“窗口”。饶河蛇绿岩在俯冲带中，由于洋壳扩张地幔物质上侵形成次生洋壳，经俯冲作用而侵位形成的蛇绿岩，其时代置于三叠纪。

饶河蛇绿岩较完整，具有代表性、典型性和完整性。它是那丹哈达岭板块俯冲带的有力证据之一。就中生代板块俯冲带而言，是我国仅有的一处。对其进行研究可丰富板块理论。

(2)混杂岩：那丹哈达岭板块俯冲带内混杂岩分布较广，已发现的分布于饶河县二联桥、小木营一带，在宝清板庙沟一带也有分布。

饶河县二联桥混杂岩：分布于饶河县二联桥一带。石炭纪灰岩外来块被包围在晚三叠世—早侏罗世大岭桥组粉砂岩中。灰岩长仅100m，宽60m，倾向120°，倾角50°，基质层理倾向110°，倾角65°，产蝬和珊瑚化石，时代属石炭纪。区域上未有石炭纪地层分布，基质产放射虫化石，时代属晚三叠世—早侏罗世。

饶河县小木营混杂岩：混杂岩分布于大带林场西小木营。早二叠世灰岩呈外来岩块被包围在晚三叠世—早侏罗世大岭桥组的硬砂岩中，灰岩出露宽度20m，倾向300°，倾角24°。基质硬砂岩倾向275°，倾角35°。二者为断层接触。灰岩中采集到早二叠世蝬科化石，所以确定灰岩为外来岩块(图3-23)。

图3-23 小木营灰岩外来岩块

宝清县板庙沟混杂岩：混杂岩分布于宝清县东大沟—板庙沟一带。板庙沟混杂岩、晚石炭世灰岩呈构造角砾被包围在晚三叠世—早侏罗世大岭桥组含砾板岩中，灰岩产蝬科化石，置于晚石炭世，基质大岭组产放射虫和牙形石化石，二者产状不一。

混杂岩是确定板块俯冲带的重要证据之一，板块理论认为，只要确定有混杂岩存在，此处不是板块缝合线就是俯冲带。本带混杂岩中的外来岩块均为浅海相灰岩，时代从石炭纪—早二叠世，混杂在晚三叠世—早侏罗世深海相地层中，具有典型性和代表性，作为我国中生代板块俯冲带也是仅有的一处。

(3)褶皱与变形。

饶河县石场膝折构造：膝折构造出露于饶河县石场南山，为一大采石场，长约100m，高约20m。岩性为大佳河组硅质岩。硅质岩呈层状，层厚一般0.5～10cm，层间为泥质岩，厚小于1cm，膝折构造特别发育(图3-24)。

饶河县胜利五队岩石褶皱与变形：位于饶河县胜利五队，公路旁采石场，出露岩石为大佳河组硅质岩，为采石场一个小山头，岩石褶皱变形明显，具有观赏性(图3-25)。

图3-24 石场南山膝折构造

图3-25 胜利农场五队硅质岩褶皱与变形

综上所述，饶河地区是那丹哈达岭中生代构造复杂地区，可见优地槽深海沉积建造、浊积岩，饶河县蛇绿岩带，混杂岩，岩石的褶皱与变形等地质遗迹，是研究中生代滨太平洋板块构造的稀有典型地区，由于在中国稀有，吸引了国内大专院校专家学者来此考察研究，也曾吸引日本、俄罗斯、新加坡等国外专家学者来此参观考察，有重要的研究价值，可在此建立教学、科研、科普、参观考察基地。

（四）重要化石产地

黑龙江省各时代地层发育较全。从元古宙到新生代，各个地质时代地层中都不同程度地含有古生物化石。新元古代地层产微古植物化石，古生代地层含腕足类、珊瑚、笔石、三叶虫、蜓科、牙形石、植物化石和孢粉化石。中生代地层产恐龙、叶肢介、介形虫、双壳类、鱼类、放射虫、牙形石、沟鞭藻、植物和孢粉化石。新生代地层产植物、孢粉、披毛犀、猛犸象等化石，截至2023年末，已发现化石产地200多处。由于许多化石都在地层部分阐述，现仅选择有代表性重要化石产地进行描述。

嘉荫县长白山剖面通过地层学和古生物学的研究，首次发现了上白垩统与古近系为连续沉积，并得到国内外地学工作者及古生物专家、学者的认可，于2011年夏在该地召开了国际研讨会。因此，长白山剖面有望成为世界级K—Pg界线的“金钉子”。

兴隆-罕达气地区的古生代地层，从奥陶系到下石炭统为连续沉积，其中含有丰富的多门类动、植物化石，这在黑龙江省乃至全国都是罕见的，尤其是造山带或地槽区更是研究古生物地层的理想地区。

虎林地区的龙爪沟群早白垩世海陆交互相含煤沉积建造，产有大量保存完好的多门类化石，多年来一直受到国内外地学工作者及古生物专家学者的广泛关注，国内的古生物研究机构和院校专家学者更是多次对其进行参观考察。

饶河地区的中三叠世—早侏罗世地层，产丰富的放射虫、牙形石化石，该套地层与蛇绿岩紧密伴生，是研究蛇绿岩套、深海沉积和海底扩张的理想地区，曾引起国内外相关专家学者对该地区的关注与研究。

1. 裸河东岸爱辉组古动物化石产地

该化石产地位于黑河市裸河东岸。爱辉组地层下部为黄绿色、褐黄色变质粉砂岩与黑色板岩互层，构成微层状构造，产笔石化石；上部为灰黑色板岩与黄白色粉砂岩互层，构成微层状—显微层状构造。

该组所产腕足 *Odoratus wangi*、*Magicostrophia hingganensis*、笔石 *Orthograptus* cf. *truncates*，由于覆盖保护完好。该化石组合反映本组处于广海沉积环境，时代置于晚奥陶世，对研究黑龙江省古生代天山-兴蒙构造域地层划分、时代对比、沉积环境、海陆变迁具有重要价值。

2. 饶河胜利农场大佳河组放射虫、牙形石化石产地

该化石点位于饶河县胜利农场-采石场，为中—晚三叠世大佳河组，岩性以硅质岩为主，夹硅质粉砂质板岩及碳酸盐岩。硅质岩中产放射虫、牙形石化石（图3-26）。而且胜利农场和红旗岭农场所产放射虫和牙形石的分布基本吻合。

放射虫：*Pseudostylosphaera longispinosa*、*Triassocampe dewevri*、*Triassocampe* sp.、*Livarella* sp.、*Canoptum* sp.、*Bipedis* sp.、*Palaeosaturnalis* sp.。牙形石：*Posthersteini Bidentat*、*Spatulata*、*Nodosus*、*Polygnathiformis*。

该化石组合对完达山地槽的时代确定、饶河蛇绿岩的时代确定、饶河地区深海沉积环境、古地理研究等具有重要价值。

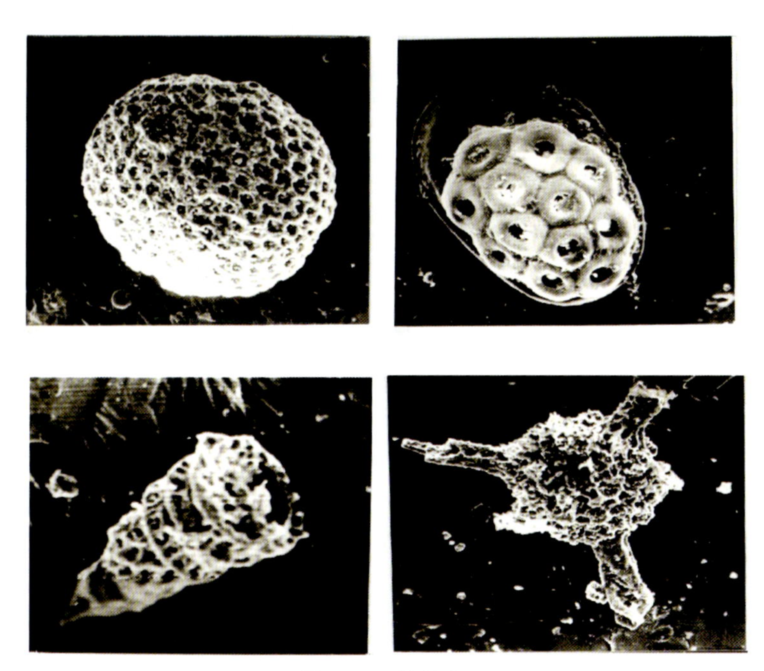

图 3-26　放射虫

3. 伊春市红山组古植物化石产地（图 3-27、图 3-28）

该化石点位于伊春市上甘岭区红山车站附近。化石产地岩性主要为砾岩、砂岩和板岩，含碳质，偶见凝灰质及火山岩夹层，产以 *Comia* 为代表的晚二叠世安加拉植物群。自下而上可分为 3 个植物化石组合。

（1）以 *Comia yichunensis*、*Callipteris altaica*、*Iniopteris sibirica*、*Nilssonia hongshanensis* 为代表，包括 *Comia major*、*Comia micraphylla*、*Comia hongshanensis*、*Comia shenshuensis*、*Comia angustata*、*Comia biforma*、*Nephropsis elongate*、*Pecopteis anthriscifolia*、*Supaia tieliensis*、*Compsopteris tchirkovae*、*Rhipidopsis xinganensis*、*Sphenopteris heilongjiangensis*、*Pterophyllum* cf. *slobodskiensis*。

（2）以 *Rhipidopsis palmate*、*Taeniopteris* sp. 为代表。

（3）*Cladophlebis* sp.、*Noeggerathiopsis angustifolia*、*Pecopteris* sp.、*Pecopteris hongshanensis* 等。

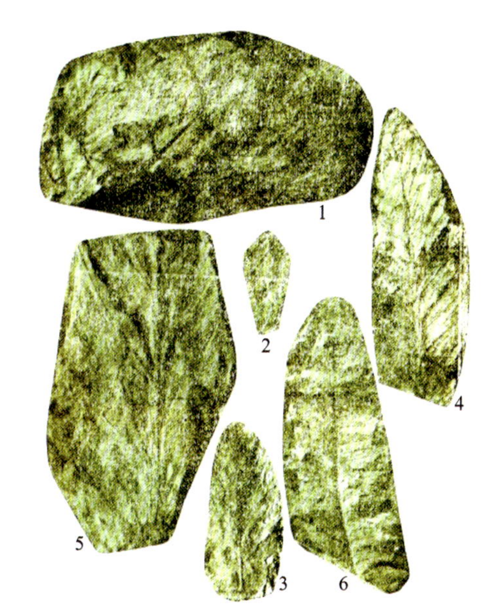

图 3-27　红山组古植物化石

首次在黑龙江省发现大量安加拉植物群特殊分子 *Comia*，为晚二叠世晚期的标准分子，这也说明了黑龙江省晚二叠世晚期有陆相碎屑沉积，对研究黑龙江省晚二叠世晚期岩相古地理、古气候、地壳变迁等都具有很重要的意义。

4. 嘉荫渔亮子组恐龙化石产地

该恐龙化石产地位于嘉荫县县城西 12km，沿黑龙江南岸带状展布。现已建立嘉荫恐龙国家地质公园。

图 3-28　红山组古植物化石产地现场

化石赋存于上白垩统渔亮子组含砾泥质细砂岩、粉砂岩及泥质胶结砂砾岩中，为晚白垩世河湖相沉积。该地层被新近系上—中新统孙吴组不整合覆盖。

在渔亮子组下部粉细砂岩、页岩及凝灰砂岩中，发现了丰富的被子植物化石及腹足类、叶肢介、介形虫、鱼等动物化石，明确和建立了嘉荫被子植物群，填补了我国北方晚白垩世植物发展史上的空白。

在同一地区同时发现鸭嘴龙、虚骨龙、甲龙和霸王龙 4 种恐龙化石是非常罕见的，且属原地埋藏，基本保护了恐龙死亡后掩埋的自然状态，对研究恐龙的生存环境提供了珍贵实地（图 3-29）。

图 3-29　嘉荫恐龙化石挖掘现场

嘉荫龙骨山恐龙化石埋藏量大，群类多，品种较全，保存最完整，信息丰富，分布也广，是黑龙江省发现最早并经科学记录的恐龙化石产地，享有“神州第一龙”之称。该产地已组装 10 多架恐龙化石骨架，分别陈列在俄罗斯圣彼得堡博物馆、黑龙江省博物馆、黑龙江省地质博物馆等地（图 3-30）。

这些发现表明嘉荫地区动植物化石种类齐全、数量繁多，是研究晚白垩世地层和古生物的典型地区，对研究我国北方晚白垩世地层及解决 K—Pg 界线提供了重要资料，对于研究我国北方晚白垩世岩相古地理、古气候、古生态、古环境及地球演化、生物进化等都具有不可替代的学术价值。

5. 肇源三站镇顾乡屯组猛犸象化石产地

化石产地位于肇源县三站镇。化石产于松花江左岸Ⅰ级阶地上，阶地标高 131m 左右，高出松花江水面约 11m。位于松嫩平原湿地湖泊地质遗迹集合区内，1973 年 3 月，三站镇农民在取沙改土时，在距地表深约 5m 的地层中发现一具较完整的猛犸象骨骼化石。该地出土的猛犸象为松花江猛犸象，主要特征是个体大，头骨和下颌骨以及牙齿都比较粗壮。猛犸象化石骨架为单一个体，化石保存完好（图 3-31）。出

图 3-30　嘉荫恐龙地质博物馆组装鸭嘴龙

土化石经修复装架后，成为一具完整的猛犸象化石骨架，全长 5.45m，高 3.33m，门齿长1.43m（图 3-32）。

猛犸象化石^{14}C测定为（21 200±600）a，故时代为第四纪晚更新世。因掩盖，除出土化石在博物馆保存外，其余未出土的呈自然保护状态。

该猛犸象生存在第四纪更新世晚期，距今两万余年，与旧石器晚期人类共生，是当时人类的猎取对象。它们是生活在气候寒冷的北方地区的巨型食草型动物，到全新世开始就完全绝迹了。这具猛犸象骨骼化石的出土尚属国内首次。经鉴定命名为松花江猛犸象。它为全面了解和探讨松嫩平原第四纪地层形成、岩相古地理、古气候、动植物演化等提供了新的实物资料，具有重大意义。该地质遗迹具有典型性、代表性、稀有性和优美性。

图 3-31　肇源 1978 年发现的锰犸象化石

图 3-32　肇源博物馆组装猛犸象化石

6.青冈顾乡屯组披毛犀-猛犸象动物群化石产地

化石产于通肯河右岸(西岸)柞树岗一带,高平原上,属于上更新统顾乡屯组地层中。

化石产于青冈县德胜乡刘里屯附近冲沟中,产出深度约10m处,化石非常丰富,种类繁多,现可鉴定的有30余种,如披毛犀、猛犸象、普氏野马、野牛、野骆驼、野兔等(图3-33～图3-35)。

图3-33　大庆博物馆展出的青冈出土猛犸象化石

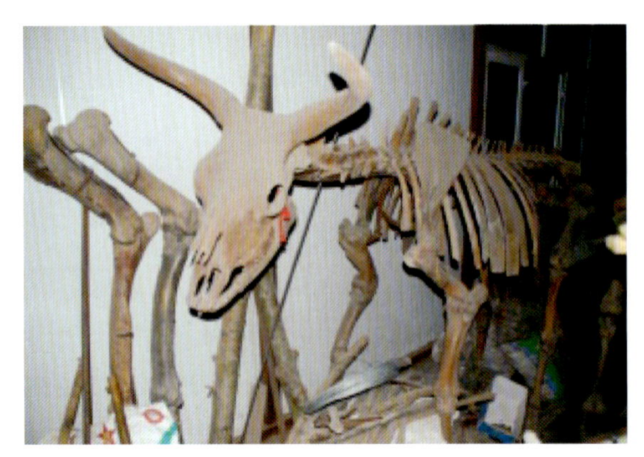

图3-34　野马化石

图3-35　野狼化石

该处化石极为丰富,堪称披毛犀-猛犸象的故乡,目前正在进一步勘查中。

7.黑河长胜屯西八十里小河组古动物化石产地

该产地位于黑河市罕达气镇长胜屯西。化石产于八十里小河组,八十里小河组主要分布于卧都河、罕达气、三卡等地,为整合于黄花沟组之上、卧都河组之下的层状砂岩夹粉砂岩。黄绿色中层状杂砂岩及其所夹的灰紫色粉砂岩层作为本组划分标志。顶部过渡为含砾砂岩、砂砾岩。以含砾砂岩消失为其顶与卧都河组分界。

黄花沟组以产 *Tuvaella rackovskii* 为特征,卧都河组以盛产 *Tuvaella gigantean* 为特征,而八十里小河组以混生二者为特征。八十里小河组腕足类化石:*Tuvaella rackovskii*、*Tuvaella chern*、*Tuvaella minuta*、*Tuvaella gigantean*、*Meristina* sp.、*Leptostrophia* sp.。

罕达气优地槽在志留纪沉积了黄花沟组、八十里小河组、卧都河组,志留系沉积基本保持下细上粗的海退沉积韵律,海水动荡,适合动物生长。

8. 新林大诺木诺孔河红水泉组古动物化石产地

该产地位于大兴安岭新林区翠岗镇一带，产于下石炭统红水泉组中，指大兴安岭地区的早石炭世海相正常碎屑岩、灰岩，局部夹凝灰岩的地层序列。底部整合于安格尔音乌拉组之上，顶部有时被中生代地层覆盖。本组产以 *Rotaia* 和 *Torynifer* 为代表的韦宪期腕足类化石。腕足类化石：*Neospirifer* sp.、*Spirifer* sp.、*Chonetes* sp.、*Punctospirifer* sp.、*Rolaia* sp.、*Torynifer* sp.、*Schuchertella* sp.。

该点为红水泉组，由浅海相砂板岩及碳酸盐岩组成。其沉积物粒度由细变粗的韵律，显示海退序列。

9. 龙江县中和屯哲斯组古生物化石产地

该产地位于龙江县中和屯一带。化石产于早二叠世哲斯组地层中。省内哲斯组为一套富产䗴、珊瑚及腕足类化石的浅海相碳酸盐岩-碎屑岩组合，其岩石组合以灰岩为主，夹少量粉砂岩、千枚岩及板岩。顶底不全。哲斯组在内蒙古广泛分布，延入黑龙江省主要出露于西部龙江县华安地区、小兴安岭北部嫩江县塔溪地区。在华安地区产有丰富的腕足类、植物及䗴科化石。腕足类化石：*Spiriferella persaraae*、*Yokovlevia mammatiformis*、*Anidanthus*。植物化石：*Tachylasma* sp.、*Calophyllum* sp.。䗴科化石：*Monodiexodina*、*Parafusulina*（图 3-36）。

Monodiexodina fevganica (M.-Macl.)
轴切面 ×5，C_3S，中和屯

Pchwagerina andrisensis Thompson
轴切面 ×10，P_1S，中和屯

Pseudofusulina sp.
轴切面 ×10，C_3S，中和屯

图 3-36　哲斯组化石

早二叠世龙江地区为裂陷槽，沉积了哲斯组一套浅海相砂岩、板岩和灰岩透镜体的岩石组合。滨浅海环境适合动、植物生长。

10. 勃利硅化木产地

该产地位于勃利县城东南（图 3-37）。硅化木赋存于中上更新统堆积物中。为洪积-冲积亚黏土、砂、砾石等，根据区域对比推测为上新世形成，后经风化破坏，再次富集到第四纪堆积物，虽然不是原产地，但富集程度应属可保护层位。第四纪洪积-冲积成因，地壳抬升，形成Ⅰ级阶地地貌。

图 3-37　勃利硅化木产地现场

11. 虎林龙爪沟群古生物化石产地

黑龙江省东部龙爪沟群是中国唯一与河流-三角洲体系相关的侏罗纪—白垩纪海陆交互相沉积，富

含以 *Pictonia–Rasenia*、*Streblitinae–Perisphinetidae* 等菊石组合为代表的北方区海生动物群和植物群（图 3-38）。龙爪沟群的确定与完善，对中国和滨太平洋同期地层划分对比，生物地层与古生物、岩相古地理、寻找能源矿产和地史研究具有重要意义。

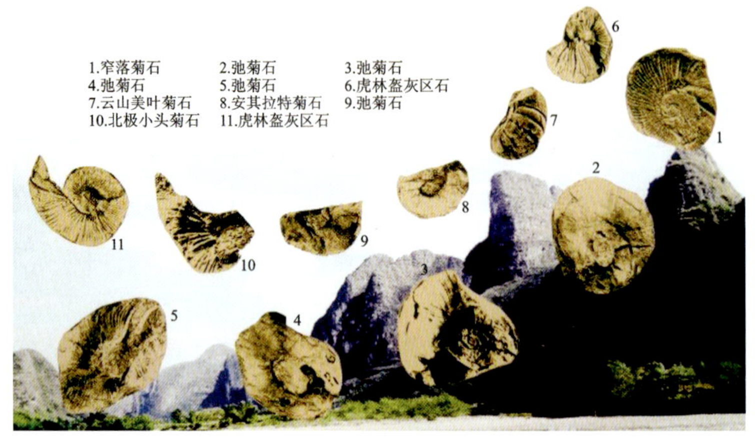

图 3-38　龙爪沟群菊石组合

12. 延寿马鞍山福兴屯组古植物化石产地

化石产地位于延寿县马鞍山。化石产于中泥盆世福兴屯组中。本组由砂岩、板岩、砂砾岩和少量霏细岩组成，产植物化石：*Lepido dendropsis*（?）sp.、*Lepidodendropsis* sp. *Scobiniformis*、*Angarodendron*。顶部被早白垩世宁远村组不整合覆盖，底界不清。所产植物化石称 *Taeniocrada dechen-iana–Protolepidodendron yanshouense* 组合(图 3-39)。

福兴屯组为陆相碎屑沉积岩夹霏细岩、凝灰岩、板岩，根据岩性认为本组应属河湖相沉积。

该化石是在东北首次发现的，其时代定位中泥盆世，是黑龙江省出现植物化石最低层位。该化石组合可以和我国南方中泥盆世、库茨涅克盆地等地的泥盆纪地层对比。同时也为研究伊春-延寿带地壳演化、地理变迁、古环境提供了依据。

Noeggerathiopsis sp.
拟诺格拉齐蕨

Lepidodendropsis sp.
拟鳞木

图 3-39　龙爪沟群植物化石组合

13. 鸡西早白垩世被子植物化石产地

中国东北地区的早期被子植物较为丰富。经过半个多世纪的不断发掘和研究，现将中国东北早期被子植物划分为以下 4 个重要演化阶段：

(1)尖山沟阶段，时代为晚侏罗世晚期，约 145Ma；

(2)鸡西阶段，时代为早白垩世早—中期，130～120Ma；

(3)大拉子阶段，时代为早白垩世晚期，110～100Ma；

(4)泉头阶段，时代为早白垩末期—晚白垩世早期，100～91Ma。

黑龙江省植物化石产地主要是鸡西阶段和泉头阶段最具代表性，其中鸡西地区时代为早白垩世早—中期，嘉荫地区时代为晚白垩世。

鸡西阶段(*Asiatifolium–Xingxueina* 组合)：本阶段主要以黑龙江鸡西早白垩世早—中期的城子河组早期被子植物为代表。目前已知本组合的主要组成分子有 *Asiatifolium elegans*（图 3-40）、*Jixia pinnatipartita*、*Jixia chengzihensis*、*Jixia* sp.，*Shenkuoa caloneura*、*Zhengia chinensis*、*Xingxueina heilongjiangensis* 等。本组合中被子植物一般均为小形单叶，叶形多椭圆—卵形，全缘，叶柄粗而宽扁，与叶片基部界线不明显，羽状网状脉序，侧脉发育不良且不很规则，脉级分化不全，三级脉仅在局部隐约可见，脉网不规则。花粉除在 *Xingxueina* 所见的可能属于无沟花粉外，还见有单沟粉 *Clauatipollenites* 等。

总的说来，这批早期被子植物显示了较为偏早期的、具羽状网状脉系的双子叶被子植物较原始的特征。同上述尖山沟阶段的早期被子植物相比，本阶段的早期被子植物已经明显进化，并已有了初步的分异。目前尚未发现这一阶段与尖山沟阶段的早期被子植物在系统演化方面的明显联系。从植物学特征及其联系方面看，本阶段与大拉子阶段的早期被子植物似更密切些。

图 3-40　亚洲叶

姜宝玉和冯金宝(2001)年认为城子河组所含的双壳类、植物、孢粉及沟鞭藻化石综合反映的时代来看，城子河组的时代属早白垩世。双壳类、古植物、孢粉化石所反映的城子河组的时代为巴列姆期中期—阿尔必期，主要为阿普特期—阿尔必期早期。

14. 哈尔滨阎家岗古人类化石产地

该产地位于哈尔滨市新农镇阎家岗一带，化石赋存第四纪地层中，称哈尔滨人。人骨测年值(22 370±300)a。与此同时哈尔滨荒山等多处发现旧石器。

依据古生物化石保护条例，古猿、古人类化石以及人类活动相关的第四纪古脊椎动物化石的保护依照国家文物保护的有关规定执行，故古人类化石资料难以收集。

(五)重要岩矿石产地

黑龙江省矿产资源丰富，矿产种类较为齐全，截至 2022 年底黑龙江省已发现矿产 139 种(包括亚种)，其中探明资源储量的矿产 93 种，全国已发现矿产 237 种(包括亚种)，查明资源储量矿种 232 种。占全国探明资源储量矿产总数的 40.09%。

其中保有储量居全国第一位的有 10 种，即石油、晶质石墨、颜料黄黏土、长石、铸石玄武岩、岩棉玄武岩、火山灰、水泥大理岩、夕线石、铼矿；第二位的有 2 种，即玻璃大理岩、浮石；第三位的有 6 种，即硒矿、珍珠岩、玻璃脉石英、陶粒用黏土、制灰用石灰岩、泥炭。

大庆油田是我国最大的石油生产基地，“松基三井”是大庆油田第一口产油井，验证了陆相成油理论；七台河煤矿是我国焦煤生产基地、黑龙江省无烟煤生产基地；萝北云山石墨矿亚洲第一；讷河老莱的黄黏土是我国唯一的可用于印染业的矿种。

1. 典型矿床类露头

（1）大庆石油、天然气矿产地。

大庆油田：矿床位于松辽盆地，是我国重要的石油、天然气生产基地。地层为松花江群，以湖相细碎屑岩沉积为主，产多门类淡水化石和丰富的油气资源。大庆油田及其外围拥有大小19个油田和9个天然气田，总面积5470km^2，含油面积2704km^2。石油年产5000万t以上已达17年，约占全国产量的一半，居全国首位。石油加工业也得到了很大的发展，天然气产量居全国第二位。大庆油田是我国陆相成油的典型矿床，从1960年开发起，对我国经济建设做出了巨大贡献。

矿床成因：大庆油田是陆相成油的典型矿床，是我国最大的石油生产基地，打破了外国人认为中国东北贫油的理论。

（2）七台河煤矿产地。

七台河煤矿：含煤盆地基底坐落在元古宙地层和花岗岩之上，含煤地层主要为下白垩统城子河组和穆棱组。城子河组由粉砂岩、细砂岩、中粗砂岩、泥岩、碳质泥岩和煤层组成；穆棱组由细砂岩、粉砂岩、凝灰质粉砂岩、煤层和下部砾岩组成。矿区构造为弧形构造盆地。鸡西群共含煤百余层，可采和局部可采60余层，其中以城子河组最为发育，含可采煤和局部可采煤40余层。该煤田以薄煤层为主，且厚度有变化，但煤种比较齐全，以焦煤为主，气煤次之，其他还有弱黏结煤、长焰煤、肥煤、瘦煤、贫煤和无烟煤等。煤田包括岚峰、新兴、桃山等16个煤矿区。截至2009年底，共查明资源储量17亿t，保有14亿t，煤质好，是全国焦煤生产基地、黑龙江无烟煤生产基地。七台河煤田自1910年发现并由当地居民经营开采，现已有近百年开采历史，由于煤田煤质好，设备先进，对黑龙江省乃至东北的重工业建设起到了重要作用。

矿床成因：敦密断裂自古生代形成以来，晚侏罗世—早白垩世，断裂带左行走滑运动强烈，在局部地区产生韧性剪切和拉伸，形成了鸡西等拉分式聚煤盆地。从而控制了七台河煤盆地的形成。

七台河煤田在黑龙江省具有特殊性，是以焦煤为主的矿区，煤层薄，是黑龙江省无烟煤生产基地，是研究煤田形成古地理、古气候等具有重要意义的地区。七台河煤田是焦煤生产基地和无烟煤生产基地，具有重大经济价值。

（3）双鸭山铁矿产地。

双鸭山铁矿赋存古元古代兴东岩群大盘道岩组中，铁矿分南北两段，其中北段共8条矿体，均出露地表，上部可露天开采，2009年共查明铁矿资源储量3742万t，南段共6条矿体，大部分矿体被覆盖，2009年查明铁矿资源储量10 263万t，伴生钨（W_2O_3）3.59万t，南北两段铁矿共查明资源储量1.40亿t，已达大型矿床，伴生钨已达中型矿床。赋存大盘道组的铁矿呈层状，属沉积变质铁矿，矿石为磁铁石英岩型。北段铁矿石全铁平均品位29.48%；南段铁矿石全铁平均品位30.98%。铁矿已开发利用，截至2009年底，保有铁资源储量1.32亿t。

该铁矿为沉积变质型铁矿。由沉积作用或火山沉积作用形成的铁、锰、磷、黄铁矿等矿床，是经受区域变质作用而发生变质的矿床。在区域变质作用中，沉积矿床受温度、压力、岩浆作用、热液作用以及构造运动的影响，发生脱水作用、重结晶作用、还原作用、交代作用及活化转移作用等，使其矿物成分、矿石的结构、构造以及矿体形态和产状等都发生不同程度的变化。

黑龙江省属铁矿资源匮乏省份，双鸭山大型铁矿床在黑龙江省具有重要经济价值；矿床属沉积变质铁矿，是研究兴东陆缘增生带古元古代沉积环境、古地理变迁等的重要地区，也是研究黑龙江省沉积作用、变质作用、构造运动比较有利的地区。铁矿层位稳定，具有找矿意义。

(4)虎林市四平山岩金矿产地(图 3-41)。

产地位于虎林市独木河林场一带。虎头至五林洞的公路从矿区西侧通过，交通方便。

矿区位于虎林市北端小木河口，是黑龙江省唯一的热泉沉积型岩金矿。矿区地层有上三叠统大佳河组、下白垩统大架山组、下白垩统大塔山组、下白垩统皮克山组。金矿化与皮克山组关系密切。下白垩统皮克山组泉胶岩段出露于四平山顶及西南段，在 471 高地、野猪林等地见零星出露。该段为一套热泉盆地沉积物，主要为泉胶砾岩夹泉胶砂岩，底部为泉胶砂岩、粉砂岩、含碳化、硅化植物碎片。岩性主要为硅质岩和泥质岩。泉胶砾岩是在半封闭的水盆地环境，主要由热液通道的破裂和近地表的潜爆作用而形成的，并夹有陆源碎屑沉积物，在晚期该段底部顺层贯入了硅质岩脉。矿床位于中生代火山盆地边缘，岩层向西南缓倾，倾角一般 8°～10°。在火山口四周出现向北西开口的半环状断裂，其内发育有北西向的正断层。这种构造有利于热泉型金矿的形成。矿体特征：金矿主要赋存在硅化带中，矿体呈层状，由上、下两个矿化层组成。矿化层近水平产出，向南西倾，向北西侧伏，倾伏角 5°～6°。在矿化层中表内、表外矿体和矿化呈层状相间产出，沿走向和倾向均具分支、复合现象。储量共计 4.8t。属小型岩金矿床。

图 3-41 四平山岩金矿产地

成因及时代：对其成因现有不同观点，有人认为四平山岩金矿受白垩纪火山洼地破火山口构造控制，属火山-热液型，还有人认为属热泉型。总之与火山活动有成因联系，所以暂定为与火山活动密切相关的热泉沉积型岩金矿床。

地学价值：四平山岩金矿为黑龙江省首例热泉沉积型岩金矿床。其虽属小型岩金矿床，但黑龙江省中、新生代火山活动频繁，所以对四平山岩金矿的研究，对寻找与火山活动相关的岩金矿床具十分重要的地学价值。

(5)鸡西市柳毛石墨矿产地(图 3-42)。

矿床位于黑龙江省鸡西市恒山区佳木斯隆起的南段。出露地层为麻山岩群西麻山岩组深变质岩系。矿床属沉积变质型晶质石墨矿床。矿区包括大西沟矿段、朗家沟矿段、站前矿段，出露面积 47km^2，矿体赋存于西麻山岩组深变质岩中，呈复层状产出，与变质地层产状一致，走向北东 50°～60°，倾向北西，倾角 45°～60°。全矿区主要石墨工业矿体 56 个，其中大西沟矿段 44 个，朗家沟矿段 5 个，站前矿段 7 个。单个矿体长一般 100～150m，最长达 1700m。矿区平均品位 9.73%，最高品位 26.34%。全矿区查明石墨矿物资源储量 2954 万 t，为大型晶质石墨矿床。矿区已有 70 余年的开采历史，拥有大型机械采场，年剥采能力 100 万 t，为选矿提供了充足的优质矿石。具有丰富的石墨生产经验和先进的工艺，可生产高碳石墨、高纯石墨等石墨产品，产品远销日本、美国、德国、英国、韩国、奥地利等 30 多个国家。成为我国重要的石墨生产和出口基地。

图 3-42 鸡西市柳毛石墨矿产地

柳毛石墨矿床赋存于麻山岩群深变质岩中，为沉积变质晶质石墨矿床。

柳毛石墨矿床严格受地层控制，以此可作为普查找矿标志；柳毛石墨矿床为特大型晶质石墨矿床，对其开发和产品深加工具有巨大经济价值。柳毛石墨矿床国内稀有，亚洲稀有，在世界上具有重要地位。

(6)鸡西市三道沟夕线石矿产地(图3-43)。

矿床位于黑龙江省鸡西市境内梨树区三道沟屯。佳木斯隆起带的南段出露地层为麻山岩群西麻山岩组的中、上部，属深变质岩系，矿床属目前我国最大的沉积变质型夕线石矿床。三道沟夕线石矿区分东、西两个矿段，其中西山矿段矿石品位较高。共圈出26条矿体，其中主要工业矿体6条，各矿体大致平行分布，构成复层状矿带，长1700m，宽几十米至200余米，平均厚度94m，矿体总体倾向350°～20°，倾角40°～50°。累计查明夕线石矿物资源储量684万t。东山矿段矿石品位较低，共圈出4个矿体，查明矿物量87万t。含夕线石矿物17.34%，矿区Al_2O_3含量56.34%，K_2O+Na_2O含量3.4%，该矿床为一大型夕线石矿床。1986年中国非金属工业总公司与鸡西市非金属矿业公司，联合建成中国第一条夕线石生产线。用此精矿制成低蠕变硅线石耐火砖用于武钢高炉，制品指标超过了国外同类产品，填补了空白，结束了进口历史，开创了我国三铝矿物开发应用的光辉历程。

图3-43　鸡西市三道沟夕线石矿产地

三道沟夕线石矿床赋存于西麻山岩组中，为一套深变质岩系，麻山岩群恢复原岩为超基性—中基性火山岩，黏土—半黏土岩、白云岩及灰岩，属陆核早期火山-沉积建造，经麻山运动形成沉积变质型矿床。

三道沟夕线石矿床赋存于麻山岩群西麻山岩组，具较为稳定的层位，可指导找矿。矿床资源储量在黑龙江省居首位，在全国地位显著，矿床开发经济效益可观。

(7)鸡东铂钯矿产地。

产地位于鸡东县下亮子乡五星村，有乡间公路可达矿产地。矿区位于鸡东县境内，敦密断裂南侧，太平岭新元古代褶皱带内。出露地层为新元古界黄松群变质岩系。侵入岩有张广才岭期超基性岩。五星超基性岩体呈不规则单斜岩体侵入黄松群中，岩体总长4.7km，宽1.7km，分二营及三营两个矿田。铂钯主要赋存于透辉石岩中，形成5个金属硫化物含矿带，共有57个铂钯矿体和17个铜、镍、钴矿体。矿体长几十米至几百米，宽几米至几十米。目前已发现70余种金属硫化物矿物，其中铂、钯矿物26种，分别以砷铂和锑钯矿为主。矿区累计查明铂钯金属资源储量8330kg，为中型矿床。铜金属资源储量14 875t，镍金属资源储量8633t，钴金属资源储量1428t，均为小型矿床。由于选矿回收综合利用等问题，需要进一步研究解决，因此目前尚未利用。

五星铂钯矿床属岩浆型矿床，对研究矿床成因、建立成因模式、指导找矿均具有重要意义，该矿床已达中型矿床，并伴生有铜、镍、钴，均已达小型矿床，开发本矿床具有巨大经济价值。

(8)多宝山铜矿产地(图3-44)。

产地位于嫩江市多宝山镇，交通方便。矿区出露地层下部为铜山组，组成岩石为灰色—灰绿色中酸性凝灰熔岩和含角砾凝灰岩、凝灰质粉砂岩、砂岩、砂砾岩夹灰岩透镜体，其上为

图3-44　多宝山铜矿产地

紫红色和灰色凝灰质砂砾岩、砾岩、含磁铁矿长石砂岩、千枚岩和钙质砂岩。本组上部多位于主矿体下盘，蚀变强烈。上部为多宝山组，主要为安山岩、中性含角砾凝灰岩、凝灰岩、凝灰熔岩、角砾凝灰岩等。主矿体顶部均赋存于本组下部安山岩内。铜山组和多宝山组平均含铜分别为 80×10^{-6} 和 130×10^{-6}。多宝山花岗闪长岩体向西倾斜，倾角 60°，岩体向下有膨大趋势，岩体中围岩捕虏体增多，围岩热蚀变较弱。岩体延长 60km，宽约 3km，面积约 $9km^2$。矿体分 4 个矿带，以三号矿带规模最大，一号矿带次之。铜矿带和矿体产状与斑岩体产状吻合。矿体呈雁行状排列，与围岩呈渐变关系。矿体数量众多（共有 215 个），规模大小不等，其中主矿体 14 个。矿石以细脉浸染型为主。截至 2009 年底，共查明铜资源储量 304.47 万 t，铜金属资源储量 11.97 万 t，为一特大型斑岩型铜钼矿床，并伴生多种矿产。

多宝山铜矿为斑岩型矿床，又称细脉浸染型铜矿，是世界上最重要的矿床工业类型之一。这类矿床多出现于板块俯冲带的仰冲盘，与钙碱性多宝山岩体有成因联系，一般多与板块有关。所处大地构造位置属多宝山岛弧。

多宝山铜矿床经多年研究，建立了斑岩铜矿床的成矿模式，对找矿具有重要意义，多宝山铜矿床及其伴生的贵金属与稀散元素矿产的开发具巨大的经济价值。

(9)松岭岔路口钼矿产地。

矿区位于大兴安岭褶皱带内，出露地层为倭勒根群大网子组，岩性为片理化砂岩、含砾泥质粉砂岩、粉砂质板岩、变酸性火山碎屑岩、变英安岩等，侵入岩为白垩纪花岗岩，矿床为斑岩型钼矿，同时伴生铜、铅、锌。已查明钼金属资源储量 176 万 t，为一特大型钼矿床。该矿床还在进一步评价，潜力巨大，储量可观。

该矿床为斑岩型钼矿床。

新发现的矿床规模巨大，尚在进一步评价中。目前属于亚洲最大的钼矿床。

(10)密山金银库水泥用大理岩矿产地(图 3-45)。

图 3-45　图密山金银库水泥用大理岩矿产地

矿床位于密山市境内，交通方便。矿体赋存金银库组中，由结晶灰岩及其蚀变岩石组成。单层为 0.07～1.85m，一般常见厚度约 0.45m。岩层走向多为北东，倾角 40°～85°。矿体均为结晶灰岩，呈深灰色、浅灰色及乳白色，属沉积变质型大型水泥用大理岩矿床，CaO 含量 54.62%。截至 2009 年共查明 5.43 亿 t，保有资源储量 5.40 亿 t。是黑龙江省目前最大的水泥用大理岩矿床。目前已开发利用。截至 2009 年底黑龙江省 39 处水泥用大理岩共查明资源储量 15.56 亿 t，在全国居首位，金银库矿区水泥用大理岩查明资源储量 5.43 亿 t，占黑龙江省总储量的近三分之一，是黑龙江省最大水泥用大理岩矿区。

该大理岩矿床属海相沉积矿床，由于区域变质作用使灰岩重结晶形成大理岩，其化学成分变化甚微，只是重结晶了。

金银库水泥用大理岩赋存于下寒武统金银库组中，层位稳定，可指导找矿；该矿床储量可观，在黑龙江省居大理岩矿床首位，黑龙江省水泥用大理岩储量居全国第一位，可见该矿地位重要；矿区的开发、利用将对东部水泥市场起到支撑作用。

(11)讷河市老莱黄黏土矿产地(图3-46)。

矿床位于讷河市老莱乡青山嘴。矿区出露的有新近系孙吴组黄黏土、灰黏土、粉细砂、黏土质砂、中细粒石英砂夹砂砾,半固结的粗砂岩、含砾砂岩、砂质黏土、铁质砂岩等。

矿区所处大地构造位置为松辽坳陷的北缘,矿区的西侧为北北东向的嫩江断裂,南部为东西向的讷漠尔河断裂,矿区中的老莱河谷可能为一较早的冲沟,矿区内构造极为简单。

老莱黄黏土矿矿区面积约1.1km^2,储量160万t。矿区地层均呈近似水平产状,并且连续性好,矿层亦呈水平状。

根据地质剖面及采矿坑可知,黄黏土矿的顶底板均近乎水平,并且中间夹灰黏土,稍有倾斜之处其倾角也不过1°~3°。顶板海拔高度245m。

矿体以黄黏土矿为主,黄黏土矿中夹有灰黏土矿。黄黏土矿分上、下两层。上层为主矿体,呈纯黄色,颜色均匀,杂质很少,质量好而稳定,下层呈浅黄色夹灰黄色条带,质量欠佳。

图3-46　讷河市老莱黄黏土矿产地

其成因为机械—胶体化学—生物化学沉积而成。形成时代为新近纪中晚期。

黏土矿的顶、底板为红色铁质泥岩和铁质砂岩,有时是夹石,也是赋存黄黏土矿的地层特征,也是黄黏土矿的找矿标志。黄黏土矿鲜艳的杏黄色,灰黏土矿的灰色—深灰色是直接找矿标志。上述这些特征对黏土矿的找矿工作意义重大。通过对老莱黄黏土矿的研究发现,老莱至双山(嫩江市境内)一带新近纪岩相古地理环境对形成黄黏土矿是非常有利的。黄黏土矿的分布范围为北东走向大于50km,宽10~20km,在这一范围内已发现矿点19个,并且质量均较好。因此可以推测,该盆地中黄黏土矿的远景是相当可观的。

(12)林甸地热产地。

林甸地热田处于松嫩平原的北部林甸县境内。1960—1990年大庆石油管理局经过30年的油气勘探,在该区共打勘探井13眼,经测试除个别井有微量天然气外,其余均以水为主,而且水温较高,并能自喷。林甸地热田是迄今为止国内发现的唯一特大型中低温地热田。1998年,先后在林甸县境内开凿了8眼地热探采结合井。初步证明林甸地区蕴藏丰富的地热资源,静态储量$1.81\times10^{11}m^3$。

林甸地热田储量大,地热田面积达$3.7\times10^3km^2$,中低温地热资源埋藏浅,一般在900~2400m之间,地热井的井口温度达40~90℃。

林甸地热为凹陷型地热增温地热田,其形成时间可能与松辽凹陷形成的时间相近,属晚白垩世。

地热是一种新能源矿产。黑龙江省松嫩平原面积广阔,蕴藏丰富地热资源,对林甸地热的开发,具有重要找矿意义。

黑龙江省是我国矿业大省,除上述几处典型矿床外,能源矿产还有鹤岗煤田、鸡西煤田、双鸭山煤田等一批煤炭产地。兴隆-北西里钛铁矿床等铁矿产地。多宝山特大型铜矿床是我国目前最大的斑岩型铜矿床,岔路口钼矿床居亚洲第一位,砂宝斯岩金矿、东安岩金矿等大型岩金矿床产地,云山石墨矿床是目前黑龙江省最大石墨矿床,无论矿床成因、规模上,在黑龙江省乃至全国都具有代表性、典型性。

2. 典型矿物岩石命名地

五大连池石龙岩(图3-47)。

黑龙江省五大连池火山群钾质火山岩,曾被日本人小仓勉(1936)定名为“石龙岩”,该处火山岩曾被命名为不同岩石名称。如用岩石中SiO_2饱和度及长石中钙长石分子(An)含量标准衡量,五大连池火山岩可定名为响岩和粗面岩类岩石；若按其铁镁质矿物含量及长石成分，同时考虑 SiO_2 和碱的含量，又可定名为碱性玄武岩；然而由于其色率（40%～50%）高于粗面岩和响岩（35%～20%），不宜归入响岩及粗面岩类；又因为它不含玄武岩应有的基性斜长石，命名为碱性玄武岩也欠妥。所以有些学者根据老黑山、火烧山熔岩的形貌特征——状似“龙形”，谓之“石龙岩”，目前“石龙岩”已被国外一些专家认可，相关的地质文献中也有记载。五大连池火山群各火山的熔岩岩性基本相似，故将五大连池火山群富钾的碱性基—中基性火山熔岩都称为“石龙岩”。

图 3-47　石龙岩

3. 矿业遗址

（1）阿城区小岭冶铁遗址（图 3-48）。

本冶铁遗址位于张广才岭西麓，阿城市小岭镇附近。以五道岭矿坑为主，西北至玉泉镇长发屯，西南至五常市的道平岭、石嘴沟，南达阿什河边的泉阳河屯，东北抵小岭车站附近的山地。冶铁遗址分布范围较广，以五道岭为中心，形成了一个从开采、选矿到冶炼的生产过程相互衔接的冶炼基地。

图 3-48　阿城区小岭冶铁遗址

该遗址分布面积约 300km²，现残存古矿坑一处，矿洞 10 余处，深 40～50m，分采矿和选矿不同的作业区。从出土的冶炼工具和作业区的规模判断，这些矿洞中共采出铁矿石约 50 万 t，冶铁业和铸造业已有了明确的分工。

该遗址为古人采矿、选矿、冶铁工作区保存至今而形成。根据出土的冶铁工具和《金史》等文献判断，此遗址形成年代为金代。

小岭冶铁遗址是黑龙江省发现的最早的冶铁遗址，该遗址的发现对该地区寻找铁、多金属矿提供了标志，为探讨古代找矿、采矿、选矿、冶炼技术提供了丰富的资料。

（2）呼玛韩家园子矿业遗址（图 3-49）。

该遗址位于呼玛县韩家园子镇，内倭勒根河一带。塔河—韩家园子铁路可达韩家园子镇，有县乡级公路可达园区，交通方便。

图 3-49　呼玛韩家园子矿业遗址

主要保护采砂金遗迹和矿业生产遗迹、矿业文化，主要用采矿工具“湖南船”和“广西枪”进行直接破坏性开采砂金，直接人工或机械简单筛选。具有重要的采金历史研究价值，对砂金过采区的恢复治理具有一定的科研价值。

(3)黑河罕达气矿业遗址(图 3-50)。

该遗址位于黑河市罕达气镇一带，以公路交通为主，省道 S210 从保护区附近经过，交通方便。

图 3-50　黑河罕达气矿业遗址

主要保护采金地质遗迹和矿业生产遗迹，其中采金地质遗迹主要包括三道沟手工采金点，五道沟一、二支沟手工采金点，大清机械化采金竖井旧址，群众采金竖井旧址等。矿业生产遗迹主要包括罕达气采矿旧址、五道沟金矿东队旧址、五道沟金矿仓库旧址、罕达气发电厂等。

罕达气砂金矿赋存于法别拉河、泥鳅河及其支流河漫滩内，矿体分布方向与现代河谷走向一致，矿体平面上呈长条带状，连续性好，剖面上为似层状，产状近水平。其形成和分布严格受大地构造和地形及地貌控制，是冲积型河谷砂金矿的典型代表。其采金遗迹和矿业遗址系统完整，对研究砂金矿形成、演化与区域地质发展历史关系具有重要意义。

(4)嘉荫乌拉嘎矿业遗址(图 3-51)。

该遗址位于伊春市嘉荫县乌拉嘎镇一带。交通以公路为主，有县乡级公路可达保护区，交通较方便。主要矿产地质遗迹为乌拉嘎金矿、露天采场滑坡、典型矿床剖面等。

图 3-51　嘉荫乌拉嘎矿业遗址

主要矿业生产遗址景观：乌拉嘎岩金矿东西两个露天采场；选矿厂、冶炼厂尾矿坝；砂金开采遗址等。

地质遗迹东西长 26.88km，南北宽 4.88～11.88km，面积 155km^2。乌拉嘎金矿为中国最大的斑岩型金矿，矿床矿化蚀变清楚，构造控矿明显，矿床特征典型。对其进行保护对研究典型矿床模式和找矿都具有重要意义。

(5)鹤岗采煤矿业遗址(图 3-52)。

该遗址位于鹤岗市东山区。佳木斯-鹤岗铁路与各矿专用线相连,公路可通哈尔滨、伊春、汤源、萝北和绥滨等市县,交通便利。

图 3-52　鹤岗采煤矿业遗址

矿业遗迹有四大组成部分,岭北矿北露天(北坑)、新一煤矿竖井、东山万人坑、"狼窝"日本秘密地下工事。其中,岭北矿北露天(北矿)1966 年大规模开采,各种采矿设备齐全,采控地质剖面保存完整,矿山地质灾害治理措施完善;新一煤矿竖井是新中国成立后所建第一对现代化竖井,各种矿业设备保存较好;东山万人坑是日本帝国主义侵略中国、掠夺中国煤矿资源、奴役中国人的铁证;"狼窝"日本秘密地下工事是日本侵略中国时在鹤岗修建的地下秘密工事,主要用途为地下指挥所、地下弹药库、地下粮库等。

该地质遗迹面积 6.66km²。

矿业活动遗址具有供游客参观、科学普及、科研、科考等科学价值,另外东山万人坑和"狼窝"日本秘密地下工事等遗址可进行爱国主义教育,是警惕日本帝国主义军国势力复活的"活教材"。

(6)鸡西恒山矿业遗址(图 3-53、图 3-54)。

该遗址位于鸡西市恒山区境内,铁路有滨密线和牡东线与恒山矿区专用线相连,公路有省道 S206 从矿区通过,与县乡级公路相连,交通非常方便。主要有地下采煤井巷类、地面采煤生产类、矿山生态环境治理工程类、采煤生产用具和机械类等遗迹。其中地下采煤井巷类主要以小恒山煤矿立井一水平(垂深 210m)和二水平(垂深 360m)井底车场系统为代表;地面采煤生产类包括小恒山煤矿工业广场区、恒山煤矿采煤遗址、红旗湖北侧采煤遗址;矿山生态环境治理工程类包括红旗湖塌陷等;采煤生产用具和机械类主要包括各时期采煤使用的工具和机械。

图 3-53　日伪时期(1942)建翻车

图 3-54　原小恒山煤矿副井设备

地质遗迹面积 21km²。

鸡西煤矿开采历史悠久,遗迹集中三处矿业遗址区,即小恒山煤矿立井矿业生产遗址、红旗湖及北侧生态环境治理工程遗址和大恒山煤矿生产遗迹区。小恒山煤矿竖井是中国煤炭开发史上新中国成立初期的一个典型标志。该遗址遗迹记录着一段日本侵略者残酷压榨中国矿工的屈辱史;还记录着新中国矿工的一段创业史；遗迹景观较为丰富，具有吸引游客的能力，可产生经济和社会效益。

(7)大庆矿业遗址。

松基三井作为大庆油田最早的出油井，一直受到很好的保护。最初在井侧建了一座松基三井完钻喷油纪碑。1986 年该碑被定为黑龙江省重点保护单位，1999 年重修后改称为松基三井纪念地。它设在一个高 0.9m 的平台上，东边是松基三井所用的大罗马型采油树，两横一竖 3 根 3 寸管上有 6 个节门，绿色的管，红色的节门手轮。

松辽盆地是我国也是世界上储量最大的陆相含油盆地。“松基三井”是大庆油田第一口产油井，从此验证了陆相成油理论(图 3-55)。

图 3-55　大庆油田发现井——松基三井

4. 陨石坑和陨石体

陨石为天外来客，对探索宇宙奥秘有重要价值，有助于解释太阳系的形成。黑龙江省有记录的陨石事件有多次，但陨石坑均无记录和保存。

1984 年 10 月 25 日 15 时，肇东县境内坠落两颗陨石；1986 年 6 月兰西降落陨石，重约 1.2kg；分别保存于肇东和兰西。

2007 年 5 月 27 日下午黑河市降落一颗陨石，现藏于北京天文馆。这颗陨石重 1100g，年龄46 亿a。

呼玛陨石是黑龙江省最大的一颗陨石，现藏于黑龙江省地质博物馆。

二、地貌景观类地质遗迹及特征

地貌景观类地质遗迹是大自然的鬼斧神工造就的珍贵地质遗迹资源，在黑龙江省分布广泛，省内 95%的地质公园都是以地貌景观类地质遗迹为核心的。黑龙江省位于亚洲东部、中国东北部，大地构造跨越古亚洲构造域和滨太平洋构造域。受其影响，黑龙江省地层发育齐全，岩浆活动频繁而强烈，地质构造复杂，地质发展历史悠远漫长，地貌景观复杂多样，别具一格。地质地貌景观多姿多彩，主要地质地貌遗迹类型有岩土体地貌、水体地貌、火山地貌、构造地貌等。

全省地势西北部和东南部高、东北部和西南部低。西北部为群山逶迤的大兴安岭；北部为沿黑龙江由西北向东南延伸的小兴安岭；东南部山地包括雄伟奇骏的张广才岭、蜿蜒连绵的老爷岭、巍巍的完达山和太平岭。东北部有沃野连绵的三江平原，西南有一望无际的松嫩平原。省内水系发育，河流纵横，主要有黑龙江、乌苏里江、松花江和绥芬河四大水系，共有大小河流1918条。其中黑龙江是省内最大河流，全国第三大河。

两大平原、三大山地、四大水系，构成黑龙江省基本地貌轮廓，成为黑龙江省地貌景观类地质遗迹重要展布区。

（一）岩土体地貌

黑龙江省岩土体地貌类地质遗迹有碳酸盐岩地貌（岩溶地貌）、侵入岩地貌、变质岩地貌、碎屑岩地貌、黄土地貌等类型。但唯有侵入岩类之花岗岩地貌景观最发育。丹霞地貌、雅丹地貌、砂岩峰林地貌目前尚未发现。变质岩和碎屑岩在地貌景观类中常与其他类型地貌相伴，多不构成独立的具有开发利用的景观。下面对碳酸盐岩地貌类、侵入岩地貌类和黄土地貌地质遗迹进行简要介绍。

1. 碳酸盐岩地貌（岩溶地貌）

黑龙江省由于地处高纬度的高寒地区，岩溶地貌不发育，仅在齐齐哈尔市龙江县、牡丹江市东宁市有分布，以龙江县双龙山岩溶地貌较为典型。

龙江双龙山岩溶地貌：双龙山位于齐齐哈尔市龙江县济沁河乡双龙村，有县级公路达景点，交通方便（图3-56、图3-57）。

图3-56　双龙洞洞口

图3-57　双龙洞洞内

景观点由二叠系哲斯组砂板岩夹灰岩组成，属海相碎屑岩-碳酸盐岩建造。由采石发现碳酸盐岩溶洞，初步勘查溶洞规模延长达300m，宽度0.56m，最宽处达近20m，最高处6～7m。溶洞规模较大，局部有积水，最深达2m，洞内有钟乳石、石笋等。是黑龙江省西部发现的唯一高纬度溶洞，具有科研价值。

2. 侵入岩地貌

侵入岩地貌中尤以花岗岩地貌景观最具代表性、观赏性、科学性、稀有性，常构成地质公园的主体景观。

花岗岩地貌的共同特征：由于地壳运动，岩体节理裂隙发育，经风化剥蚀等内、外应力地质作用，常形成深山峡谷、陡壁绝岩、怪石嶙峋，各种象形石、石林、石海等地貌景观。

(1)嘉荫茅兰沟花岗岩地貌。

位于嘉荫县茅兰沟一带,主要花岗岩地貌位于小兴安岭国家地质公园茅兰沟园区内。由印支期碱长花岗岩组成。茅兰沟园区有6个景区。主要遗迹点有五指峰(图3-58)、野鸽峰(图3-59)、石老妪、狼牙峰(图3-60)、柱状峰、一线天、宝莲冠、雄狮护顶、天门等。茅兰沟花岗岩遗迹以峡谷中奇峰怪石林立为特征,多呈下宽顶尖的"塔"状,大部分高25~40m,自然景观独特,素有"北国小九寨"美誉。

图3-58　五指峰

图3-59　野鸽峰

图3-60　狼牙峰

(2)铁力桃山花岗岩地貌。

位于铁力市桃山一带,小兴安岭国家级地质公园的桃山园区内。由印支期正长花岗岩组成。由于花岗岩中发育的近南北向和近东西向构造节理(近垂直)层节理的相互作用,在地表风化作用下,形成了峭壁、石林、石门、岩洞、峡谷等地貌景观,如大石壁、悬羊峰(图3-61)、石林峰、大小石门、佛指参天、桃峰丛林、天外来石、足迹壁、小洞天、天门、佛龛、阳刚正气、一线天等;由风化等综合性地质作用,形成了各种象形石,如狮面峰、蜂窝石(图3-62)、莲花座(图3-63)、雄狮护洞、绿毛龟等。

图3-61　悬羊峰

图3-62　蜂窝石

图3-63　莲花座

(3)伊春汤旺河花岗岩石林地貌。

位于伊春市汤旺河区境内，地质遗迹类型为花岗岩地貌景观，以印支期正长花岗岩、碱长花岗岩为主。主要地质遗迹分布区面积 10.6km²。园区内设 8 个景区，主要景点有鹦鹉岩(图 3-64)、石林峰(图 3-65)、雄峰(图 3-66)、文殊诵经、林海观音、风动石、卧天牛、镇山钟、兴安玉柱、小峡谷等。汤旺河花岗岩石林特征较明显，多以孤峰、象形岩峰显现，水平节理十分发育，多异峰突起、相守相望，分布于林海之中，给人以视觉美感冲击。

(4)五大连池山口花岗岩地貌。

位于黑河市五大连池市山口湖一带。属黑龙江山口国家级地质公园主体景观。该花岗岩遗迹景观为沿山口湖两侧陡壁上经长期风化等外动力作用形成的象形石和岩石组合景观，山重水复、山环水绕、依山傍水是其主要特点。主要景点有八戒石、石猿山、三块石、五指岩(图 3-67)、怪石山、忘忧石、含羞石、石龟攀岩(图 3-68)等观景。其景观因处在风口，风化严重，身在湖中，可保护性较差。

图 3-64　鹦鹉岩

图 3-65　石林峰

图 3-66　雄峰

图 3-67　五指岩

图 3-68　石龟攀岩

(5)铁力朗乡花岗岩石林地貌。

位于铁力市朗乡镇,为朗乡花岗岩石林地质公园的主体景观,以印支期正长花岗岩为主,占出露面积的95%,主要地质遗迹分布面积2.48km^2。可划分4个景区,主要景点有石林(图3-69)、蘑菇石、一支笔、玉指峰、情侣石(图3-70)、阳刚柱(图3-71)、长颈龙、兵俑石、剑龙岩等。该处遗迹以石林地质游览区为主,多呈细长柱状,高25~40m不等,北方石林特点明显,峰林列阵,连绵不绝,蔚为壮观,是黑龙江省最典型的花岗岩石林景观。

图3-69　石林

图3-70　情侣石

图3-71　阳刚柱

(6)南岔仙翁山花岗岩地貌。

位于伊春市南岔区,地质遗迹类型属花岗岩地貌。岩性为晚印支期正长花岗岩。是仙翁山地质公园主体景观,遗迹面积13.5km^2,主要景点有仙翁峰、玉笋峰、僧冠峰(图3-72、图3-73)、佛掌岩、拜神台、青龙背、仙人顶、神龟峰(图3-74)、仙女峰、双石门、野狼谷、百丈崖等。该处遗迹主要分布在山峰峰脊处,为外动力作用形成的象形石和岩石、岩块的多种组合地貌,岩石与山花、绿树形成的完美生态美景是其最大的特色。

图 3-72　僧冠峰 1

图 3-73　僧冠峰 2

图 3-74　神龟峰

(7)通河锌子山花岗岩地貌。

位于通河县城北 18km 处。是锌子山地质公园主要核心遗迹景观，以印支期花岗岩地貌为主，主要地质遗迹分布区面积 19.58km^2。园区内主要景点有驼背峰、石锥、海豹晒日(图 3-75)、武士峰(图 3-76)、大锌峰、二锌峰、卧龟探谷、开门山、城墙砬子、石海、锌峰远眺(图 3-77)、马到成功等。该遗迹以微景观为最大特色，岩石似船似扇，似熊似龟，惟妙惟肖，锌峰远眺，心旷神怡。

图 3-75　海豹晒日

图 3-76　武士峰

图 3-77　铧峰远眺

(8)阿城松峰山花岗岩地貌。

位于哈尔滨市阿城区松峰山镇东,属横头山-松峰山地质公园的松峰山园区,以印支期花岗岩地貌为核心景观。主要地质遗迹分布区面积 23km^2。主要景点有北峰(图 3-78)、千层岩(图 3-79)、棋盘峰、烟囱峰、拜斗台、小南山(图 3-80)、飞来石、一线天(图 3-81)、棋盘山等。松峰山花岗岩地貌以大型岩壁和山峰景观为主要特色。集峰、壁、崖、洞于一身,辅以 800 年金代道教文化遗产,更凸显人杰地灵之美。

图 3-78　北峰

图 3-79　千层岩

图 3-80　小南山

图 3-81　一线天

(9)宾县长寿山花岗岩地貌。

位于宾县二龙山-长寿山地质公园内。属张广才岭余脉西麓,其中长寿山园区是以花岗岩地貌为主的园区,主要地质遗迹分布面积 22.67km^2。主要景观以风化地貌景观为主,景点有丞相峰(图 3-82)、虎头砬子、蜗牛石、擎天柱(图 3-83)、一线天、蜂窝石(图 3-84)、磨盘砬子、烟囱砬子、天龟望月、一面砬子等。

图 3-82　丞相峰

图 3-83　擎天柱

图 3-84　蜂窝石

(10)伊春五营花岗岩地貌。

位于伊春市五营区境内,属五营地质公园,地质遗迹类型为花岗岩地貌景观,主要遗迹面积 $14.2km^2$。主要景点有月亮门、忘情谷、迎客石(图 3-85)、老人峰(图 3-86)、天梯、步步升高、一夫当关、鞍马石、三重唱、石林、石塔(图 3-87)等。

(11)木兰鸡冠山花岗岩地貌。

位于木兰县建国乡境内,是黑龙江省鸡冠山地质公园核心地貌景观类型。主要地质遗迹分布面积

图 3-85　迎客石

图 3-86　老人峰

图 3-87　石塔

24.23km²，主要景点有一帆风顺（图 3-88）、鸡冠峰（图 3-89）、大王峰（图 3-90）、鹰咀峰（图 3-91）、神龟望天（图 3-92）、观音峰、黑熊探路、护塔天犬、林海神龟、企鹅问天、卧虎守山、仙人窗、鸡冠长城、神仙椅、石城堡、雄狮守林、顽熊、拳石、老人石、灵芝石、神女峰、南塔、北塔、石海、望夫石等景观。鸡冠山花岗岩遗迹主要分布在山脊，以石柱、石峰最为显著，遗迹点十分密集，丰度大，“一石多景，移步换景”是其最大特色，即每个不同的观赏角度都能看到不一样的地质景观。

图 3-88　一帆风顺

图 3-89　鸡冠峰

图 3-90　大王峰

图 3-91　鹰咀峰

图 3-92　神龟望天

(12)方正双子山花岗岩地貌。

位于方正县东南约 28km 处，属双子山地质公园。大面积出露印支期正长花岗岩，为花岗岩地貌景观集中区，主要地质遗迹分布区面积 6.74km²。主要景点有妙笔生花(图 3-93)、锥形峰(图 3-94)、鸣石塘(图 3-95)、聚财石、万石川、神龟石、石门、龙爪石、五指峰、玉女峰、一帆风顺、老虎洞、龙脊、火烧砬子、天桥等。依据滨东地区地震数据，这里的花岗岩石海极有可能是剧烈的地震形成的，在遗迹成因上极具科研价值。

图 3-93　妙笔生花

图 3-94　锥形峰

(13)延寿长寿山花岗岩地貌。

位于延寿县玉河乡南，属长寿山地质公园，为印支期碱长花岗岩地貌景观。地质景观分布区面积 7.90km²。主要景点有鹤寿山、海豚之吻、舞女拜寿、寿星石、元宝石、姜公垂钓、风动石、一线天、石林(图 3-96)、古堡、石海(图 3-97)、骆驼峰、龟形石、天狼峰等。

图 3-95　鸣石塘

图 3-96　石林

(14)齐齐哈尔碾子山花岗岩地貌。

位于齐齐哈尔市碾子山区，属齐齐哈尔碾子山地质公园主要组成。公园以燕山期碱性花岗岩地貌为主，主要地质遗迹分布面积 3.88km²。花岗岩景观有蛇洞山、蟒蛇石(图 3-98)、雄狮望岳(图 3-99)、翘首石、佛笑石、吻天鱼、刀劈石、燕鱼石、龟石、卧虎石、守山犬、龙脊峰、神龟探海等。本处遗迹以花岗岩球状风化为特点，形成多处象形石景观，是"动物的海洋"。

图 3-97　石海

图 3-98　蟒蛇石

图 3-99　雄狮望岳

(15)鸡西麒麟山花岗岩地貌。

位于鸡西市鸡东县内，主要地质遗迹以侵入地貌和构造地貌为主，分布面积 11.15km²。花岗岩构成的地貌景点主要有麒麟峰(图 3-100)、情侣峰、八仙祈福、马蹄峰、卧佛岭、海豚逐日、蜥蜴石、鳄鱼上山、猿猴望月、金象拜天、金刚、海豹石、灵蛇出洞、鱼跃龙门(图 3-101)、麒麟峡谷(图 3-102)、拳王、猿人石、点将台、骆驼峰、峡谷卫士等。该处遗迹以山水相伴、深谷险峰、象形石密布为特点，是省内不可多得的古生代花岗岩地貌景观。

图 3-100　麒麟峰

图 3-101　鱼跃龙门

图 3-102　麒麟峡谷

(16)漠河花岗岩地貌。

位于漠河市西林吉林场富克山施业区,属漠河地质公园,以花岗岩地貌为主,构成石林景观,地质遗迹分布区面积 41.24km^2。主要景点有兽熊斗(图 3-103)、一线天、超级汉堡(图 3-104)、通天眼(图 3-105)、阳关三叠(图 3-106)、鸳鸯打盹、冰河世纪、歇马石、河马问天、胜利岭、惊浪石、和谐号、一帆风顺、仙人床、千层岩、惊浪石、双子峰、补天石、长城岭。这些景点构成了可与内蒙古克什克腾世界地质公园媲美的花岗岩石林景观。

图 3-103　兽熊斗

图 3-104　超级汉堡

园区内地质遗迹资源丰富。主要地质遗迹景观呈石林展布,连接紧凑,组合完美,极具观赏价值和科学研究价值,而且独具中国最北方特色,国内罕见。花岗岩石林是石的世界,一条条横纵的节理,如一

图 3-105　通天眼

图 3-106　阳关三叠

条条大自然的刻痕，大自然的鬼斧神工创造出了栩栩如生的巨大雕刻。石林内岩臼众多，又奇特又美丽的岩臼是第四纪冰川的遗迹，还是漫长外动力作用的结晶呢？这是今后需要深入探讨的重要课题。总之它是大自然给予大兴安岭奇妙的礼物，是在漫长地质历史时期发展过程中形成的弥足珍贵的地质自然遗产，具有极高的科学研究价值和旅游开发价值。还有随处可见的石海景观，共同构成漠河地质公园内独具特色的地质景观。

(17)宾县大青山花岗岩地貌。

大青山地质公园位于哈尔滨市宾县青阳林场，属花岗岩地貌景观集中区。主要地质遗迹分布面积8km²。主要地质遗迹景观有神龙洞、麒麟壁(图 3-107)、断头崖、蛇头岩、金龟石、鳄鱼岭(图 3-108)、狼牙峰、南天一柱、龙头岩、虎头岩、金蟾望月、石门、八仙过海、仙人洞、灵芝峰、神犬石、镇山塔、卧狮岩、金顶石峰(图 3-109)、月亮门(图 3-110)等。大青山花岗岩遗迹以峰、柱、崖和象形石为特色景观。

图 3-107　麒麟壁

图 3-108　鳄鱼岭

(18)鹤岗金顶山花岗岩地貌。

金顶山地质公园位于鹤岗市林业局十八号林场、十里河林场细鳞河林场施业区内，主要地质遗迹分布区面积约 38km²。地质公园主要景观有金顶石峰、龙掌岩、将军崖、武士崖、八卦壁、龟松石、金顶石岩、佛指印、盘龙壁、长城墙、擎天柱、石海等 20 余处。

图 3-109　金顶石峰

图 3-110　月亮门

地质公园地处小兴安岭隆起带三江断凹陷盆地佳木斯地块的结合处。区内集花岗岩地貌、构造地貌、水体地貌、冰缘地貌于一体，极具科研价值和美学价值。

还有部分正在申报地质公园的花岗岩地貌景观，暂称地质遗迹集中区，主要有四块石花岗岩地貌、金山屯白山花岗岩石林地质遗迹集中区、铁力平顶山、牡丹江三道关、呼玛迎门砬子花岗岩地质遗迹集中区等。

(19)依兰四块石花岗岩地貌。

位于依兰县丹清河林场北与伊春市南岔区交界处。海拔 980m，为低山区，属以花岗岩地貌为主的地质遗迹集中区，这里不仅地质景观堪称一绝，而且是黑龙江省教育基地，也曾是抗日联军秘密营地。地质遗迹景观点主要有一线天、四块石、红石飞霞、月亮门、哨所崖、望月峰、骆驼峰等。

(20)伊春金山屯白山林场花岗岩地貌。

位于伊春市金山屯区，地处小兴安岭南段汤汪河中游，广泛分布近南北向晚三叠世—早侏罗世的似斑状二长花岗岩。岩石中普遍见有暗色微细粒闪长质包裹体和中基性脉岩群。二长花岗岩具有典型的岩浆结构。主要景点有罗汉石、龟峰、岩壁(图 3-111)、一线天、悬石(图 3-112)等。

图 3-111　岩壁

图 3-112　悬石

(21)牡丹江三道关花岗岩地貌。

三道关地质遗迹集中区位于牡丹江市北西，距牡丹江市 24km，集中区主要地质遗迹面积 20km^2。景区主要景观由晚三叠世—早侏罗世花岗岩峰林地貌构成。区内有大小地质遗迹景观 80 余处，主要核心景观有剑劈石(图 3-113)、仙桃石(图 3-114)、通天洞(图 3-115)、骆驼峰、鹰嘴岩(图 3-116)、棒槌石(图 3-117、图 3-118)、金蟾叫天石、奶头山等。

图 3-113　剑劈石

图 3-114　仙桃石

图 3-115　通天洞

图 3-116　鹰嘴岩

图 3-117　棒槌石 1

图 3-118　棒槌石 2

三道关地质遗迹集中区地质遗迹丰度大，花岗岩地貌个体大小不同、形态各异，它们巍峨耸立，峰林隽秀，象形石惟妙惟肖，岩石景色壮观，豪气冲天，宛如一幅幅天然的画卷，具有极高的观赏性。

(22)铁力平顶山花岗岩地貌。

位于铁力市南部，从新兴林场沿沟上行，可到小兴安岭的最高峰平顶山。海拔 1429m，是呼兰河支流小呼兰河、安邦河和岔林河的发源地。这里山高林密、怪石嶙峋、瀑布成群，是一处以花岗岩为主地貌的景观区，可开辟夏季登山旅游区。

(23)呼玛迎门砬子花岗岩地貌。

位于呼玛县金山乡察哈彦村西北 8km 处黑龙江边，集中区出露为花岗岩地貌，迎门砬子"上水有岩、下水有石"。砬子正面鳄鱼背突出江里，仙人指路高耸其中。砬子后怪石嶙峋。1857 年就被称为"黑龙江最美丽的景色"。

3. 黄土地貌

黑龙江省黄土地貌比较发育，与中国西部黄土高原上的黄土地貌相比不那么典型，但黄土地貌要素都存在。省内黄土地貌多发育于平原的边缘，由波状高平原、山前台地或阶地构成。

(1)哈尔滨天恒山黄土地貌。

位于哈尔滨市团结镇荒山一带阿什河东岸。天恒山黄土地貌主要由第四系下荒山组、上荒山组和哈尔滨组巨厚的黄土组成。受新构造运动影响形成阶地陡坎，阿什河东岸波状高平原受流水侵蚀，形成黄土塬、黄土梁、冲沟、黄土瀑布等典型的黄土地貌(图 3-119)，天恒山似一条巨龙横卧于松嫩平原东南端波状高平原上(黄土梁)，为天恒山公园主体景观。

图 3-119　黄土林

(2)望奎无影山黄土地貌。

位于望奎县通江镇通江村，地处松嫩平原之波状高平原上，沿呼兰河北岸展布，长约 1km。由第四纪更新统厚层黄土组成。由于新构造运动呼兰河断裂北侧抬升，加上受呼兰河的冲刷，形成黄土梁、黄土峁、冲沟等较为典型的黄土地貌。

(二)水体地貌

1. 河流(景观带)类地质遗迹

黑龙江省河流纵横，流域宽广。流域在 50km^2 以上的河流有 1918 条，其中流域在 1 万 km^2 以上的较大河流有 18 条，构成黑龙江、松花江、乌苏里江和绥芬河四大水系，以及乌裕尔河和双阳河两大内陆水系(图 3-120)。

图 3-120　黑龙江省主要河流及湖泊分布示意图

(1)黑龙江:是一条流经中国、俄罗斯、蒙古国的国际河流,也是中国第三大河,黑龙江省最大河流。是中国和俄罗斯之间的一条界江,从漠河至黑河一带属上游段,上游段两岸青山对峙,江道弯曲,风景优美,形成许多风景河段,如漠河古城堡风景河段、塔河开库康-依西肯风景河段、呼玛风景河段、额木尔河风景河段(图 3-121)。黑河-抚远属中游河段,河流总体江面变宽,但局部有时变窄,形成峡谷地貌,沿江多分布岛屿。如北极村、古城岛、呼玛、名山岛、黑瞎子岛、大黑河岛、三江口等著名的风景河段。

图 3-121　额木尔河风景河段

①漠河北极村风景河段：北极村为黑龙江省漠河市最北的村镇，也是中国最北的村镇，北极村是中国唯一能观测到北极光的最佳地点。

北极村于1997年开辟为北极村旅游风景区，成为全国最北的旅游景区。民风纯朴，静雅清新，乡土气息浓郁，植被和生态保存完好。每当夏至前后极昼发生时，午夜向北眺望，天空泛白，像傍晚，又像黎明。人们在室外可以下棋、打篮球，如果幸运的话还可以看到气势恢宏、绚丽多彩、变幻莫测的北极光。烟波浩森的黑龙江从村边流过，江里盛产哲罗、细鳞、重唇、鳇鱼等珍贵冷水鱼。用江水炖鱼，味道鲜美。还可以用丝网挂鱼，在江边垂钓。冬季在冰封的江面上凿开坚冰，用丝网从冰眼里拽出一条条鲜鱼，更增添了北国情趣。北极村凭借中国最北、神奇天象、极地冰雪等国内独特的资源景观，与三亚的天涯海角共列最具魅力旅游景点景区榜单前十。

②漠河古城岛风景河段：位于黑龙江兴安镇一带。此处江段穿行于深山峡谷之中，浅滩、峡谷较多，有上漠河浅滩、永合站浅滩、乌苏里浅滩等较多浅滩。谷底宽窄不一，河水深浅不同。开江较晚，易形成冰坝，岸坡破坏严重。河道总体呈东西走向。此段长度237km，河谷宽度1500～5000m，水面宽度400～600m，此段沿途有乌苏里、兴安口岸、古城岛等名胜景点。最佳旅游时间为每年夏秋季节。

③塔河开库康-依西肯风景河段：位于塔河县内，此处江段曲折，平均海拔300m，穿行于山谷之间，近乎东西走向。河段长度190km，河谷宽度1000～3000m，水面宽度800m，最大流量2.22万m^3/s，最小流量400m^3/s，河床比降0.20‰，最大水深15m，最小水深1.5m，岸坡坡度30°，河床较宽，两岸植被茂密，有三处险滩，其中车地营子、开库康、王八弯三处浅滩较大，水浅流急。河床由卵石构成，岸坡为砂壤土基础，易破坏。沿岸有犴鼻石、麻将石、大鱼背石、猩猩山、小鱼背石、白石山、大佛手山、小佛手山等景点。最佳旅游方式为夏季乘船沿江漂流。

④呼玛风景河段：位于呼玛县内，此段海拔仅200m。长35km，河谷宽1000～5000m，水面宽度790～800m。流经呼玛县城，枯水期仅能通航。

此江段曲折多变，年内水位变化大。途经鸥浦、迎门砬子、察哈彦、高家岛、呼玛、何地营子、四合屯7处较大险滩，水浅流急。沿途植被茂密。流域内有鄂伦春民族乡，形成独特的人文景观。最佳旅游时间在冬、夏两季。冬天观赏北方冰雪世界，夏天避暑观光。在沿江可领略龟山、皇冠山、仙人洞、石门、跨江高压线、唐僧帽、五片峰、悬石峰、雷石坡、象鼻山、冒烟山、佛指山、蛤蟆上山等景观。

⑤萝北名山岛风景河段：位于萝北县名山镇一带，名山岛位于黑龙江我国一侧。这座金沙铺筑、草木馥郁的名山岛，岛上生态环境保护极佳，生长着桦、柳、榆等多种阔叶林。盛夏时节，枝叶繁茂，鸟语花香。岛上还生存狐狸、黄鼬、松鼠等珍贵小动物，常有水禽栖息岛上。岛上地势稍有起伏，岛下水面宽阔、水流舒缓，全岛景色十分迷人。沿江永久江堤，两旁植有花木，宛如沉江公园(图3-122)。

图3-122　黑龙江名山岛风景

名山岛为各界人士慕名前往的旅游胜地，每逢盛夏，游人不绝。登上名山之巅，远眺俄罗斯，可观异域风情。

⑥抚远黑瞎子岛风景河段：黑瞎子岛位于黑龙江佳木斯市抚远市内与乌苏里江交汇处主航道南侧，是中国最早见到太阳的地方，也是黑龙江流域最大的岛。黑瞎子岛旅游区正在建设中，但现有景点令人感到震撼，特别是黑龙江和乌苏里江两江交汇处，有“大江东去浪淘尽”的气势，令人过目难忘。

(2)松花江：黑龙江右岸第一大支流，从天池至三江口，全长1700m，流经黑龙江省、吉林省及内蒙古自治区。嫩江是松花江最大的支流，源于大兴安岭伊勒呼里山南麓。仅次于黑龙江和松花江，其支流常形成风景河段和湿地，如多布库尔河风景河段等。松花江有哈尔滨的太阳岛、佳木斯晨星岛、三江口等风景河段。

①松花江太阳岛景观带：位于黑龙江省哈尔滨市松花江北岸。太阳岛是一处由冰雪文化、民俗文化等资源构成的多功能风景区，也是中国国内沿江生态区。太阳岛三面临江，通过遥感地质解译发现松花江哈尔滨段，是地质历史时期松花江向南推移，形成古河道，太阳岛就是松花江古河道南移冲积而成的。太阳岛公园旅游区，山光水色秀丽、登阁临水、眺望蓝天，有“天光云影共徘徊”之情趣。公园还有“荷花鱼跃”“长廊松涛”“亭桥映柳”“清泉飞瀑”“长堤垂柳”等著名景点。

②同江三江口风景河段：位于同江市东北 4km 处，松花江在这里与黑龙江汇合，两江由于含沙量不同而水色各异。北水墨黑，南水浑黄，中有一线，如刀断划。这里北水指黑龙江来水，南水指松花江水，两江汇合后这一段黑龙江亦称混同江(图 3-123)。

图 3-123　同江三江口风景河段

③松花江黄金水道：柔情飘逸的松花江像一条黄色的彩带，蜿蜒缠绵地从哈尔滨市区流过。景因水而生，九站公园、斯大林公园、道外公园等沿江公园，组成长约 26km 的沿江景观带，是全国最长的沿江开发式带状公园。江两岸垂柳成荫、林涛江涌、相映成趣。江边夕照，黄昏时西望一抹斜阳残照，江边山林如披上金色彩衣，映入明镜似的江面别有一番风情。

(3)乌苏里江：中国和俄罗斯界江，全长 890 多千米，有大小支流 174 条。江水清澈，是我国少有的未被污染的江河之一。界江游可体验两国不同风情，也可领略乌苏里江秀美风光(图 3-124)。乌苏里江在省内的主要支流有穆棱河、饶力河、七虎林河、别拉洪河等，常形成著名湿地景观，如珍宝岛湿地、别拉洪湿地等。

图 3-124　乌苏里江风景河段

(4)绥芬河：可分大、小绥芬河，均发展于我国，流向俄罗斯(图 3-125)。大绥芬河在我国东宁市流长 160km。洞庭峡谷即分布于绥芬河两岸。

图 3-125　绥芬河风景河段

2. 湖泊类地质遗迹

黑龙江省湖泊和沼泡广布，有大小湖泊和沼泡 6000 余个。其中主要湖泊有兴凯湖、镜泊湖和五大连池、连环湖、山口湖、莲花湖等。

（1）兴凯湖：位于黑龙江省东部中俄边境口岸密山市内，由大、小兴凯湖组成，属低山丘陵、湿地、平原区。大兴凯湖为中俄界湖，面积 4380km²，我国境内面积 1080km²（图 3-126）。小兴凯湖在大兴凯湖北侧我国境内，面积 140km²（图 3-127）。现已成为兴凯湖国家地质公园主要景观区。

图 3-126　大兴凯湖

图 3-127　小兴凯湖-湖岗-大兴凯湖

兴凯湖地质公园以水体地貌为主，总面积 2 708.7km²。主要地质遗迹分布面积 1 544.75km²。核心地质遗迹景观有大兴凯湖、小兴凯湖、五道湖岗、湿地、蜂密山花岗岩地貌等。湖水清碧，远远望去宛如绿色的宝石。百里湖岗是这里的一大自然景观，犹如一道黄金筑成的长桥，横在两湖之间。春天，绿荫覆盖，野花盛开；盛夏，人们撒开张张鱼网，尽情捕鱼垂钓；秋天，葡萄挂满枝藤，柞叶放红。冬天，银装素裹，白雪皑皑。

（2）镜泊湖：位于宁安市西南，地处张广才岭和老爷岭北坡山岳地带。它是由火山喷发的熔岩流堵塞了牡丹江上游河道形成的。面积 92.5km²，形状狭长，南西-北东走向，最宽处 6km，最窄处约 0.4km，最深处 74m，是我国最大的熔岩堰塞湖，为牡丹江镜泊湖世界地质公园的主要组成部分。群山环抱着湖水，波平如镜，因而得名（图 3-128）。

（3）五大连池：位于五大连池市，地处小兴安岭西南山麓。因火山喷发熔岩堵塞石龙河河道，形成了 5 个相连的火山堰塞湖，由一池、二池、三池、四池和五池组成，总面积 18.6km²，是我国仅次于镜泊湖的第二大火山堰塞湖，是五大连池世界地质公园的主要组成部分（图 3-129）。

一池莲花水寨：是五大连池唯一有睡莲的天然水域，也是 5 个池子中最小的袖珍湖泊，水转石绕，夏有睡莲，冬有溢出口瀑布。

图 3-128　远眺镜泊湖

图 3-129　五大连池

二池渔歌:天然养殖场,盛产三花五罗,胖头鱼等。

三池竞游:水域辽阔,湖面倒映群山,水呈棕色且带黄绿色,池底熔岩与砂砾各占一半,冬有“三池冰断”奇观。

四池寻幽:坐落在芦苇荡中,背靠世界奇观喷气碟,面对火山熔岩台地,水色以黄色为主,黄中透绿,是青少年夏令营的理想宿营地。

五池探秘:水域面积仅小于三池,是五大连池水系的源头汇集地,风平浪静时却忽然有惊涛拍岸,而且有“水向西边流”的奇迹。

(4)连环湖:位于大庆市杜尔伯特蒙古族自治县,面积约 840km^2,是松嫩平原上久负盛名的大型浅水湖泊,由哈布塔泡、他拉红泡、西葫芦泡、火烧黑泡等 18 个水域相通的泡子组成,这些湖泊平均深度 0.5m,最深处也只有 2m 左右,是典型的湿地地区的浅水湖泊(图 3-130、图 3-131)。各个湖泊之间以芦苇荡或岛屿相分隔,高水位时水域相通,形成连环,这些湖泊的形成与这里的地质环境及第四纪以来的地质发展过程有密切的关系。

(5)山口湖:湖区位于讷谟尔河上游,由讷谟尔河断裂两侧陡峭的地形蓄水而成,东西长 26km,南北宽 745～2500m,面积 342.7km^2,平均水深 16m,平常蓄水水位 313m,库容 9.95×10^{8}m^3(图 3-132)。

(6)莲花湖:1992 年莲花水电站截流牡丹江而形成的大型湖泊。水面面积 133km^2,湖长99.9km,平均水深 40m,沿牡丹江河谷分布(图 3-133)。

图 3-130　连环湖

图 3-131　连环湖夕阳

图 3-132　山口湖

图 3-133　莲花湖

3. 湿地-沼泽类地质遗迹

黑龙江省湿地-沼泽广布，主要分布于松嫩平原、三江平原、兴凯湖平原，以及大的河流下游区、山间小平原等。全省湿地总面积约 270 万 km^2，湿地是许多珍稀濒危鸟类的迁徙地和栖息繁殖地，湿地内河曲密布、水源充沛，自然资源丰富，是重要物种基因宝库，可调节区域气候和补充湿度，所以称湿地是地球之肾。黑龙江省最具代表的湿地有扎龙湿地、安邦河湿地、珍宝岛湿地、南翁河湿地、太阳岛湿地、肇源莲花湿地、五常凤凰山高山湿地等国家级湿地。

(1)扎龙湿地：位于黑龙江省齐齐哈尔市境内乌裕尔河下游齐齐哈尔市和富裕、林甸、杜蒙、泰来县交界地域，属湿地生态系统类型的自然保护区。总面积 21 万 km^2，主要保护对象为丹顶鹤等珍禽及湿地生态系统，是中国北方同纬度地区中保留最完整、最原始、最开阔的湿地生态系统，也是松嫩平原具代表性湿地(图 3-134)。

图 3-134　扎龙湿地

(2)安邦河湿地：位于黑龙江省双鸭山市集贤县境内，地处安邦河下游。湿地面积达 10 295km^2。湿地公园内有西泽湖、荷花湖、白鹭湖、菱角泡、芦苇床、塔头、浦棒沟等生态保护区和生态恢复区，是三江平原保留最完整、最具代表性、典型性的原始湿地之一(图 3-135)。

图 3-135　安邦河湿地

(3)珍宝岛湿地:位于虎林市东部,完达山南麓,以乌苏里江为界与俄罗斯联邦隔水相望,是三江平原沼泽湿地集中分布区。总面积44 364km^2,主要保护对象为各种类型湿地生态系统以及栖息的各种珍稀濒危野生动、植物(图3-136)。

图3-136 珍宝岛湿地

(4)南瓮河湿地:位于大兴安岭东部松岭区内伊勒呼里山南麓,属于水域内陆湿地生态系统类型,保护对象是区内的森林、沼泽、草甸和水域生态系统,以及珍稀野生动、植物。湿地内河流密布,沟壑纵横,湖泊星罗棋布,是嫩江主要发源地(图3-137)。二根河、南阳河、砍都河等29条河流汇入南瓮河形成嫩江。保护区面积229 523km^2,是东北最大的森林湿地自然保护区。

图3-137 南瓮河湿地

(5)太阳岛湿地:位于哈尔滨市松花江北岸,是松花江流域主要的湿地,也是著名的城市湿地,面积12 408km^2(图3-138)。哈尔滨太阳岛国家湿地公园是集生物多样性保护、科学研究、宣传教育、生态旅游和可持续利用等多功能于一体的综合性湿地公园。公园与繁华的哈尔滨市隔水相望,景色优美,是全国著名的旅游避暑胜地。

图 3-138 太阳岛湿地

(6)肇源莲花湿地:位于大庆市肇源县莲花村一带,总面积 57 870km^2,属内陆型湿地,保护对象为湿地水域生态系统及珍稀濒危野生动、植物。区内分布有河流、湖泊、沼泽、草甸和沙丘相互交错、相互映衬的自然景观类型,复杂多样的生态系统充分体现了它的典型性(图 3-139)。

图 3-139 肇源莲花湿地

(7)五常凤凰山高山湿地:位于海拔 1550m 以上较平坦的凤凰山峰顶,分布着很多由苔藓类植物多年腐烂沉积形成的苔原湿地,面积 20 余万平方米,每块湿地都有着自己独特的生态体系(图 3-140)。凤息园即是其中分布面积最大的一块高山苔原湿地,它位于海拔 1 696.2m 的凤凰顶之巅,面积约 15 万 m^2,由水、泥质沉积物、基底及植被共同组成。其中水源是天然降水聚集而成,编著者通过对湿地进行简易钻探取样,得出的简易剖面如下:

图 3-140 凤凰山高山湿地

a. 0～1.5m，为草炭层，夹有花岗岩风化砂粒；

b. 1.5～3.5m，为泥炭层，夹有花岗岩风化砂粒；

c. 3.5～4.5m，为风化砂砾石层；

d. 4.5m 以下，为花岗岩基岩。

4.瀑布类地貌景观

由于地貌景观特征和气候条件影响，黑龙江省瀑布类地貌景观不发育，特别是大型瀑布较少有，有些小型瀑布，多受季节性水流影响，规模不大。但有些瀑布具有观赏性和科研价值，如黑龙瀑、五凤瀑、吊水楼瀑布、茅兰沟瀑布等。

（1）黑龙瀑、五凤瀑：位于五常市沙河子镇红旗林场南，凤凰山地质公园内，为园内重要景点群。瀑布群位于凤凰山大峡谷内，由断裂陡坎形成。黑龙瀑位于凤凰山主峰东坡大峡谷源头，由十数级瀑布组成，其水源均来自山顶的高山湿地。黑龙瀑落差达 50m，被称为通天河。瀑布顶端的壶口两侧均由悬崖凌空射出，犹如巨龙之口，瀑布便从那龙口中倾泻而下，恰似东海龙王为人间降下甘霖。其下为暗泉河，逐步向下涌为深潭。谷底巨石相拥，石间浪花飞溅，欢快的溪流跳跃着奔向下游。大峡谷内有迎宾瀑（图 3-141）、叠凤瀑（图 3-142）等，大峡谷南端还分布有玉凤瀑、天凤瀑（图 3-143）、巧凤瀑（图 3-144）、皱凤瀑、飞凤瀑（图 3-145）等，号称五凤瀑。5 处瀑布连结到一起，形成累计落差达 200 余米的瀑布群，景色壮观、气势恢宏、凌空出世，犹如一条巨龙，可谓龙江第一瀑，为黑龙江省内唯一。

图 3-141　迎宾瀑

图 3-142　叠凤瀑

图 3-143　天凤瀑

图 3-144　巧凤瀑

图 3-145　飞凤瀑

（2）吊水楼瀑布：位于宁安市镜泊乡镜泊湖世界地质公园内，为园区重要景点（图 3-146）。清澈如镜的镜泊湖水，缓缓流入牡丹江，突然下泄，卷起千朵银花，万堆白雪，茫茫水雾飘到空中，阳光下形成绚丽的彩虹，蔚为壮观。吊水楼瀑布一般幅宽 40m，落差 12m，雨季和汛期最大幅宽可达 300m 左右，水流量 4000m^3/s。与黄果树瀑布、黄河壶口瀑布、九寨沟诺日朗瀑布、台湾文龙瀑布、庐山三叠泉瀑布并称中国六大名瀑。

图 3-146　吊水楼瀑布

夏季汛期来临之时，吊水楼瀑布若银河倒挂悬坠，似无数白马奔腾，气势磅礴，轰声如雷传至千米，令人惊心动魄。冬季吊水楼瀑布可形成晶莹剔透，冰清玉洁的冰帘，在我国只有壶口瀑布和镜泊湖吊水楼瀑布可以观赏到冰瀑奇观。

(3)茅兰沟瀑布：位于嘉荫县茅兰沟风景区内，是小兴安岭国家地质公园茅兰沟园区重要景观点，瀑布宽约 14m，落差 15.1m，与其下的黑龙潭构成美丽的景观，雾气弥漫，寒气袭人，潭水碧绿幽深，如临仙境(图 3-147)。

图 3-147　茅兰沟瀑布

5. 泉类地貌景观

泉为地下水的天然露头，在含水层或汇水通道出露地表的部位，地下水涌出地表成泉。当泉水含有特殊化学成分或高于常温时，称矿泉、温泉或热泉。另外，根据地下水出露情况，泉可分为上升泉和下降泉两大类，即具有承压水头的泉属上升泉，反之称为下降泉。黑龙江省矿泉水资源十分丰富，类型多，储量大。目前省内已经过调查鉴定的矿泉水产地大约有 259 处。

(1)五大连池矿泉水：分布于五大连池市五大连池世界地质公园内，为地质公园特殊景点。园区分布矿泉水产地 100 多处，其中上升泉目前仅 3 处，为南饮泉(图 3-148)、北饮泉(图 3-149)和二龙眼泉

(图 3-150)。著名的五大连池矿泉水具有特殊的医疗保健功能,是世界三大低温冷泉之一。矿泉水产品远销日本、韩国、东南亚等地,深受广大消费者的欢迎。所以五大连池矿泉水在黑龙江、全国乃至世界,都具有典型性、代表性和稀有性。五大连池不愧为"天然火山博物馆"和"中国矿泉水之乡",具有自然的优美性和相对完整性,是不可多得集地貌类和水体类于一身的地质遗迹。

图 3-148　南饮泉

图 3-149　北饮泉

图 3-150　二龙眼泉

(2)木石神山矿泉水:位于漠河县图强林业局。矿泉水距嫩林线图强火车站仅 2km,交通方便。大兴安岭地区已评价矿泉水 10 多处,木石神山矿泉水具代表性,现生产北极牌矿泉水,开发潜力较大,有望成为大兴安岭矿泉水开发的亮点。

(三)构造地貌类

黑龙江省构造地貌类,以峡谷地貌发育为特点,多个地质公园以峡谷地貌为主体景观。

峡谷:谷坡陡峻,深度大于宽度的山谷。它通常发育在构造运动抬升和谷坡由坚硬岩石组成的地段。

(1)凤凰山大峡谷:位于五常市沙河子镇南凤凰山麓(图 3-151)。这条峡谷引人入胜,为凤凰山国家地质公园的主体景观。峡谷走向北西-南东,两岸高深峭立的岩壁由岩性单一的黑色板岩组成。岩石片理、节理、裂隙极为发育。峡谷纵深 5km,最深处近千米,最窄处不足 20m,两侧岩壁近乎垂直,有十几处大、小瀑布,构成美不胜收的景点群。两侧陡壁奇松林立、怪石嶙峋;谷底遍布板岩碎石,碎石下暗河涌动,水声汩汩,宛若仙境,谷地溪流重叠,有"龙江第一大峡谷"之美称。

(2)兴安大峡谷:位于萝北县太平沟乡(图 3-152)。沿黑龙江两岸,北由嘉荫河口起,南至炭窑沟一带,有近 50km 的江段,属峡谷风景名胜区。自北向南有龙门峡、金龙峡、金满峡,峡谷相连,水流急湍、山势陡峻、环境优美;白龙峡属峡谷西侧的支谷,该谷呈"V"字形,谷坡陡峻,高处为滚兔岭,谷中森林浩瀚、林阴遮天蔽日。峡谷地段两侧山势高耸,坡陡险峻,近江面 30～50m 高度,多处见有悬陡峭壁,岩石裸露、构造清晰,水流速度随河床宽度变化而变化,在开阔带两岸倒影清晰可见,美感倍增。黑龙江群各种片岩和晋宁期花岗岩由峡谷两侧岩石组成。兴安大峡谷为黑龙江兴安大峡谷地质公园的主体地貌景观。

峡谷两岸峰奇石异,峦翠林丰,特别是滚兔岭兀峰峭立,与邻近山峰遥相呼应,江水在峡谷奔流不息(图 3-153),为一处不可多得的旅游胜地。

(3)洞庭峡谷:位于东宁市道河镇洞庭村一带,沿绥芬河展布(图 3-154)。峡谷地貌为黑龙江省洞庭峡谷地质公园主体景观。洞庭峡谷是一个断层谷。洞庭村上、下游 20km 一段河谷为明显的东西走向。在洞庭村上源河谷北侧为典型叠瓦状掀斜式断块。这段峡谷地带形成了多处典型峡谷地貌,如从东至西有岩画壁、象鼻崖、蝙蝠崖、二虎把门、锯齿峰等,断层三角面清晰典型。峡谷两侧陡壁多由三叠纪酸性火山岩组成。大峡谷景象万千,蔚为壮观。

图 3-151　凤凰山大峡谷

图 3-152　兴安大峡谷

图 3-153　高山流水

图 3-154　洞庭峡谷

(四)火山地貌

黑龙江省火山岩分布广泛,尤其中、新生代火山活动最为强烈,常形成众多具观赏性、科学性、稀有性的火山地貌景观。如五大连池、镜泊湖已成为世界级火山地貌景观。其中能够保存完整火山机构的火山地貌景观为第四纪火山岩;新近纪火山岩虽部分保存火山机构,但不如第四纪典型完整;白垩纪—三叠纪火山岩由于受后期构造运动、风化剥蚀等内外力影响,火山机构很难恢复。

1.火山机构地貌

黑龙江省火山机构类地质遗迹比较发育,最典型的为五大连池、镜泊湖火山机构。

(1)五大连池火山机构地貌:位于黑河市五大连池市境内,地处小兴安岭山地与松嫩平原接壤的岗阜状丘陵地区。

①火山锥、火山口。

五大连池周围1200km²范围内分布有大小14座拔地而起的孤立火山锥(图3-155)。这就是著名的五大连池火山群,14座火山锥保存完整,特别是老黑山和火烧山两座火山因喷发时间较晚,原始形态几乎未遭破坏。

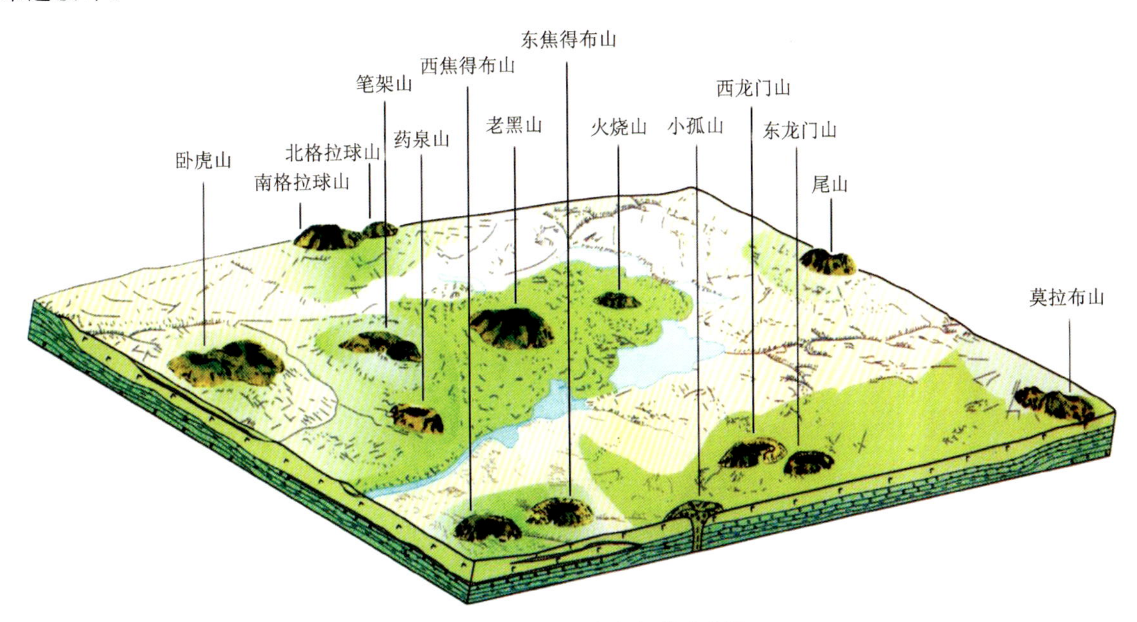

图3-155　五大连池火山群示意图

五大连池火山群包括14座拔地而起的火山锥,其中全新世之前的老期火山12座,即卧虎山、南格拉球山、北格拉球山、笔架山、药泉山、西焦得布山、东焦得布山、小孤山、西龙门山、东龙门山、尾山、莫拉布山,其中最具代表性的是南格拉球山;全新世期(1719—1721年)喷发形成的火山锥两座,即老黑山和火烧山,它们是中国最年轻的火山。

②分述火山锥及火山口。

南格拉球山:南格拉球山和北格拉球山,两山并肩屹立在火山群的西北部,相距只有百余米,近南北向分布,南高北低,南大北小,在地形上构成了双锥地貌。南格拉球山是五大连池火山群海拔最高的火山锥,高602.6m,相对高差115m,火山口呈圆盆状,北部有不明显的缺口,火山口深50m,火山口内径470m,火山锥底径为1000m,火山口积水成湖,形成小巧玲珑的天池,景观别致(图3-156、图3-157)。

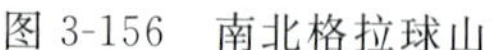
图 3-156　南北格拉球山

图 3-157　南格拉球山天池

老黑山：因远望形似黑龙，又名黑龙山。海拔 515.9m，高出地面 166m，为一底双峰，底座直径 1600m。火山口呈漏斗状，内壁陡峭，深 145m，主要由黑褐色浮石（火山砾）和紫红色火山集块岩组成。两个熔岩溢出口，老黑山火山锥南坡布满了火山砾、火山砂，北坡布满浮石、火山弹（图 3-158）。

火烧山：因岩石黝黑似火烧而得名。海拔 390.3m，相对高度 73m，为一底双峰，底座直径 800m，火山口平面上为圆形，火山口大而浅，内径 450m，深度 63m。火山锥由火山碎屑及层状熔岩组成，浮岩遍布，堆积松散，间有外壳光滑的火山弹（图 3-159）。

图 3-158　老黑山

图 3-159　火烧山

（2）镜泊湖火山机构地貌：位于牡丹江市宁安西南 14km 处。火山分布在沙兰站西北 35km 的大干泡一带，Ⅶ号火山位于沙兰站西 24.6km 处的蛤蟆塘北山。

①火山锥和火山口。

目前发现 12 个火山口，分别编号为Ⅰ、Ⅱ、Ⅲ、Ⅳ、Ⅴ、Ⅵ、Ⅶ、Ⅷ、Ⅸ、Ⅹ、Ⅺ、Ⅻ，火山锥又分为复式火山锥和单火锥，火山口又分为寄火山口和内火山口两种。火山锥雄伟壮观，具有观赏性和科研意义。

②火山锥及火山口分述。

“地下森林”复火山锥：位于大干泡北东约 4km 处，由Ⅰ～Ⅳ号火山口组成，是本区最大的火山锥，为镜泊湖火山活动中心，中更新世早期—全新世早期持续活动，有地下森林覆盖在锥体和火山口内，因此又称“火山口森林”，也即“地下森林”（图 3-160、图 3-161）。

大干泡复火山锥：由Ⅴ和Ⅴ-1 号火山口组成，Ⅴ号火山口晚更新世晚期产物，Ⅴ-1 号火山口为中更新世早期产物。Ⅴ-1 号火山口呈盆状，锥体不明显，底部不平坦，直径 250m，深约 30m（图 3-162）。

五道沟复火山锥：位于大干沟Ⅴ号火山口南 2.5km 处，沿五道沟河谷展布，由Ⅵ、Ⅷ、Ⅺ号火山口组成。

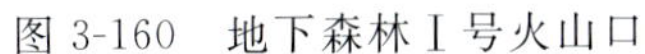

图 3-160　地下森林Ⅰ号火山口

图 3-161　地下森林Ⅲ号火山口

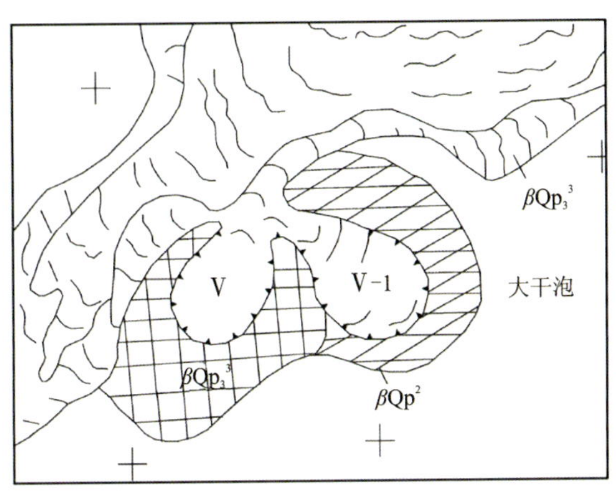

图 3-162　大干泡复火山锥分布

迷魂阵复火山锥：位于“地下森林”火山锥西，由Ⅹ、Ⅺ号火山口组成，海拔高度 900～910m，它们是晚期火山活动产物，Ⅹ号火山口呈圆形，直径 25m，深 2～3m，无溢口；Ⅺ号火山口位于Ⅹ号火山口南西 400m 处，呈近东西向椭圆形，长 200m、宽 170m，火山口内壁陡峭。

蛤蟆塘火山锥：位于“地下森林”复火山锥北东约 15km 处，火山口呈圆形，直径 500m，深 85m，溢出口北西西向。

(3)科洛火山机构地貌景观：位于嫩江县城东北，科洛河一带。地处小兴安岭山地与松嫩平原交接的岗阜状丘陵地带(图 3-163)。

火山锥、火山口：在科洛火山群 350km^2 的范围内，分布有 23 座近代火山。其中南山的喷发时代最新，南山海拔 447.7m，比高 107.7m，呈截顶圆锥状，火山口深 55m，内径约 50m，呈漏斗状，无溢出口。附近的大椅山海拔 442.4m，比高 82m，火山口内径 158m，深 25m，西北有溢出口，形似圆形圈椅，因而得名，其喷发时代在晚更新世。小椅山由两个并连的火山锥组成，火山锥及火山口均有植被覆盖。科洛火山群第四纪火山岩与五大连池相似，为富钾玄武岩类。

此外还有新近纪喷发的火山岩，包括黑山、西山、荡子山、平顶山等，其岩性为橄榄白榴石岩，亦属富钾玄武岩。科洛火山群是黑龙江省又一座“火山博物馆”，是研究岩浆演化的典型地段，不仅有很好的游览观光价值，而且有很高的科学考察价值。

(4)二克山火山机构地貌景观：位于克东县城北 2km 左右。二克山火山群由东山、西山和小克山组成，呈北西向排列。最南边的是东山，规模最大，海拔 430.7m，东北有缺口，西北有一溶洞，称“常仙洞”，还有刻有“别有洞天”4 个大字的石碑，火山口内植被发育。西山海拔 408m，比高 88m，底座直径 550m，火山口直径 250m，深 35m，底部平坦，西北有缺口。小克山位于最北边，规模最小，比高 19.1m，火山口直径 80m，深 5m。二克山火山群岩石和五大连池石龙岩一样，属富钾基性火山岩(图 3-164)。

(5)小古里火山机构地貌景观：位于大兴安岭地区松岭区小古里河一带。小古里火山群由两山包组成，称马鞍山，呈大致南北向展布，为一个破火山口(图 3-165)。马鞍山的成因极具科研价值。

图 3-163　科洛火山机构

图 3-164　二克山火山锥

图 3-165　马鞍山破火山口

2. 火山岩地貌

五大连池有多种多样的火山岩地貌景观，如石龙、石海、熔岩瀑布、熔岩扇、熔岩暗道、熔岩钟乳、熔岩漩涡、象鼻状熔岩、爬虫熔岩、绳壮熔岩、麻花状熔岩、翻花熔岩、喷气锥、喷气碟等，以及火山碎屑物，如火山弹、火山砾、浮石等，故有“天然火山博物馆”之称，是一本打开的火山教科书，为五大连池世界地质公园的重要地貌景观。

(1)第四纪火山岩地貌。

①五大连池火山岩地貌。

火山群的火山微地貌主要包括老期火山锥周围的块状熔岩堆、卧牛石和新期火山锥周围的结壳熔岩、翻花岩等。

块状熔岩堆：块状熔岩又称“石塘”，是熔岩块的聚集地段，多为块径 1m 以上的岩块大面积堆积(图 3-166)。龙门山四周及笔架山的西南都有“石塘”分布。

卧牛石：分布一池、二池、三池、四池东岸及药泉河及石龙河河谷，为许多熔岩转石和岩块的堆积，块径一般 0.5～3m，个别可达 10m。远望酷似黑色耕牛散卧于绿色草地之中。

结壳熔岩表面光滑、平坦，是熔岩流动过程中凝固的表层未经显著破碎而形成的。结壳熔岩的形态千姿百态，有象鼻状熔岩、爬虫状熔岩、绳状熔岩(图 3-167)、馒头状熔岩、木排状熔岩、波状熔岩、熔岩坪、熔岩河、熔岩瀑布等。其中比较典型、比较普遍的有爬虫状熔岩、绳状熔岩、馒头状熔岩、木排状熔岩。

翻花熔岩：又称渣块熔岩，由大小不等、表面粗糙不平的岩渣碎块组成，当地人形象地称其为翻花

图 3-166　石塘

图 3-167　绳状溶岩

石。在老黑山周围有大片翻花熔岩分布，远远望去犹如一片波涛汹涌的大海，近看又怪石嶙峋、千姿百态，似人物、似禽似兽，栩栩如生。

喷气锥、喷气碟：堪称国宝的喷气锥、喷气碟是世界罕见的火山熔岩地貌，分布在老黑山和火烧山周围的翻花熔岩中。喷气锥共有1500余座，形状大致可分为锥形锥、塔形锥、冢状锥、花冠形锥(图 3-168、图 3-169)4种。喷气锥腹腔是空的，内部形状上小下大，顶部保留一个洞口，少数为封闭状；喷气碟常与喷气锥伴生，是喷气锥的雏形。喷气碟多单个分布，呈较浅的圆坑状或碟状，内径一般0.5～2.0m，底座直径一般1.5～3.5m，大者可达5m左右，高一般1m左右。

图 3-168　喷气锥(姊妹锥)1

图 3-169　喷气锥(姊妹锥)2

熔岩洞穴：主要有仙女宫、水帘洞、白龙洞(图 3-170)和水晶宫。其中白龙洞(第一冰洞)极具观赏性、科学性和稀有性，其洞口坐落在东焦得布山西200m处一凹坑中，长约515m，洞壁及洞顶凹凸不平，洞顶布满荆棘状石钟乳，洞中岩柱直通洞顶。两壁多见白霜，洞中漆黑阴暗。温度四季平均－12℃，夏季洞外烈日炎炎，洞内冰天雪地，似白龙横卧。钟乳和闪闪的冰花使整个白龙洞更显神秘莫测(图 3-171)。

五大连池火山是中国最新、保存最完整的第四纪火山群，素有“天然火山博物馆”之称。5个溪水相连的湖泊像璀璨的珍珠，镶嵌在美丽龙江大地上。低温矿泉是世界上三大冷泉之一，举世罕见，被誉为中国矿泉水之乡。五大连池拥有如此世界罕见的各种地质遗迹，堪称一绝，是世界级地质遗迹的精品。

②镜泊湖火山岩地貌景观。

镜泊湖熔岩流为岩浆溢出形成的一条65km长的熔岩流，它如同一条黑色的巨龙铺平了途经的大小沟谷，形成略有起伏的隆岗、垄丘、鼓丘、熔岩坝、石塘、熔岩气泡、熔岩气洞、熔岩塌陷、张裂隙、波状熔岩、绳状熔岩、爬虫状熔岩、馒头状熔岩等熔岩微地貌，65km的熔岩流世界罕见。

图 3-170　白龙洞

图 3-171　溶岩钟乳

熔岩隧道：镜泊湖火山共发现 10 处熔岩隧道塌陷洞口。熔岩隧道是熔岩流在流淌过程中，外部冷却，内部仍在流动，最后流空形成的熔岩隧道。其分布方向与熔岩流一致，呈北西-南东向。连续延伸最长 2km，一般连续长 15～50m，累计最长 20km，仅次于夏威夷 27km 的熔岩隧道。熔岩隧道内火山微地貌种类齐全、保存完整、形态清晰，实属国内唯一，世界罕见。洞顶各色的熔乳，洞壁水平发育的熔岩床、熔岩盆，洞底的熔岩花、熔岩绳，都具有极高的地学价值、美学价值、观赏价值和科研价值。尤其是地下熔岩瀑布，更让人叹为观止(图 3-172、图 3-173)。

图 3-172　熔岩隧道塌陷洞口

图 3-173　隧道中的双层结构

镜泊湖火山地貌风光秀丽，有可以和日内瓦湖相媲美的世界第二大火山堰塞湖，有气势磅礴、季换景变的吊水楼瀑布，有隐藏于浩瀚林海中世界独一无二的火山森林，这些都提高了地质遗迹的品位。镜泊湖火山群地貌景观具有典型性、稀有性、优美性、科学性、系统性和完整性。

③科洛火山岩地貌景观。

科洛火山群东、西、南三面有类似五大连池石龙熔岩的熔岩台地，岩石裸露、植被稀少，有熔岩坪、蟒蛇状熔岩、花环状熔岩、熔岩堤坝、熔岩裂缝、熔陷漏斗、熔岩碟、熔岩碟坑和块状熔岩等微地貌。

④二克山火山岩地貌景观。

二克山火山群在西山见有由熔结集块岩、熔岩和浮岩组成的 43 个单层的火山岩层，还有火山弹和火山砾。岩石中含深源包裹体，具有观赏性，可作为旅游景点。

⑤小古里火山岩地貌景观。

小古里火山岩有发育的熔岩微地貌，具有观赏性。

火山石海：由玄武岩石块堆积而成，面积 0.15km^2，石块块径 1.5m 左右，其中 0.5～1m 者占绝对优势，小块体熔岩居中。由熔岩冷却后推覆而形成(图 3-174)。

千层岩：早期喷发形成的火山凝灰岩，呈层状堆积，水平节理发育，形成密集的层状。

石海小平台：熔岩流形成的石海台阶，台阶下小平台规模 150m×30m，坡度南倾而缓。

火山岩壁：火山台地边缘形成岩壁。

玄武岩石瀑：由玄武岩碎石构成的瀑布，虽没有泉瀑的动感，但却有永恒的质感(图 3-175)。

图 3-174 火山石海

图 3-175 玄武岩石瀑

还形成许多象形石，如石猴、卧牛石、石熊、卧狮、歌俑石、龟碑石等。

(2)新近纪火山岩地貌：新近纪火山活动强烈，常形成沿陆内深大断裂广泛分布的大片玄武岩，如东部的船底山组玄武岩，西部的西山组玄武岩，常形成熔岩台地、柱状节理、石林等地貌景观。

①伊春红星火山岩地貌景观。

位于伊春市西北部，红星火山岩地质公园内。园区火山岩地貌可分为火山锥、熔岩台地、熔岩洞穴等。虽有火山锥和熔岩洞穴，但不如第四纪火山锥和熔岩洞穴典型，火山锥多为航片、卫片解译出的地貌景观。红星火山岩地质公园以广布的熔岩台地和其上的石海而著称。

整个火山群是以华尔都山-新盛山为中心的大面积出露的玄武岩，向北沿沾河及其支流、卜达敏河和九清河、乌底河及库尔滨河河谷分布，一直到达逊河南岸，分布面积 1800km^2。火山岩可分早、晚两期，早期经航片、卫片解释有 3 个火山锥，火山口低平。

熔岩台地：早期火山岩大量涌出地表，泛滥广布，并受基底面影响，形成表面比较平坦的大面积熔岩台地，面积可达几百平方千米，蔚为壮观。熔岩台地上，由于受气候影响、冻融风化作用，玄武岩柱状节理发育。柱状节理不断崩解，破裂、位移，久而久之在广阔熔岩台地上形成壮观石海(图 3-176)。

图 3-176 玄武岩石海

大石海：位于库斯特林场东部。由大块、小块熔岩堆积而成。巨大黑色玄武岩沉睡在这里，千姿百态的“浪花”甚是美丽壮观。

小石海：位于库斯特林场东部。隐藏在丛林中，游客正体会曲径通幽之美妙时，忽然间豁然开朗，“波涛汹涌”的小石海展现在面前，它与大石海相比规模小了许多，但林木参天，巨石点缀，亦可体现出大自然的奥妙。

石河：位于库斯特林场东部，全长可达 20km，宽 200m，由火山熔岩沿地势较低处奔涌流淌而成。

②饶河喀尔喀玄武岩石林景观。

位于饶河县北部，为喀尔喀玄武岩石林地质公园主要地貌景观。

新近纪喀尔喀爆发了裂隙式火山喷发，溢出的玄武岩向低平处倾斜，形成了玄武岩台地。后经构造运动，历经风化剥蚀（差异风化、重力崩塌、水的侵蚀、各种熔蚀作用，还可能有冰缘的冰解作用），以系统节理（近水平节理）做骨架，非系统节理（垂向节理）为修饰，辅以重力作用，形成了喀尔喀石林地貌奇景。玄武岩石林庞然如一个城堡，兀然而立，状态百端，形象十分壮观，南北逶迤连绵，高低错落，竞奇夺秀，其幽其丽，可与天下名山相比，黑龙江省内独有，国内罕见。

玄武岩石林景观千姿百态，形象十分逼真，景点众多，如叠岩峰（图 3-177）、骆驼峰、仙人饼、卧虎岩、铜钱岩、望江峰、神龟石、双人峰、情侣石、聚仙峰等。

图 3-177　叠岩峰

石林区重峦叠嶂，林木参天，怪石兀立。有的如人物，有的似飞禽，有的像走兽，有的像花草，栩栩如生。有的一石多景，有的一景多形，步换景移。景区自然天成，奇树石中生，怪石林中隐，风光旖旎。

③那丹哈达岭火山岩地貌景观。

那丹哈达岭地质公园位于七台河市区东南部。地质公园总面积约 69.05km^2，主要地质遗迹分布面积 31.7km^2。区内主要以火山喷发所形成的熔岩地貌为主体。区内有地质遗迹 30 余处，主要地质遗迹景观有铁山包石海、点将台、寿星崖、豹头山（图 3-178）、虎头山、天文口（图 3-179）等。

图 3-178　豹头山

图 3-179　天文口

④玄武岩柱状节理地貌景观。

玄武岩柱状节理：几组不同方向的节理将岩石切割成多边形柱状体，柱状体垂直于火山岩基底面。如熔岩均匀冷却，应形成六方柱状，上细下粗，二者由顶柱盘向隔开。这种构造多发育在产状平缓的玄武岩内，也见于安山岩、流纹岩、熔结凝灰岩中。一种观点认为柱状节理是熔岩冷却收缩形成的，也有观点认为高度规则的柱状节理是熔岩在冷却过程中的双扩散对流作用形成的。

黑龙江省内新近纪玄武岩分布广泛，柱状节理非常发育，比较典型，具有观赏价值，有宁安市二洼村玄武岩柱状节理（图3-180）、富锦市连山玄武岩柱状节理（图3-181）、绥棱阁山玄武岩柱状节理（图3-182）、虎林市云山玄武岩柱状节理（图3-183）等。

图3-180　宁安市二洼村玄武岩柱状节理

图3-181　富锦市连山玄武岩柱状节理图

图3-182　绥棱阁山玄武岩柱状节理图

图3-183　虎林市云山玄武岩柱状节理

宁安市二洼村玄武岩柱状节理：位于宁安市二洼村，被植被覆盖的玄武岩台地，经采石挖掘，见到玄武岩柱状节理发育，景色壮丽，具有很高的观赏性。

富锦市连山玄武岩柱状节理：位于富锦市二龙山镇南，地貌为一平缓小山包，即玄武岩台地，经采石场挖掘发现玄武岩柱状节理非常发育，具有很高的观赏性，应加强保护。

绥棱阁山玄武岩柱状节理：位于绥棱县境内，距绥棱县城东北29.5km处，诺敏河西北岸。为阁山旅游区主要景点，阁山由新近纪玄武岩组成，柱状节理发育，景色壮观。

虎林市云山玄武岩柱状节理：位于虎林市云山农场七队云山水库东侧公路旁。玄武岩柱状节理发育，局部由于风化和剥蚀形成球状。玄武岩柱状节理具有较高的观赏性，由于地处云山水库边，形成了很好旅游风景区。

（3）中生代火山岩地貌：中生代火山岩，由于喷发时代较新生代久远，很难恢复火山机构。长期的地球内外力作用、地壳升降、风化剥蚀、流水侵蚀等，使中生代火山岩多形成各种各样的地貌景观，如岩柱、岩壁、一线天等。

①横头山吊水壶火山岩地貌景观：位于哈尔滨市阿城区，横头山-松峰山地质公园内。由中侏罗统太安屯组中酸性火山岩组成的景点主要分布在横头山景区和吊水壶景区，如一线天、拥花峰（图3-184）、天柱峰（图3-185）、一面壁、靠山、五指峰、武士砬子等火山地貌景观。

②苍山火山岩地貌景观：位于大兴安岭地区呼中区苍山石林地质公园内，由早白垩世光华期的酸性火山岩、凝灰岩组成。主要景点有苍山石林、排山倒海、北国一柱（图3-186）、一线天（图3-187）、鹰嘴岩、点将台、金蟾阵、石灵芝、龙脊山、元宝岩、叠石峰、石川、石海、蜗牛石等地貌景观。火山岩地貌景观系统完整，优美、典型、稀有齐备，是黑龙江省北部特有火山岩地貌。

图 3-184　拥花峰

图 3-185　天柱峰

图 3-186　北国一柱

图 3-187　一线天

③大白山火山岩地貌：位于大兴安岭地区呼中自然保护区南部，是伊勒呼里山主峰，海拔 1528m，主要由早白垩世龙江期中酸性火山岩组成。由于海拔较高，纬度偏北，气候严寒，积雪长达八九个月，冰冻风化强烈，常形成大片石海。这里植物分布具典型垂直分带现象。

④洞庭村火山岩地貌：位于东宁市道河镇洞庭村，洞庭峡谷地质公园内，由晚三叠世罗圈站期酸性火山岩组成，是洞庭峡谷地质公园的核心区。形成大小不同，形态各异，极具观赏价值的地貌景观，主要有双指峰、象头崖(图 3-188)、岩画壁、双塔峰、三剑峰、蝙蝠崖、二虎把门、百兽朝圣、天乳峰、猩猩峰、骆驼峰等。

⑤帽儿山火山岩地貌：位于尚志市帽儿山镇北东 5km 处。因山峰突兀而立，貌似冠状而得名。属大青山南麓，海拔 805m，面积 10km^2。山体由早白垩世帽儿山期酸性火山岩组成。山势险峻陡峭，山顶建有寺庙，现有平台和马蹄形水池，夏秋季节登峰远眺，四周群山起伏，山下阿什河蜿蜒流淌，山间鸟语花香，是一处不可多得的游览胜地(图 3-189)。

图 3-188　象头崖

图 3-189　帽儿山

三、地质灾害类地质遗迹及分布

黑龙江省地域广阔，地质发展历史悠久漫长，地质构造背景复杂。地质灾害分布广泛，种类多，其危害性比较严重。已发现的地质灾害有崩塌、滑坡、泥石流、地震、地裂缝、地面沉降、地面塌陷等。这些地质灾害严重制约着黑龙江省生态建设及经济发展，对人民生活影响较大。考虑到有些地质灾害是人为开采矿产所造成的，如地裂缝、乌拉嘎金矿滑坡、四大煤城地面塌陷等，凡不是地质作用形成的不在此介绍。

（一）地震灾害

黑龙江省地质历史发展悠久，存在地震灾害，只是过去这方面研究程度低，像省内发育的石海，不排除部分是地质时期地震造成的。

有报道指出 1700 年前 7 级强震将松花江在通河-方正段的流向，由“一”形震成“S”形。地质时期的地震对地形地貌造成的影响正引起关注。

（二）其他地质灾害

1. 穆棱市磨刀石镇泥石流

穆棱市磨刀石镇泥石流位于磨刀石镇以西，南旺村和华街村。

地质背景：该区山岳陡峻、沟谷发育、切割强烈。山岳地貌组成为中元古界黑龙江群下亚群和上亚群湖南营组地层、白垩系松散砂砾岩，新近纪气孔状和致密块状玄武岩，第四系全新统河流相堆积物。区内东西向及北西向张性断裂表现明显。

2001 年 7 月 11 日和 7 月 31 日穆棱市磨刀石镇以西南旺村和华街村发生两起泥石流，其中南旺村泥石流严重，造成民房和良田被毁，4 名儿童受伤，且威胁 8 户民房和 30 多名居民的生命安全，G301 国道的安全也受到威胁。如遇强降雨，还有发生泥石流的可能。

成因及时代：因地表岩石为白垩系的松散砂砾岩，岩石结构疏松，加之地形地貌和汇水面积等条件，遇集中强降雨，特别是连续降雨易形成泥石流。泥石流发生在 2001 年 7 月，正值黑龙江省雨季。

地学价值：研究泥石流形成、发生原因，对今后的防范和治理具重要意义。

2. 杜尔伯特蒙古族自治县土地沙化

土地沙化主要分布于松嫩平原西部的低平原地区。该地区风大、干燥少雨、蒸发强烈，加之人类活动对生态环境的破坏，易形成土地沙化。沙化主要分布在肇源县、泰来县、大庆市、杜尔伯特蒙古族自治县、齐齐哈尔市、龙江县、富裕县和甘南县部分地区。总面积约 3560km^2。

地质背景：区内出露地层主要为第四系上更新统黏土、亚黏土、泥质砂、粉砂、砂砾。上更新—全新统的亚黏土、中细砂、砂砾石等。

杜尔伯特蒙古族自治县沙化区域主要由一心沙地、五马沙地、金簸箕等沙地构成。

成因及时代：各沙地均由风力吹扬、堆积而成的风成沙丘组成。时代均为第四纪。

地学价值：对研究土地沙化，防范与治理沙化意义重大。

3. 地质灾害评价

黑龙江省地质灾害种类多，灾害成因复杂，灾情大小不一，有的为突发性，有的为渐变性，有的非常严重，有的为局部，有的为小规模。其中比较严重的如乌拉嘎滑坡、鹤岗市煤矿区地面塌陷、大庆地面沉降、哈尔滨地面沉降、七台河煤矿区地面塌陷等均属人为开采地下水或矿产资源所造成的灾害，对于人为造成的地质灾害本书不涉及。

对地质灾害进行研究和调查，是为了防灾减灾，首先要保护、治理生态环境，积极采取预防各类地质灾害发生发展的对策，强化对地质灾害的预防和治理。

第三节 地质遗迹的分布规律

黑龙江省地质遗迹十分丰富，分布广泛，其分布规律有的十分明显。下面以地质遗迹类型为序简述其分布规律。

一、基础类地质遗迹分布规律

(一)地层剖面类分布规律

地层分布规律以古生代地层最明显，中新代地层也有其分布规律，但由于多分布广泛、零星，分布于火山-沉积盆地中，而显得不够典型。

1. 寒武纪地层剖面

黑龙江省寒武纪地层可分为 3 个带：大兴安岭弧盆系兴隆岩群、小兴安岭弧盆系西林群、佳木斯地块和兴凯地块以金银库组为主(图 3-190)。

(1)大兴安岭弧盆系兴隆岩群：自下而上可分高力沟岩组、洪胜沟岩组、三义沟岩组及焦布勒石河岩组。为一套碎屑岩—碳酸盐岩建造，以富镁质碳酸盐岩为特征。

(2)小兴安岭弧盆系西林群：自下而上可分为老道庙沟组、铅山组、五星镇组、晨明组，其中五星镇组在钻孔 108m 处见勒拿期三叶虫化石，是黑龙江省唯一一处有依据的寒武纪地层单元。

(3)佳木斯地块和兴凯地块(以金银库组为主):由佳木斯地块石灰窑大理岩和兴凯地块的金银库组厚层大理岩组成,是黑龙江省最大的水泥用大理岩矿产地。

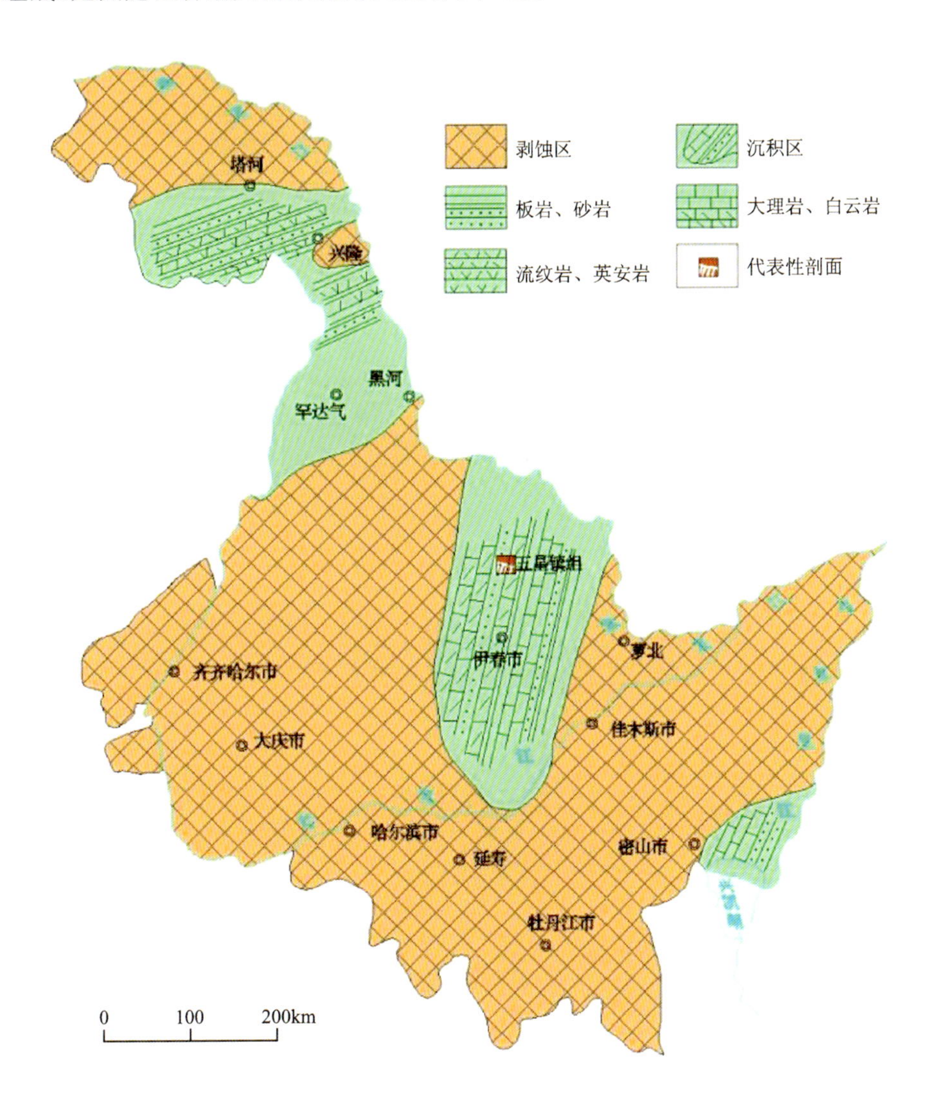

图 3-190　寒武纪地层分布规律图

2. 奥陶纪地层剖面

奥陶纪地层分布 2 个带:呼玛-黑河带、伊春-延寿带(图 3-191)。

(1)大兴安岭弧盆系东北部呼玛兴隆弧后盆地:奥陶纪地层发育齐全。可分为两种沉积环境。

奥陶系伊勒呼里山群发育齐全,自下而上可分为下奥陶统库纳森组、下奥陶统黄斑脊山组、中奥陶统大伊希康河组、上奥陶统裸河组、上奥陶统爱辉组。为一套含火山物质的碎屑岩-碳酸盐岩建造,代表性剖面选择黄斑脊组和裸河组。

黑河多宝山-罕达气岛弧,自下而上可分为下—中奥陶统铜山组、下—中奥陶统多宝山组、上奥陶统裸河组和爱辉组。为一套岛弧型碎屑岩-火山岩建造。代表性剖面为铜山组、多宝山组、裸河组、爱辉组,其中多宝山组火山岩发育,爱辉组产丰富的笔石化石。

(2)小兴安岭弧盆系:奥陶系主要分布于伊春—尚志一带。可分为中—上奥陶统小金沟组,小金沟组为碎屑岩-碳酸盐岩建造,含腕足类化石。

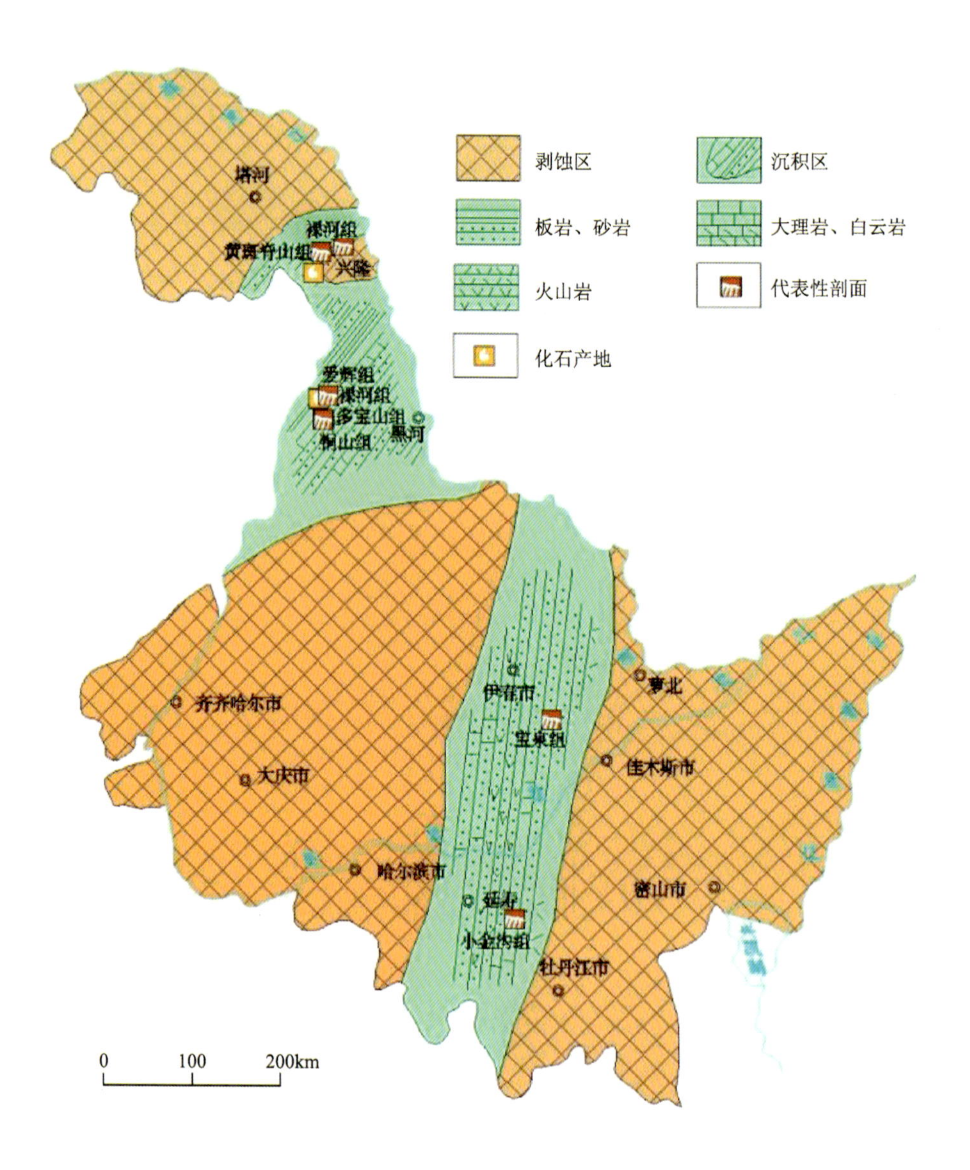

图 3-191　奥陶纪地层分布规律图

3. 志留纪地层剖面

志留纪地层仅分布于多宝山—罕达气一带(图 3-192),为残留海泥砂质沉积,是一套含腕足类的正常碎屑岩,局部夹少量火山岩,最大厚度达 2368m。自下而上分为黄花沟组、八十里小河组、卧都河组、古兰河组。以产著名的图瓦贝组合为特征,与下伏含笔石的奥陶纪爱辉组整合接触,与上覆含腕足类的泥鳅河组也为整合接触。

4. 泥盆纪地层剖面

泥盆纪地层分布广泛,发育齐全,属裂陷槽型沉积,产有丰富的多门类化石,大致可分 3 种沉积类型,分布 3 个带(图 3-193)。一是大兴安岭弧盆系。下泥盆统泥鳅河组为浅海相碎屑岩-碳酸盐岩夹火山岩建造,德安组为杂色泥砂质沉积;根里河组为滨浅海相碎屑岩建造;上泥盆纪小河里河组为海陆交互相碎屑岩建造。二是松嫩-小兴安岭弧盆系。中—下泥盆统黑龙宫组为海相碎屑岩-碳酸盐岩夹火山岩建造;中泥盆统宏川组为滨海磨拉石建造,福兴屯组为陆相碎屑岩夹火山岩建造;中—下泥盆纪小北

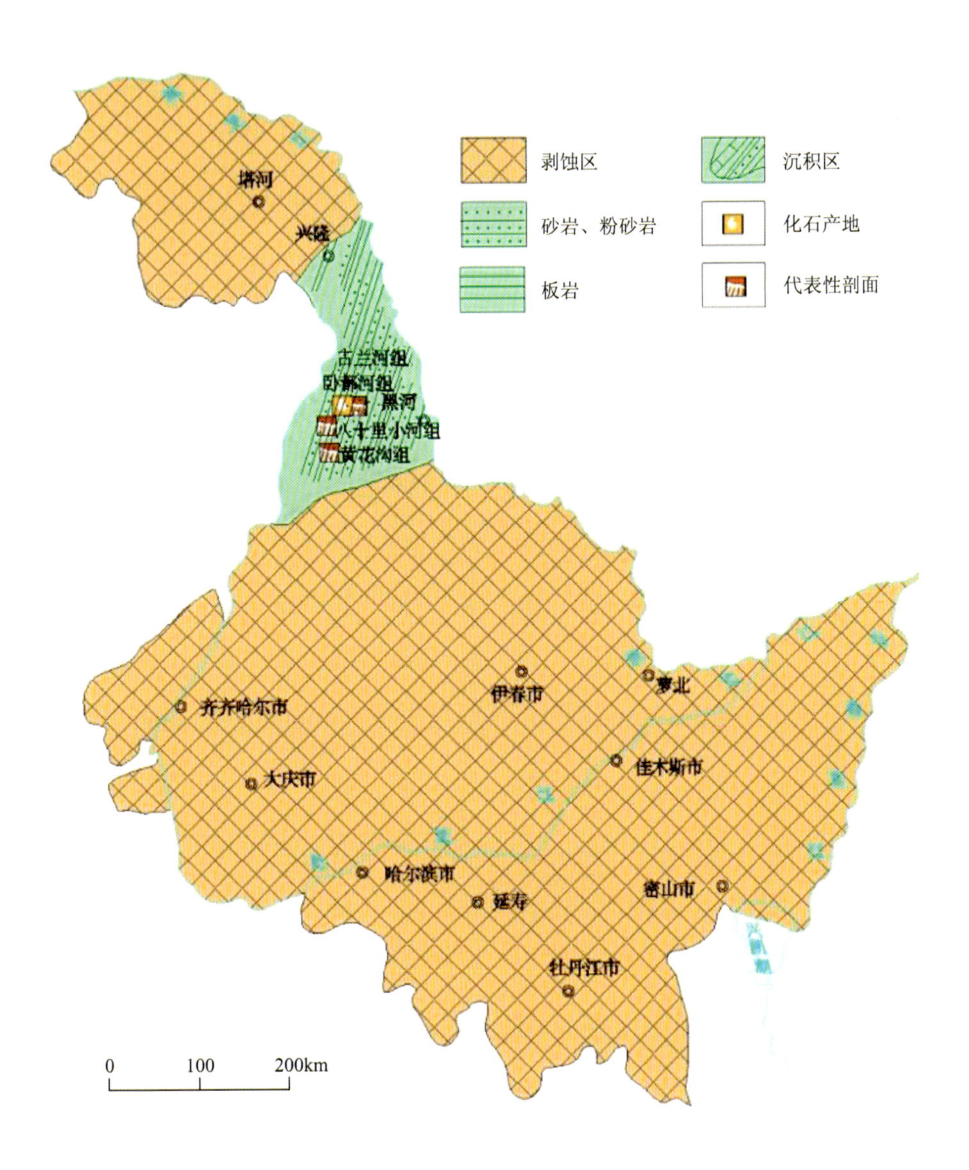

图 3-192　志留纪地层分布规律图

湖组为浅海相碎屑岩建造；中—上泥盆统歪鼻子组为酸性火山岩夹碎屑岩建造。三是佳木斯地块。下—中泥盆统黑台组为陆缘碎屑岩-碳酸盐岩建造，老秃顶子组、七里长山组为以中酸性火山岩为主的陆相火山碎屑岩建造。是超覆古陆之上的滨岸沼泽-浅海相-陆相沉积的火山岩建造。

5. 石炭纪地层剖面

黑龙江省石炭纪地层不发育，下石炭统多是杜内期沉积。石炭纪地层虽然不发育，但省内分布较广（图 3-194），以活动陆缘中酸性火山碎屑岩-碎屑岩建造为主。下石炭统含杜内维宪期腕足类化石，上石炭统含安格拉植物群化石。其分布：一是额尔古纳岛弧区下石炭统海相碎屑岩-碳酸盐岩建造；二是多宝山岛弧和呼玛弧后盆地下石炭统陆相碎屑岩建造；三是塔溪岩浆弧区下石炭统酸性火山碎屑岩建造；四是小兴安岭弧盆系中酸性火山碎屑岩-碎屑岩建造；五是佳木斯地块下石炭统海相中酸性火山碎屑岩-碎屑岩建造。

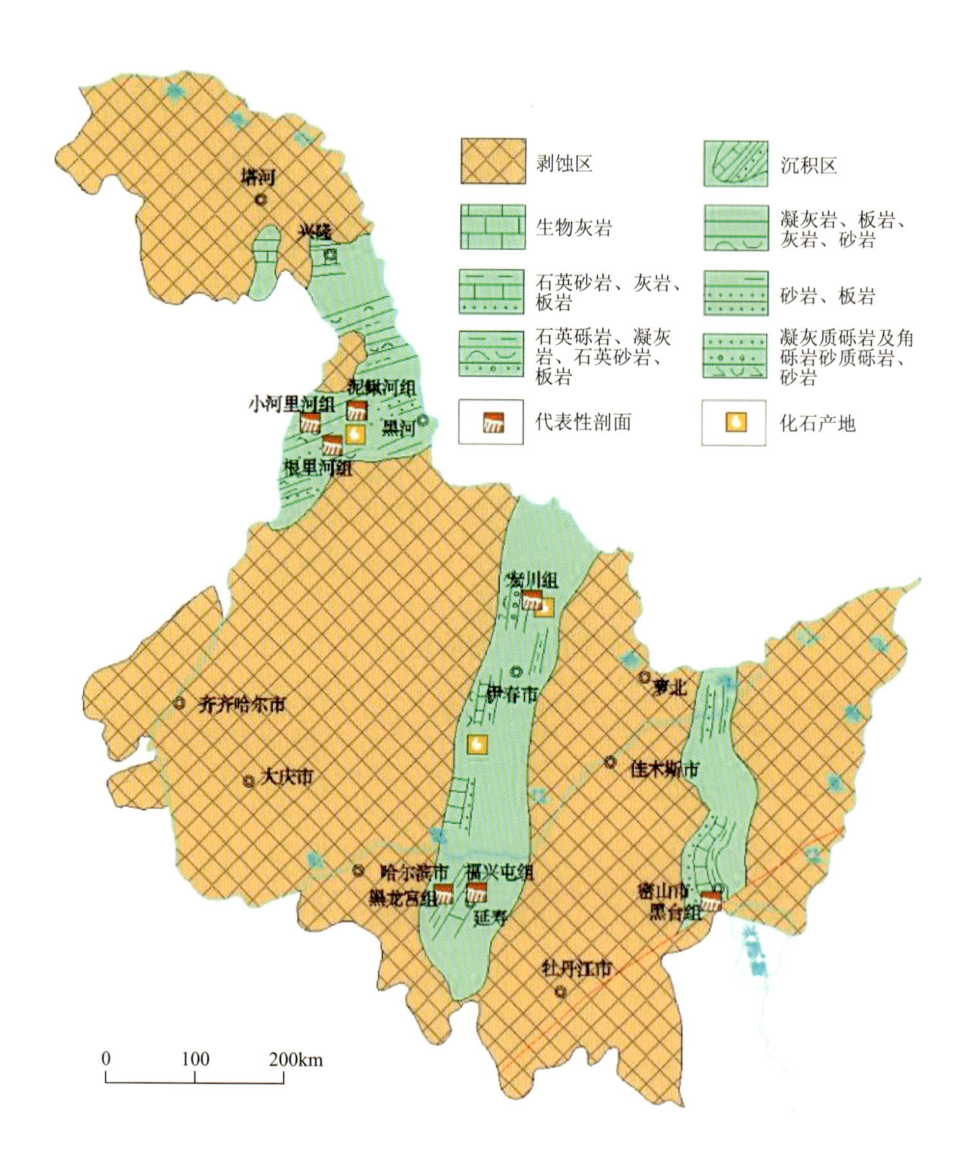

图 3-193　泥盆系地层分布规律图

6. 二叠纪地层剖面

黑龙江省内二叠纪地层分布较广，在大兴安岭弧盆系塔溪岩浆弧区、小兴安岭弧盆系、佳木斯地块、兴凯地块均有分布(图 3-195)。沉积岩相变化不大，多属造山后上叠盆地型沉积。底部为偏碱性的中基性火山岩，其上为海相-海陆交互相碎屑岩-碳酸盐岩建造，最上部为陆相含 *Comia* 植物组合的碎屑岩建造。其代表性剖面有二龙山组火山岩剖面、土门岭组地层剖面、红山组地层剖面，产丰富植物化石。

7. 三叠纪地层剖面

黑龙江省三叠纪地层分布局限，可分为海相、陆相、海陆交互相三种沉积类型(图 3-196)。其中海相三叠纪地层主要分布于完达山结合带，为一套深海硅质岩建造，火山复理石建造，代表性剖面有大佳河组剖面、大岭桥组剖面；陆相三叠纪地层主要分布于齐齐哈尔龙江地区、牡丹江市东宁地区。塔溪岩浆弧区分布有老龙头组，兴凯地块一带分布南村组和罗圈站组，为陆相火山-沉积建造，含丰富植物化石；海陆交互相三叠纪地层分布在佳木斯地块一带，称南双鸭山组，含丰富的双壳类、菊石化石。

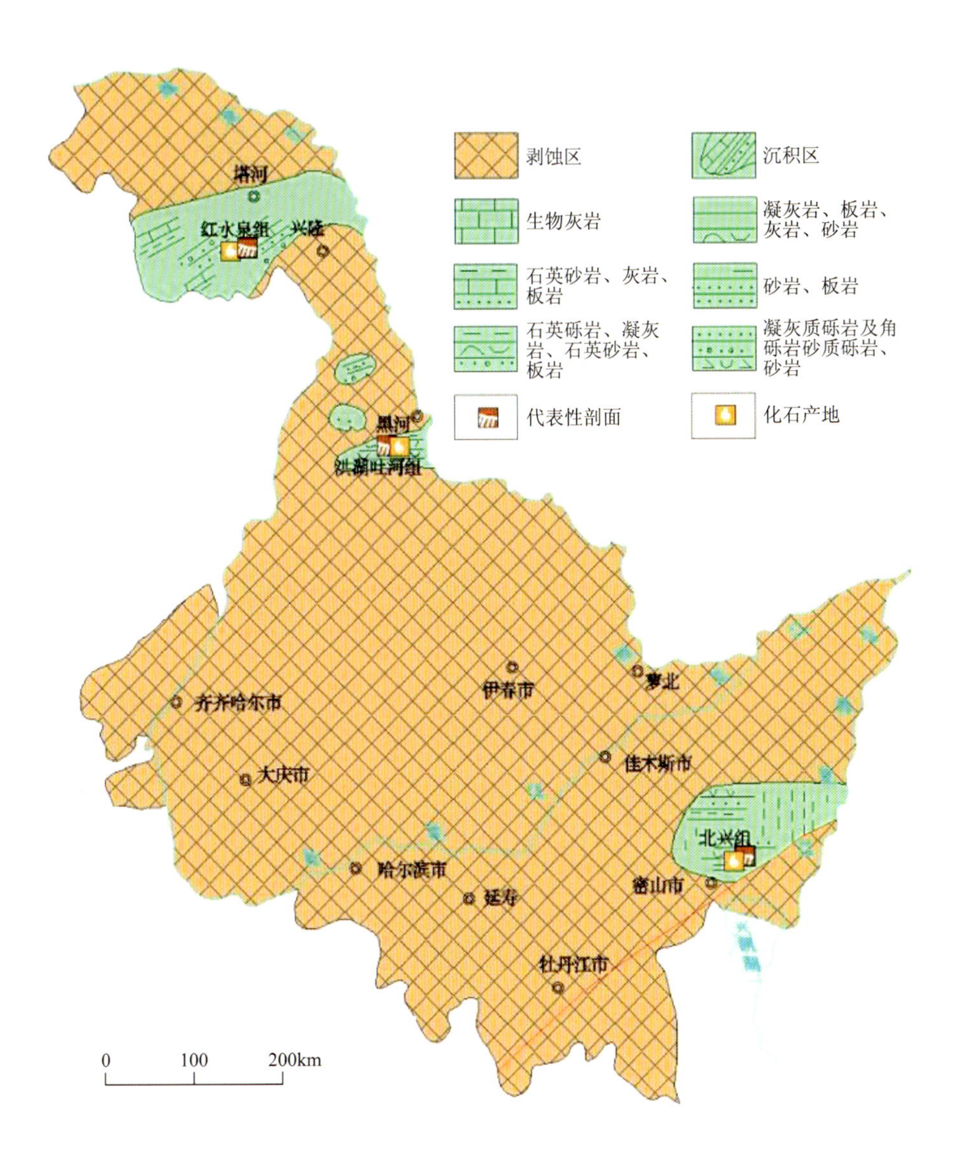

图 3-194　石炭纪地层分布规律图

8. 侏罗纪地层剖面

黑龙江省内侏罗系不发育，分布零星，多为陆相河湖相沉积或火山盆地沉积，次为海相沉积建造，比较典型剖面主要为分布于漠河前陆盆地的额木尔河群。额木尔河群为河湖相碎屑沉积建造，代表性剖面有二十二站组和漠河组，分布于完达山结合带的永福桥组，为海相复理石建造，具有典型性。

9. 白垩纪地层剖面

白垩纪地层为黑龙江省最发育的地层，分布广泛，规律相当明显。下白垩统，西部火山岩发育，构成大兴安岭火山岩带，代表性剖面有龙江组、光华组和甘河组。东部形成多个含煤盆地，如鹤岗、双鸭山、七台河、鸡西等煤田，含煤地层称鸡西群，代表性剖面有城子河组和穆棱组，多为钻孔所建层型剖面。

值得提出的是，下白垩统龙爪沟群为一套海陆交互相地层，含丰富的动、植物化石，曾引起国内外地学界广泛关注，鸡西群与龙爪沟群相邻，鸡西群为陆相，龙爪沟群为海陆交互相，二者对研究黑龙江省东部白垩纪古地理具有重要价值。

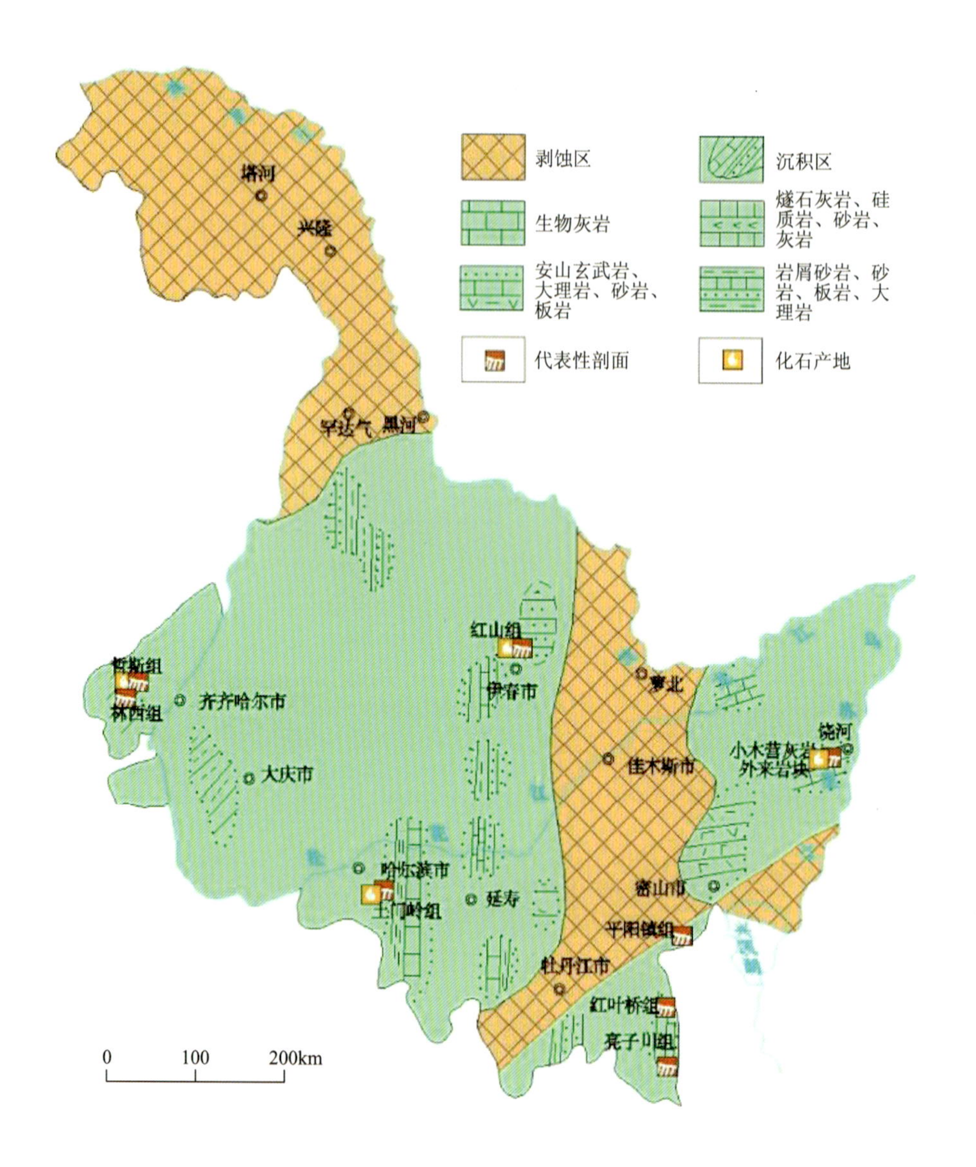

图 3-195　二叠纪地层分布规律图

上白垩统黑龙江省典型地区，一是松嫩盆地的松花江群，形成我国最大的油气田；一是乌云-结雅盆地的含恐龙化石的嘉荫群。嘉荫群的永安村组、太平林场组、渔亮子组和富饶组出露于嘉荫县太平林场一带，沿黑龙江南岸展布，而松花江群多被第四纪地层覆盖。

10. 古近纪地层剖面

古近纪地层多分布于松嫩、三江、兴凯湖等大型盆地和依舒、敦密等地堑式盆地内，以河湖相沉积为主，含丰富的煤和油页岩。其中代表剖面是乌云组乌云小河沿剖面，产丰富的植物化石；乌云组与下伏富饶组接触的钻孔剖面是世界研究 K—Pg 界限的第 95 个点，可能成为界线剖面，或成为“金钉子”。

11. 新近纪地层剖面

新近纪地层分布多继承古近纪地层的格局，北部山间盆地沉积了类磨拉石沉积型孙吴组。新近纪晚期北部分布西山组玄武岩，南部分布船底山玄武岩。

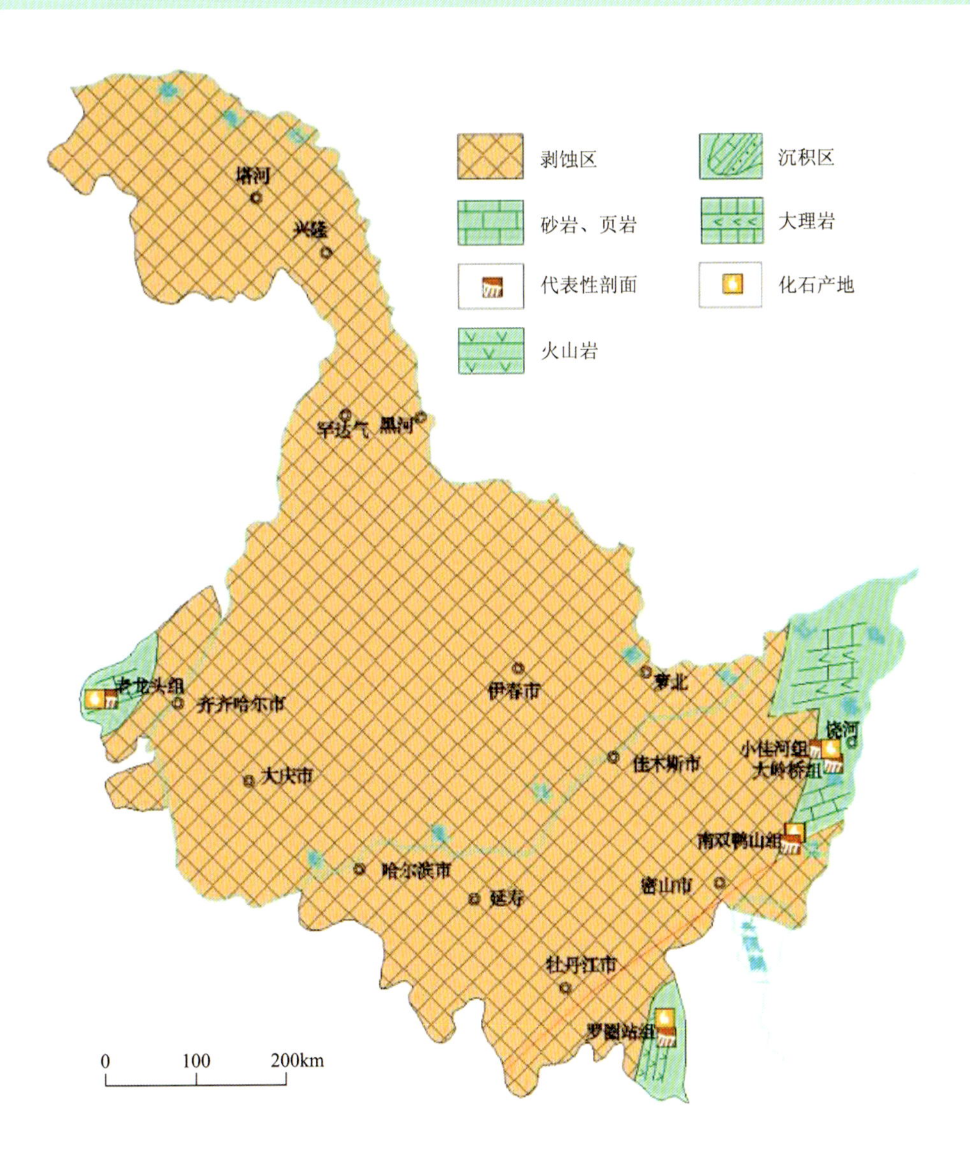

图 3-196　三叠纪地层分布规律图

12. 第四纪地层

第四纪地层非常发育，分布面积约占黑龙江省面积的 1/2，主要分布于新生代盆地和山区谷地，包括河流、湖泊、沼泽、风积、冰缘堆积等各种类型，具代表性的为含披毛犀-猛犸象动物群的顾乡屯组地层、五大连池和镜泊湖第四纪火山群。第四纪地层赋存丰富的砂金、泥炭、黏土等矿产。

（二）岩石剖面类分布规律

1. 侵入岩剖面分布

黑龙江省内岩浆活动频繁，侵入岩极为发育，分布广泛。岩石类型齐全，其中以酸性岩类（花岗岩类）最发育，各时代侵入岩均有分布，一般多与同时代地层相伴。

（1）元古宙侵入岩主要分布于额尔古纳微地块、伊春-尔站微地块、佳木斯地块等地块区，与前寒武纪地层相伴产出，主要岩性为混合花岗岩、片麻状花岗岩、含电气石花岗岩、含夕线石花岗岩等（图 3-197）。

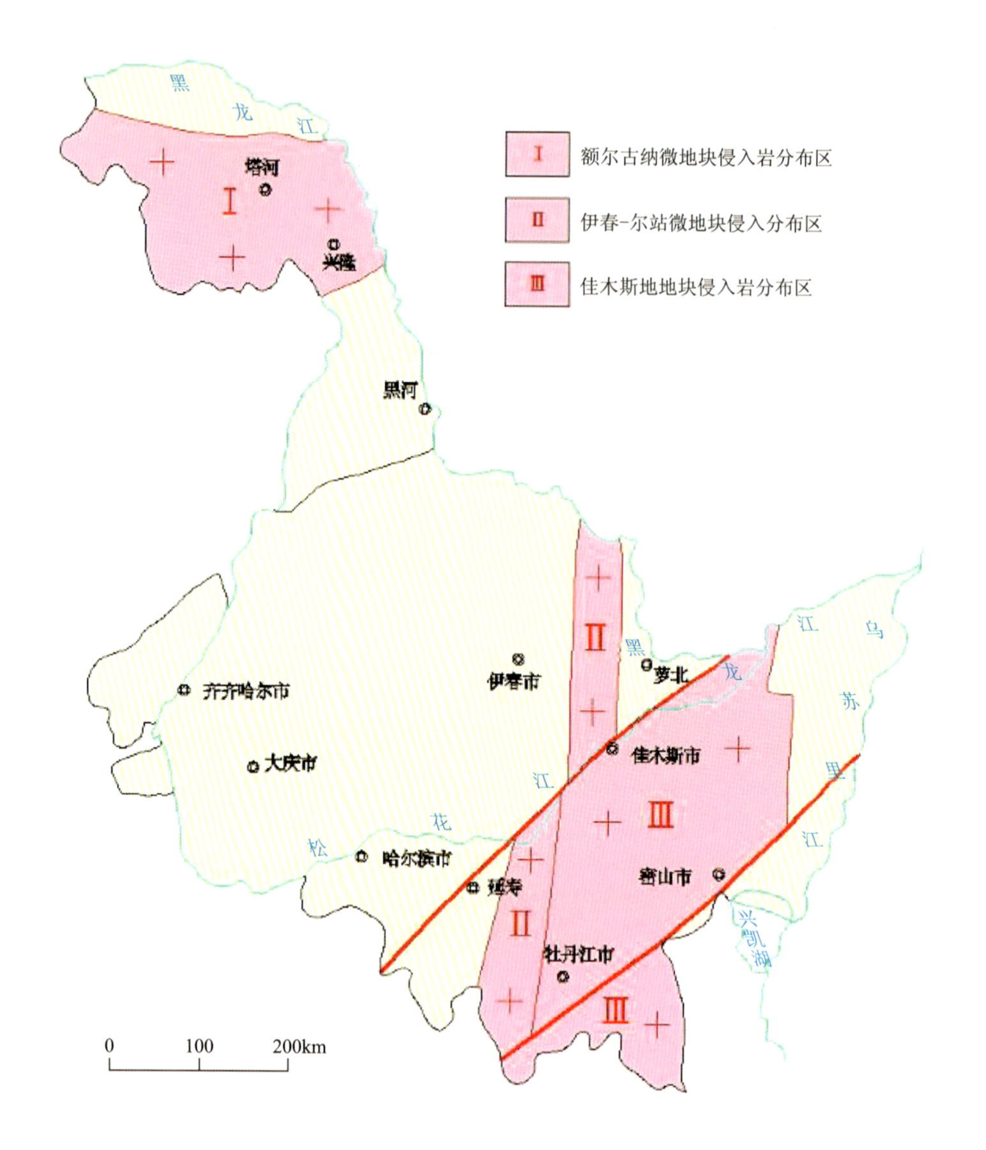

图 3-197 元古宙侵入岩分布示意图

(2)早古生代(加里东期)侵入岩,主要分布于伊春-延寿带、宝清带。而呼玛-黑河带,由于志留纪地层和泥盆纪地层整合接触、侵入岩不发育,伊春-延寿带中奥陶世后,晚奥陶世—志留纪地层缺失,中加里东运动明显,侵入岩分布规律显著。伊春-延寿带早古生代花岗岩与寒武纪—奥陶纪地层相伴,主要岩性有混杂花岗岩、花岗闪长岩、二长花岗岩,属同构造期花岗岩。宝清带花岗岩分布范围局限,主要为富碱花岗岩,代表陆内花岗岩(图 3-198)。

(3)晚古生代(海西期)侵入岩,主要分布于呼玛-黑河带,为闪长岩、花岗闪长岩、二长花岗岩、碱长花岗岩,属同构造期花岗岩,伊春-延寿带主要为正长—碱长花岗岩。

(4)晚三叠世—早侏罗世(晚印支期)侵入岩:主要分为 3 个带,伊春-延寿带、呼玛-黑河带和饶河带。其中以伊春-延寿带规律最明显,岩性为二长花岗岩、正长花岗岩、碱长花岗岩和碱性花岗岩,属陆内花岗岩。富碱花岗岩这套陆内造山花岗岩是黑龙江省内花岗岩地貌特征最显著的,常形成观赏性地貌(图 3-199)。其成因、形成环境值得进一步探讨。

(5)中生代(燕山期)侵入岩:燕山期侵入岩分布广泛,零星出露,多分布于中生火山盆地内。岩体规模一般不大,规律性不明显,个别岩体形成具观赏性的地貌景观。

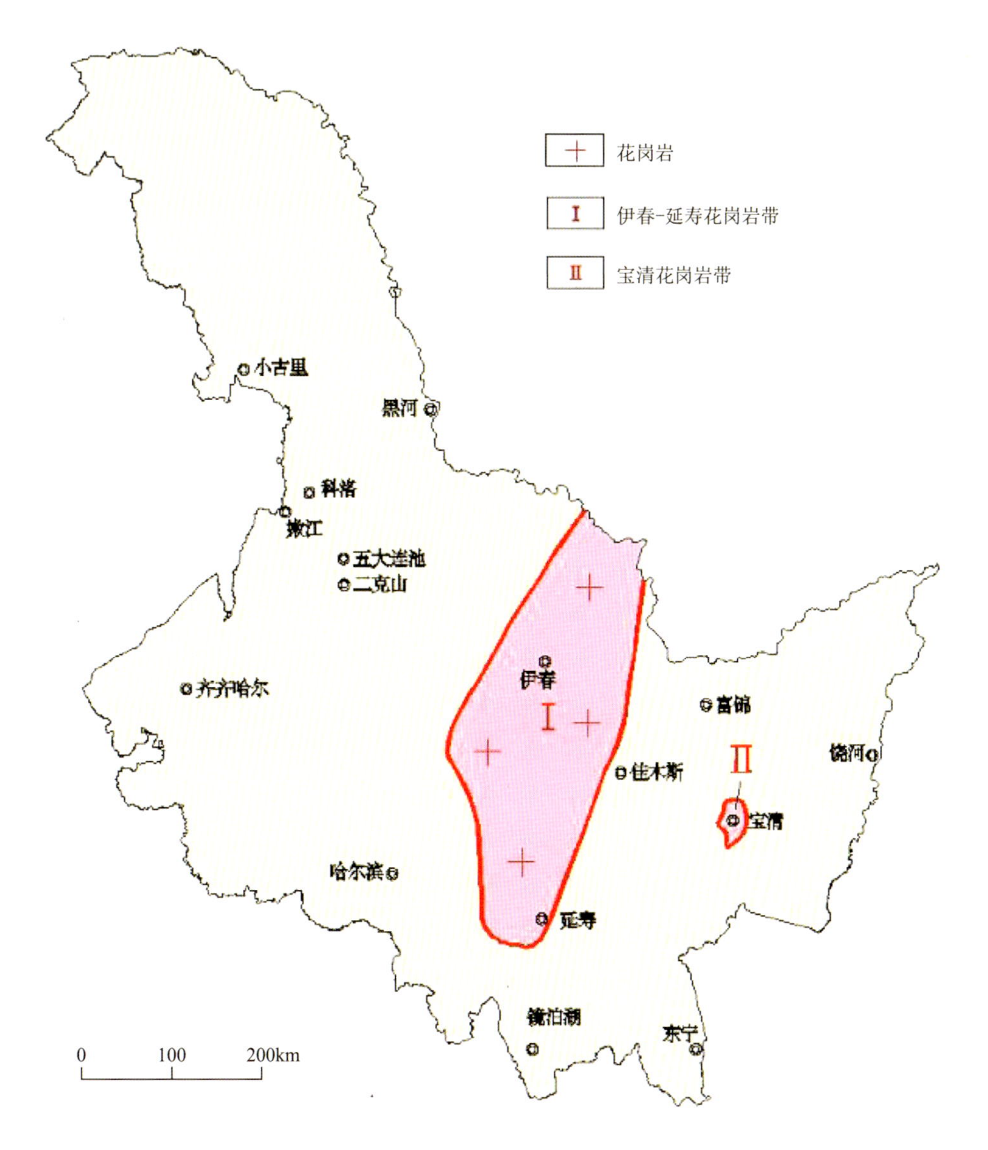

图 3-198　加里东期侵入岩分布示意图

2. 火山岩剖面

由于变质作用很难恢复前寒武纪火山岩原岩，所以此处主要介绍古生代以来的火山岩。古生代火山岩发育，以海相火山岩为主，中生代火山岩分布广泛，以陆相火山岩为主，新生代火山岩均为陆相火山岩，属基性玄武岩类。古生代火山岩火山机构很难恢复，本书仅以火山岩分布进行概略分析。

1)古生代火山岩

(1)早古生代火山岩可分东西两个带。西带为多宝山-罕达气岛弧区，东带为伊春-延寿岩浆弧区。

多宝山-罕达气带火山岩主要为早—中奥陶统铜山组和中奥陶统多宝山组火山岩。其岩石组合：熔岩为变玄武岩-变安山岩-变流纹岩，各种岩石类型交替呈韵律出现，以变安山岩分布最广；火山碎屑岩种类较多，主要有变安山质英安岩和英安质角砾熔岩与凝灰岩，次为变凝灰熔岩，次火山岩主要为次辉石安山岩。各类岩石中普遍具片理化、碎裂及强蚀变。

伊春-延寿带火山岩主要有宝泉组和大青组火山岩，其中宝泉组为变流纹岩，大青组主要为变安山岩、变安山质凝灰熔岩，次为变安山质凝灰岩。岩石同样经受多次破碎和强烈片理化、多种蚀变等。

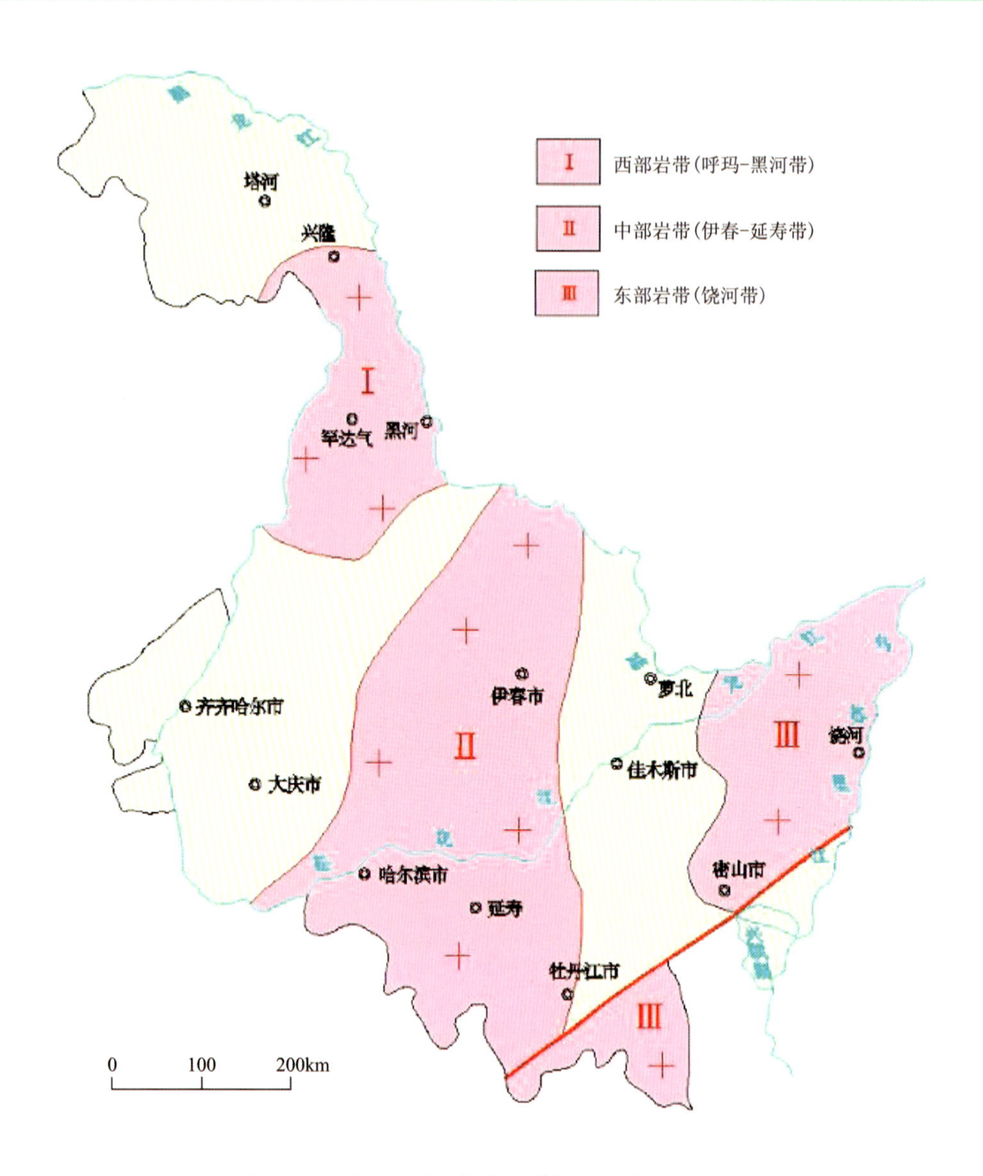

图 3-199　晚三叠世—早侏罗世侵入岩分布示意图

早古生代多宝山-罕达气带、伊春-延寿带火山岩是黑龙江省典型的海相火山岩，其中铜山组和多宝山组火山岩的形成环境是大兴安岭弧盆系的重要组成。早古生代伊春-延寿火山岩带形成小兴安岭-张广才岭弧盆系的伸展环境。这些海相火山岩都具有蛇绿混杂岩建造、细碧角斑岩建造、巨厚复理石建造等。

(2)晚古生代火山岩分布规律不明显，主要代表性岩组有泥鳅河组夹火山岩、福兴屯组局部火山岩、北兴组夹火山岩，分布零星，规律不明显。只有二叠纪火山岩分布较广，岩相变化明显，既有海相也有陆相。

大兴安岭弧盆系和小兴安岭弧盆系：二叠纪早期在龙江一带大石寨组，为海相中酸性—酸性火山岩，其上为陆相五道岭组火山岩，小兴安岭一带早期为青龙屯火山岩，其上为五道岭组火山岩。

佳木斯-兴凯地块：早二叠世分布有陆相二龙山组火山岩、东宁一带海相火山岩、红叶桥火山岩。

2)中生代火山岩

(1)三叠纪火山岩：以饶河地区和东宁老黑山地区最具代表性。

饶河结合带：火山岩以大岭桥组为代表，为一套海相超基性—基性火山岩。其中有海底火山喷发形成的超基性苦橄岩和基性玄武岩，也有来自上地幔的基性玄武岩（具有枕状构造，经蚀变已为细碧岩），为大洋拉斑玄武岩，与大顶子超基性—基性岩堆积杂岩一起组成大洋壳，是饶河蛇绿岩的重要组成部分。

老黑山地区：三叠纪火山岩罗圈站组为一套酸性火山岩，下部由沉凝灰岩、凝灰质沉积岩和碎屑岩及熔岩组成；上部以流纹岩、英安质（熔）火山碎屑岩及碎屑熔岩为主，夹熔岩，产丰富的植物化石组合，是黑龙江省具生物依据的陆相三叠纪地层。

（2）侏罗纪火山岩：黑龙江省内侏罗系不发育，多为沉积层中夹部分火山岩，火山岩规律不明显。

（3）白垩纪火山岩：非常发育，主要是早白垩世火山岩分布广泛，类型齐全，规律明显。晚白垩世火山岩分布局限，仅见于佳木斯市桦南一带，为松木河组酸性火山岩。

早白垩世火山岩规律明显的有 2 个带：一是大兴安岭火山岩带；一是伊春-尚志火山岩带。

大兴安岭火山岩带：分布于大兴安岭一带，包括霍龙门—龙江一线以北地区。主要有龙江组、光华组和甘河组。其中龙江组以灰紫色、灰绿色安山岩为主，中部夹中酸性、酸性火山碎屑岩、熔岩，上部多见中性火山碎屑岩，并具火山沉积夹层，产昆虫、叶肢介、介形虫等化石；光华组以灰白色酸性凝灰岩、沉凝灰岩和黏土岩为主，夹灰绿色杂砂岩和灰紫色安山岩，产丰富的叶肢介、介形虫、淡水双壳类、腹足类、昆虫及植物化石；甘河组为一套以中基性熔岩为主的火山岩组合，主要为气孔状玄武岩、杏仁状玄武岩等。

伊春-尚志带火山岩带：主要有帽儿山组，为一套以爆发相为主的中酸性火山岩组合；板子房组不发育，零星见于宾县板子房、伊春市翠峦等地。其岩性基本无变化，以安山岩、安山质凝灰熔岩为主；宁远村组为一套以喷发、爆发相为主的陆相酸性火山岩组合。

3）新生代火山岩

新生代火山岩分布广泛，规律明显，有两期。这两期火山岩及火山机构是构成火山地貌的重要组成，是具有观赏性、科学性、稀有性的火山岩地貌景观。

（1）新近纪火山岩：进入新生代，陆内火山活动强烈，古近纪火山岩分布零星，多夹于沉积层中。新近纪晚期黑龙江省西部有西山组玄武岩、东部有船底山玄武岩，这些玄武岩多覆盖于不同时代地质体之上，俗称高位玄武岩，常形成帽状山、方山、盾状台地、高台地等不同景观，特别是本期玄武岩柱状节理发育，最具观赏性和科学价值。

（2）第四纪火山岩：黑龙江省内分布比较广，大部分沿深断裂分布，最具代表性的是小古里-科洛-五大连池-二克山一条北西向的裂谷带，向南延至镜泊湖。火山机构、火山岩、火山微地貌构成黑龙江省 2 个世界级地质公园。

3. 变质岩剖面

黑龙江省内变质岩主要分布于微地块和地块区。变质程度以佳木斯地块区为最深。

（三）化石产地分布规律

黑龙江省化石丰富，分布广泛，据 2013 年黑龙江省古生物化石调查及保护研究项目统计，有化石产地近 200 多处，还有进一步增加的潜力。有关化石部分已在化石产地及地层部分有所阐述，这里不再赘述。

黑龙江省化石有许多亮点，其中寒武纪三叶虫，奥陶纪腕足类、三叶虫、笔石等组合，志留纪图瓦贝生物群，石炭纪—二叠纪的腕足类、珊瑚、䗴等，三叠纪放射虫、牙形石；白垩纪恐龙和被子植物群，龙爪沟群的双壳类及菊石，第四纪披毛犀-猛犸象动物群都曾引起地学界的广泛关注。

上述古生物化石都赋存于不同时代地层中，有关各时代化石分布规律可参见地层剖面类分布规律。如三叶虫可见于寒武纪、奥陶纪地层；腕足类可见于奥陶纪、志留纪、泥盆纪、石炭纪、二叠纪地；珊瑚、蜓类化石可见于石炭纪、二叠纪地层；双壳类、菊石、介形虫、叶肢介等化石可见于中生代地层。以下对重要生物群进行简要介绍。

1.恐龙动物群分布规律

黑龙江省恐龙动物群化石是我国最早发现的恐龙化石，早在 1915 年已经组织挖掘工作，1923 年制作标本，1924 年装架，称中国满洲龙。目前黑龙江已装 10 架恐龙化石，但对恐龙的研究还需进一步加强。仅现在发现的恐龙化石，基本上可分早白垩世恐龙化石和晚白垩世恐龙化石(图 3-200)。

图 3-200　恐龙化石产地分布规律

早白垩世恐龙化石发现于鸡西市柳毛裕丰村、鸡西市周边等 6 处化石点，赋存于猴石沟组地层中，定名为小型兽脚类恐龙，同时伴生鱼类、龟鳖类、植物等化石。鸡西市恐龙为近年来发现，尚需进一步发掘，其研究意义很大，对于研究恐龙演化具有科学价值。

晚白垩世恐龙化石主要分布于嘉荫县太平林场—渔亮子一带、乌拉嘎等地，逊克县县城东北黑龙江边，黑河市发电厂等地。其中嘉荫县渔亮子组恐龙化石丰富，并伴有其他动、植物化石，植物以被子植物占优势，另见松柏类、银杏类化石。

黑龙江省恐龙化石分布规律：早白垩世恐龙化石主要分布于鸡西市及其周边；晚白垩世恐龙化石主要沿黑龙江南岸分布，其中以嘉荫恐龙化石赋存密度大，并相伴其他动、植物化石。

2. 猛犸象-披毛犀动物群化石分布规律

黑龙江省动物群化石产地分布较广，目前已发现产地有讷河的二克浅、五大连池的花园林场、齐齐哈尔富拉尔基、青冈德胜乡、呼兰对青山、肇源三站、哈尔滨顾乡屯、五常周家屯、阿城亚沟、牡丹江宁安、虎林虎头北、饶河小南山等，这些产地多已发现零星化石。其中化石分布密度大、种类又多的地区为哈尔滨顾乡屯—何家沟一带，青冈德胜乡刘里屯等地(图 3-201)。

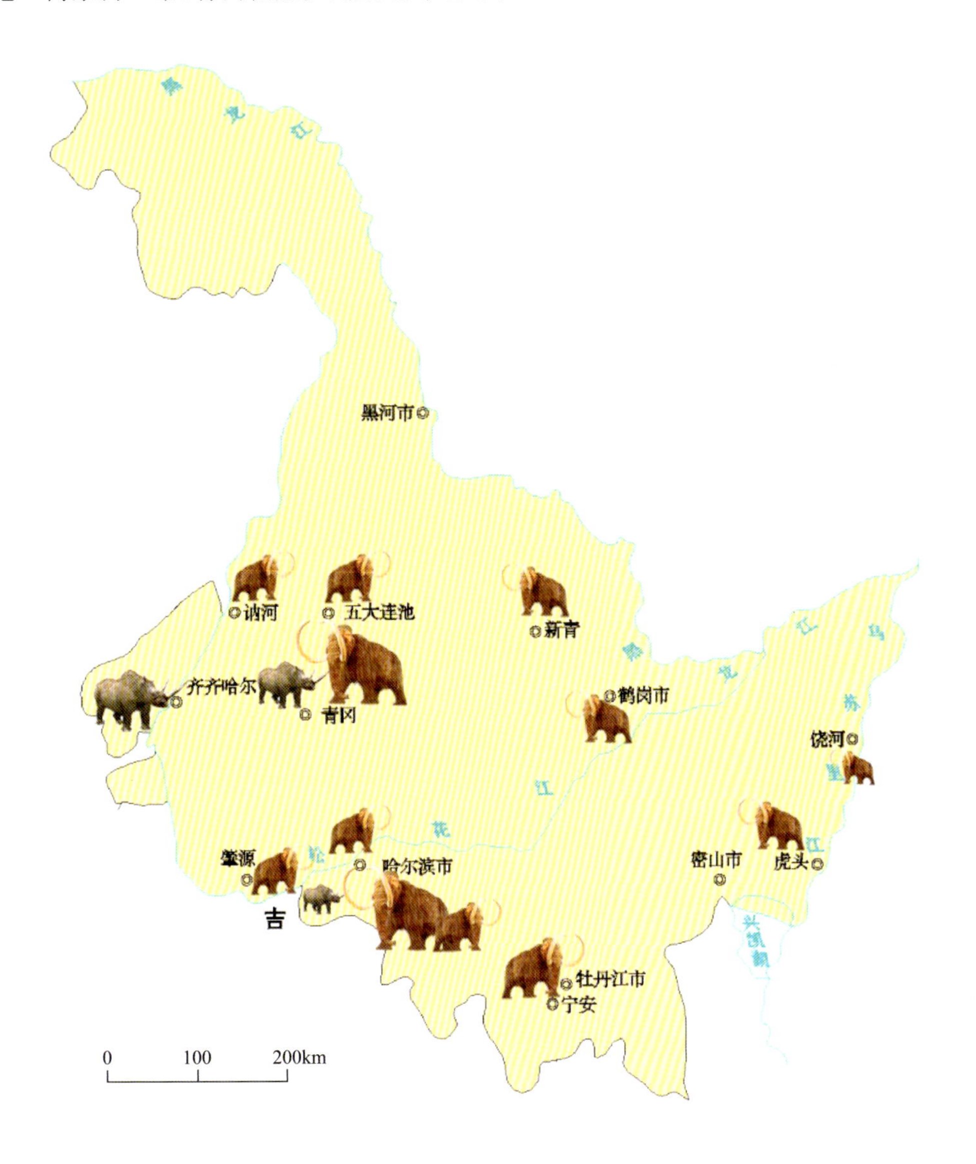

图 3-201　披毛犀-猛犸象化石分布规律

由图 3-201 可见，猛犸象-披毛犀动物群化石主要分布于松嫩平原及其周边，近期在鹤岗新华、伊春新青亦有发现猛犸象化石，由此推测三江平原也是猛犸象-披毛犀动物群生存的地区。

(四)典型矿床类分布规律

黑龙江省典型矿床分布多与其赋存层位,生成条件、构造环境密切相关,所以分布具有规律性,如能源矿产的石油、天然气、煤炭;黑色金属矿产的沉积变质铁矿;有色金属矿产铜、铅、锌;非金属矿产的晶质石墨、夕线石等。

(1)大庆石油典型矿床:主要分布于松嫩盆地,赋存于中生代坳陷盆地内松花江群中,石油无论储量还是产量都居全国第一位。中新生代盆地是黑龙江省石油、天然气的找矿靶区。

(2)煤矿产地的分布规律:黑龙江省典型的煤炭矿产地有鹤岗煤田、双鸭山煤田、七台河煤田、鸡西煤田,另外还有西岗煤田、黑宝山煤田、霍拉盆煤田、欧浦煤田、东宁煤田等,都赋存于中生代沉积盆地中,按此规律中新生代盆地即是黑龙江省煤矿的靶区。

(3)石墨矿产地的分布规律:黑龙江省石墨特别是晶质石墨储量居全国第一位,主要分布于佳木斯地块和额尔古纳微地块区。其中萝北云山石墨矿储量居亚洲第一位,鸡西柳毛石墨在全国占重要地位,勃利佛岭石墨矿居黑龙江第三位。石墨主要赋存于麻山岩群和兴东岩群的大盘道岩组中,兴华渡口岩群的兴安桥岩组中。

二、地貌景观类地质遗迹分布规律

(一)岩土体地貌类分布规律

黑龙江省岩土体地貌类有碳酸盐岩地貌、侵入岩地貌、变质岩地貌、碎屑岩地貌、黄土地貌等,其中以侵入岩地貌最发育,分布规律明显。而碳酸盐岩地貌不发育,变质岩和碎屑岩地貌具有观赏价值的不多,所以规律不明显,黄土地貌在松嫩平原及其周边有分布。

1. 侵入岩地貌分布规律

侵入岩地貌在黑龙江省是一个重要的岩土体地貌类型,分布广泛,全省几乎都有侵入岩分布,但具观赏性,并且稀有典型的,多为中生代侵入岩,特别是晚三叠世—早侏罗世、侏罗纪、白垩纪侵入岩。其中晚三叠世—早侏罗世(晚印支期)侵入岩,常构成黑龙江省地质公园的主体景观,其中最具规律性的侵入岩地貌为嘉荫-延寿带侵入岩地貌景观带。

嘉荫-延寿侵入岩地貌景观带,分布有黑龙江省国家级和省级地质公园10多处,如伊春小兴安岭国家地质公园、伊春小兴安岭花岗岩石林国家地质公园、五营地质公园、仙翁山地质公园、朗乡花岗岩石林地质公园、鸡冠山地质公园、铧子山地质公园、二龙山-长寿山地质公园、横头山-松峰山地质公园、长寿山地质公园等(图3-202)。这些地质公园以印支期花岗岩为主体,多为正长花岗岩和碱长花岗岩。

这些地质公园和地质遗迹集中区均以花岗岩地貌为主体景观,规模宏大,景观雄伟奇特,各种象形石栩栩如生,省内稀有,全国罕见。

2. 黄土地貌分布

黑龙江省黄土地貌景观不如山西、陕西等西北地区黄土地貌典型,但分布有规律,主要分布在阶地陡坎,松嫩平原、三江平原的高平原区。如哈尔滨天恒山黄土地貌、松嫩平原望奎无影山黄土地貌,均构成有观赏价值的风景区。

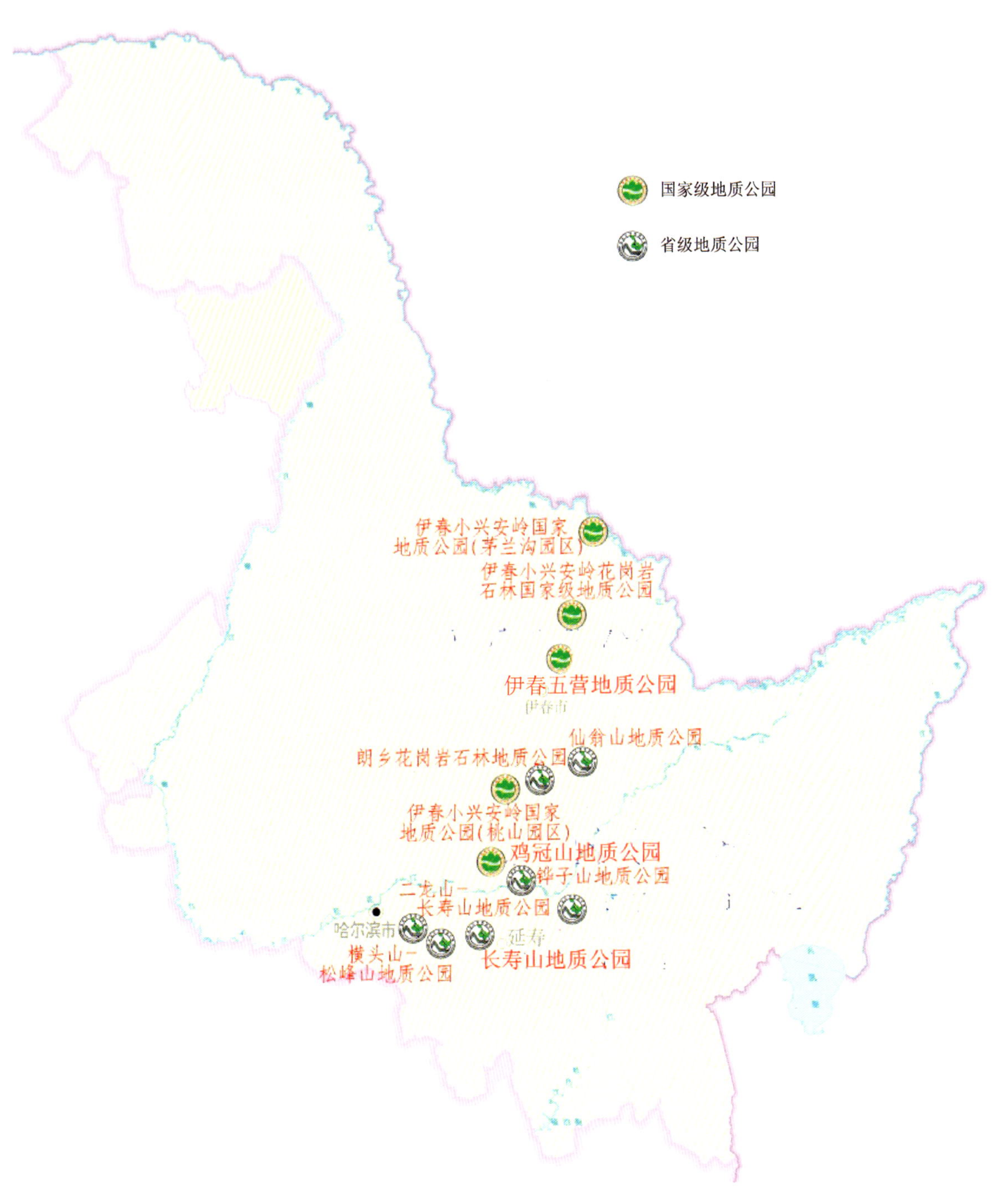

图 3-202　嘉荫-延寿花岗岩带地貌分布示意图

(二)水体地貌类分布规律

1. 河流风景河段(景观带)分布

河流风景河段(景观带),在河流部分已陈述,现仅介绍规律性明显的河流风景河段(景观带)。

1)黑龙江风景河段(景观带)分布

从上游到下游,有北极村、古城岛、开库康、呼玛、名山岛、黑瞎子岛等许多风景河段(图 3-203)。

图 3-203　主要河流风景河段分布图

2)松花江风景河段(景观带)分布

美丽的松花江,波连波向前方,川流不息,带着希望和梦想,载着两岸风光在流淌。主要风景河段有哈尔滨太阳岛、黄金水道、佳木斯晨明岛、同江三江口等

3)乌苏里江风景河段分布

滚滚乌苏里,巍巍完达山,这里是祖国太阳最先升起的地方,两岸到处是风景,主要有饶河、珍宝岛、虎头……

4)绥芬河风景河段

发源于我国,流向俄罗斯,主要有洞庭峡谷地貌等。

5)沿江城市河流景观带

由于人民生活水平不断提高，旅游、休闲度假、观光游览已成为城市居民一种时尚的生活方式。所以沿江、沿河城市多修建了沿江、沿河公园。这些规模大小不等的城市公园，多成为河流景观带。如黑龙江沿岸城市呼玛、黑河、逊克、嘉荫、同江、抚远等都有黑龙江景观带，嫩江沿岸有齐齐哈尔、讷河、嫩江等嫩江景观带；松花江沿岸有肇源、哈尔滨、木兰、通河、依兰、佳木斯、富锦等松花江景观带；乌苏里沿岸有东安镇、饶河、虎头等乌苏里江景观带；绥芬河有东宁等河流景观带。这些规模不等，设施不同的沿江公园，均构成河流的景观带。

6)大江大河支流景观带

大江、大河有许多支流，有些支流可形成风景河段或景观带，供游人野浴、漂流、观赏等。如黑龙江支流呼玛河风景河段、刺尔滨河漂流河段、沾河漂流河段等；松花江支流汤旺河、呼兰河、巴兰河、依吉密河、阿什河、响水河、大罗密河、拉林河等漂流河段；嫩江支流多布库尔河、甘河等风景河段(图 3-204)。

图 3-204 大江大河支流风景河段分布图

具有漂流功能的河段都分布于大兴安岭、小兴安岭、张广才岭山地，基本为山区河流，山高水急，相当刺激。

2. 湿地-沼泽分布规律

黑龙江省湿地-沼泽特别发育，分布规律十分显著，主要分布于松嫩平原、三江平原、兴凯湖平原，其次是各大江、大河及支流等下游两侧地势低洼处。其中大兴安岭地区黑龙江南岸有九曲河、阿木尔河、双河等湿地；嫩江流域有南翁河、多布库尔河、古里河等湿地；松嫩平原湿地众多，主要有扎龙、连环湖、龙凤湖、莲花湖等湿地；松花江两岸有太阳岛、白鱼泡、木兰松花江、富锦、三江口等湿地；三江平原有安邦河、黑瞎子岛、挠力河、珍宝岛等湿地；兴凯湖平原有兴凯湖等湿地(图 3-205)。

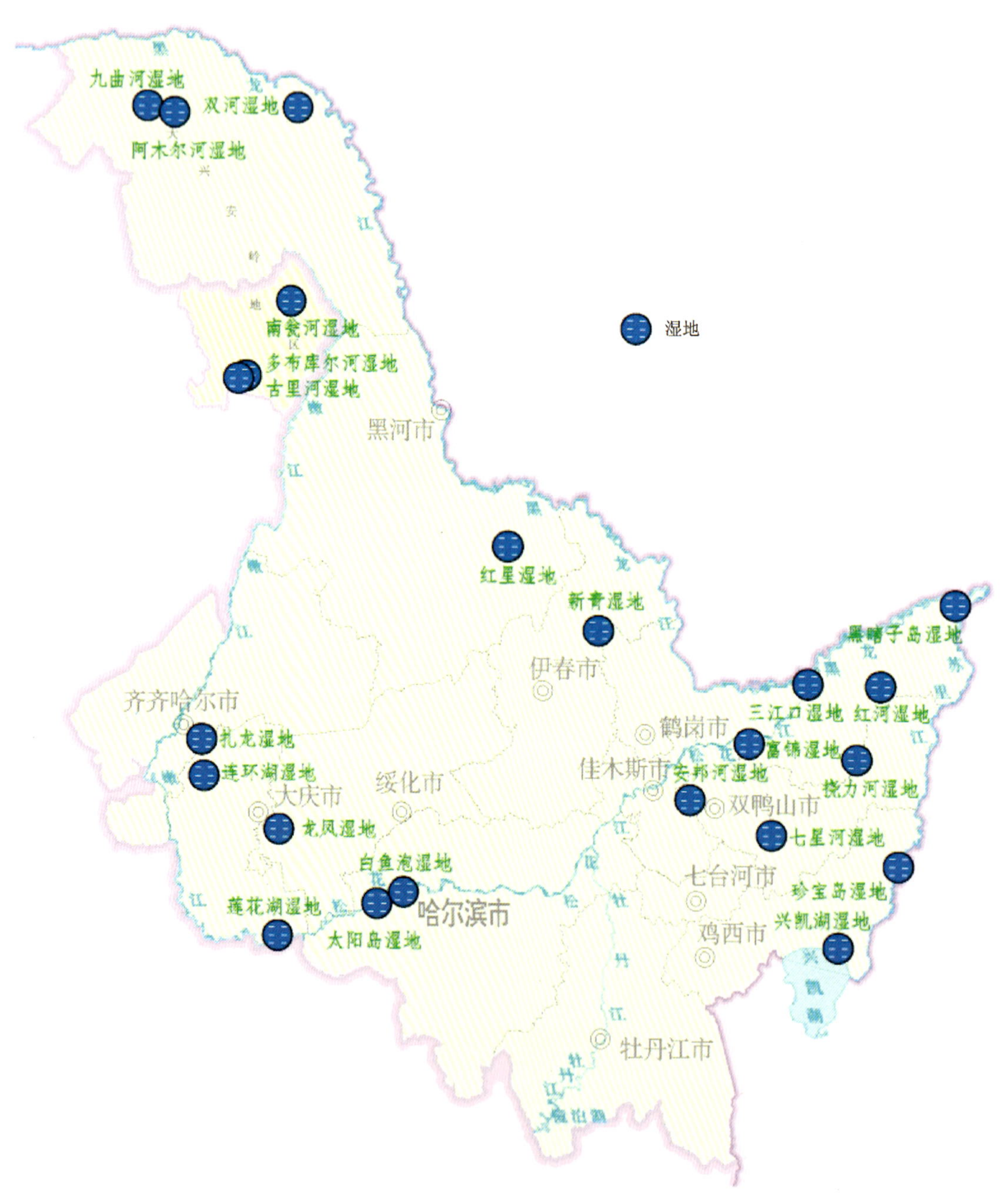

图 3-205 黑龙江省主要湿地分布图

3. 湖泊、泡沼分布规律

黑龙江省湖泊、泡沼众多。据统计水面面积在100亩（1亩≈666.67m^2）以上的湖泊、泡沼6700多个，其中10 000亩以上的湖泡有65处。现仅选择有代表性的主要湖泊、泡沼进行描述，其中有些湖泊成群分布。按成因可分为以下几类。

1）构造湖

兴凯湖：发育在乌苏里江上游，密山市东南，是中俄界湖。水面面积大于鄱阳湖、洞庭湖，有潮汐现象，风浪较大。它北面的小兴凯湖在我国境内。兴凯湖是古近纪时地壳断陷潴水而成的，属断陷构造湖。据地质研究，兴凯湖最初形成的时间为古近纪始新世，距今约5000万年。古近纪和第四纪早期，兴凯湖的范围比现在大得多，一直延伸到虎林穆棱河下游。第四纪晚期，湖水逐渐退缩，直至目前的情况。

2）火山堰塞湖

镜泊湖：是第四纪镜泊火山群喷溢的熔岩堵塞牡丹江河道形成的，是我国最大的火山堰塞湖。湖底火山熔岩经钾氩法同位素测年，同位素年龄值为6.8万年，因此镜泊湖形成于6.8万年前。

五大连池：是第四纪五大连池火山群中的新期火山老黑山和火烧山喷溢的熔岩堵塞白河（今称石龙河）河道形成的。为串珠状的5个池子，即一池、二池、三池、四池与五池。五大连池也由此得名。5个池子连接流长5250m，石龙河全长40km。据文献记载，五大连池新期火山形成于1719—1721年。

3）火山口湖

五大连池火山群中的南格拉球山火山是一座旧期火山。据钾氩法同位素测年，南格拉球山火山形成时代为中更新世。昔日曾积水成湖，称为"天池"，是一个火山口湖。后在火山口北缘挖开缺口，放水浇地。现火山口内西南侧仅有一小水泡。宁安市杏山火山群也有一火山口湖。

4）河成湖

冒兴湖：位于肇源县嫩江下游北岸，设有水产养殖场。

大力加湖：位于抚远市境内。由鸭绿江与浓江汇合而成，下游注入黑龙江。

月牙湖：位于虎林市虎头镇西南乌苏里江的河漫滩上，是典型的牛轭湖。

5）沼泽湿地上的湖沼

连环湖：位于杜尔伯特蒙古族自治县境内，由大小18个湖沼组成。由于中部引嫩工程每年向连环湖供水几亿立方米，连环湖成为黑龙江省水面面积最大的淡水养殖场。但水面面积及水量历年有变化。

向阳湖：位于杜尔伯特蒙古自治县南部、嫩江左岸。

乌尔塔泡：位于杜尔伯特蒙古自治县、肇源与大庆交界地带。由于南部引嫩工程的建成，引嫩江水将乌尔塔泡、他拉海泡等8个湖沼连成一体。

扎龙湖：位于齐齐哈尔市东部、无尾河乌裕尔河的下游。已建立扎龙自然保护区。

白鱼泡：位于哈尔滨市阿城区巨源镇南、松花江沿岸湿地里。

王花泡：位于安达市北。

青肯泡：位于安达市与肇东市交界处。

由上述可知，黑龙江省内湖泊、泡沼分布规律与其成因有密切关系，其中构造成因的兴凯湖面积最大，但省内仅1080km^2；火山堰塞湖五大连池、镜泊湖最著名；而沼泽湿地上湖泊、泡沼分布最广。

4. 瀑布景观带分布

河流常与断裂有成因联系，有"逢沟必断"之说，由于断裂发育，常形成瀑布群。有些分布山区的河流常形成峡谷、瀑布景观带。如黑龙江上的兴安大峡谷、茅兰沟峡谷和茅兰沟瀑布、凤凰山大峡谷和凤凰山瀑布群（黑龙瀑、五凤瀑）、锦河大峡谷和锦河风景区等。这些峡谷、瀑布多与断裂有成因联系，断裂使河谷变宽、变窄，坡度变缓、变陡，形成峡谷、瀑布。

（三）火山地貌景观类分布规律

1.火山机构地貌景观类分布

黑龙江省火山岩非常发育，能见到火山锥、火山口等火山机构的地貌景观，主要为第四纪和新近纪火山地貌类，其中以第四纪火山地貌类景观规律明显为特征。

1)第四纪火山机构地貌景观类分布

主要有小古里、科洛、五大连池、二克山、镜泊湖等火山机构。其中小古里有2个火山锥，称马鞍山；科洛有23个火山锥及火山口，五大连池有14座火山锥，呈棋盘格式分布；二克山火山有3个火山锥；镜泊湖火山群有12座火山锥及火山口(图3-206)。

图3-206　第四纪火山机构分布规律图

上述第四纪火山机构呈北西-南东向带状展布，推测可能形成于一条大陆裂谷带内。大面积分布的玄武岩和火山机构、地质遗迹，成因、形成过程复杂，蕴含着普通而深奥的地学知识，对研究新生代地质构造、地质发展历史具重要价值。

2)新近纪火山机构地貌景观分布

新近纪火山机构多为裂隙式喷发或溢流产出，常呈大面积熔岩台地，而火山锥、火山口常不发育，现见于逊克县石仓山一带，已发现12个火山口，其中石仓山8个，华尔都3个，新胜山1个。火山锥保存比较完整，火山口呈漏斗状，岩性为安山玄武岩。科洛火山群除第四纪火山锥，还有新近纪火山锥，如黑山、西山、荡子山、平顶山等；高丽山火山群分布于尚志市东3km左右的石嘴山公园内，分布有大高丽山、二高丽山、三高丽山等8座玄武岩孤丘。在河谷平原拔地而起，极具观赏价值(图3-207)。

图 3-207　新近纪火山机构分布图

3)白垩纪火山机构地貌景观

中生代能够恢复火山机构的不多,大部分都是解译、分析出来的,一般不具太高观赏价值,但具科研价值。规律性不明显。

2. 火山岩地貌景观类分布规律

黑龙江省火山岩分布广泛,但能构成有观赏价值的火山岩地貌一般为新生代火山岩和中生代火山岩。其中多以第四纪火山岩和新近纪火山岩分布规律明显,白垩纪火山岩也常构成有观赏价值和科研价值的地貌景观。

1)第四纪火山岩地貌分布规律

第四纪火山岩除具有火山机构外,尚伴有具观赏价值的火山岩地貌,常构成火山熔岩台地及台地上的火山岩微地貌景观,如小古里、科洛、五大连池、二克山、镜泊湖等火山岩地貌。

2)新近纪火山岩地貌分布规律

新近纪火山岩分布最广,除上述具有火山机构的科洛、石仓山、高丽山外,尚有北部西山组玄武岩、东南部的船底山组玄武岩,这些玄武岩常构成具有观赏价值的大平台、桌状山、方山等地貌景观。有的火山岩柱状节理发育,非常壮观。

其中逊克石仓山火山岩构成大平台地貌景观,台地上除火山锥、火山口外,尚有大石海、小石海、石河等地貌景观,为红星地质公园主体景观。

饶河喀尔喀玄武岩石林由新近纪玄武岩组成,形似一座城墙,有各种象形石,为喀尔喀玄武岩石林地质公园主体景观。

除此之外，大面积分布的玄武岩常发育有壮观的柱状节理，具极好的观赏价值，如绥棱阁山、虎林云山、牡丹江二洼村、富锦连山等玄武岩柱状节理。

3）中生代火山岩地貌分布规律

中生代火山岩地貌景观类，多以侏罗纪和白垩纪火山岩为主，火山机构类地貌不发育，火山岩常构成有观赏和开发利用价值的火山岩地貌景观。其分布规律为都集中分布于中生代火山-沉积盆地内。如大兴安岭地区呼中苍山火山岩地貌，为光华组酸性火山岩；大白山火山地貌，由龙江组中酸性火山岩组成；横头山火山岩地貌，为二龙山-长寿山地质公园的横头山园区，由太安屯组中酸性火山岩组成；帽儿山火山岩地貌，由帽儿山期酸性火山岩组成；洞庭峡谷地貌，由罗圈站组酸性火山岩组成。这些由侏罗纪、白垩纪火山岩组成的地貌景观，都分布于中生代火山-沉积盆地内，这些火山-沉积盆地是进一步发现具观赏价值火山岩地貌景观的重要地区。

（四）构造地貌类分布规律

黑龙江省内构造地貌类以峡谷地貌发育为特点，其规律性较明显（图3-208）。

图3-208 黑龙江省峡谷地貌分布图

仅就已发现的具有观赏价值的峡谷地貌为例说明其分布规律。

兴安大峡谷：分布于黑龙江萝北县嘉荫河口至兴东段，两岸山势陡峭无比，河床曲折迂回，江水在峡谷中奔腾。

凤凰山大峡谷：位于五常市凤凰山麓，峡谷走向北西-南东，两岸岩石陡峭，谷底溪流重叠，有“龙江第一大峡谷”之称。

洞庭峡谷：位于东宁市道河镇洞庭村一带，沿绥芬河展布，峡谷两侧山峰屹立，如岩画壁、蝙蝠崖、二虎把门等。

锦河大峡谷：位于黑河市锦河农场，石金河沿岸。

从上述已发现峡谷地貌可知，峡谷多形成于河流经过的山区地段，随着河流的变宽变窄，谷底坡度变陡变缓，形成两岸山峰对峙、河流奔腾咆哮的地貌，极具观赏性。

第四节　地质遗迹形成与演化

研究地质遗迹的形成与演化，应以区域地质发展史为依据。黑龙江地处天山-兴蒙造山带，其发展历史大体可分 4 个阶段，各个阶段发展历史不同，也形成了不同特征的地质遗迹。

一、新太古代晚期—新元古代（25.39～5.4 亿 a）地块基底形成阶段

黑龙江省大地构造位置处于西伯利亚板块与华北板块之间的中亚-蒙古造山带东部，地质演化历史可追溯到新太古代晚期，是由西伯利亚板块南缘裂离出来的额尔古纳、佳木斯、兴凯、松嫩等地块（图 3-209、图 3-210）。

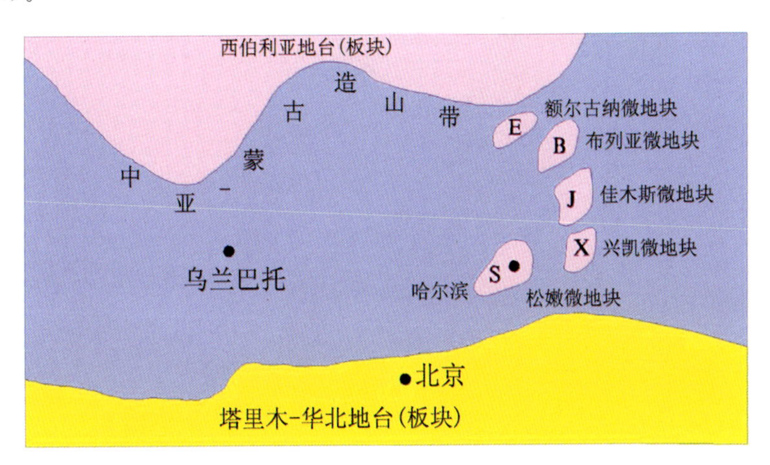

图 3-209　张广才岭运动（6.7 亿 a）黑龙江联合地块形成示意图

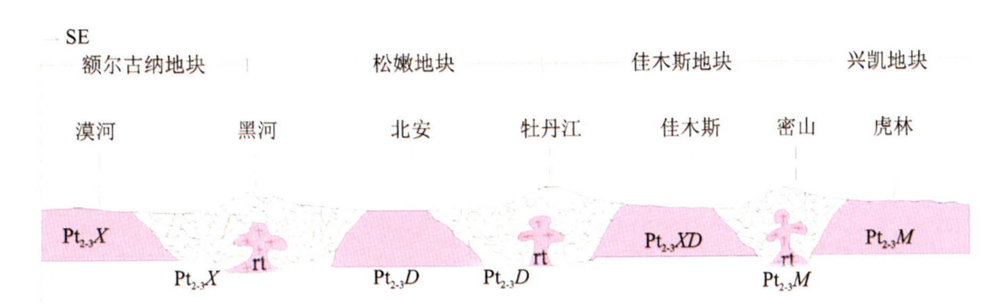

$Pt_{2-3}X$. 兴华渡口岩群，额尔古纳地块古—新元古代活动陆缘火山-沉积岩系角闪岩相变质（沉积变质铁矿）；$Pt_{2-3}D$. 东风山岩群，松嫩地块古—新元古代活动陆缘火山-沉积岩系角闪岩相变质（沉积变质铁矿）；$Pt_{2-3}XD$. 兴东岩群，佳木斯地块古—新元古代活动陆缘火山-沉积岩系角闪岩相变质（沉积变质铁矿）；$Pt_{2-3}M$. 麻山岩群，佳木斯地块古（兴凯地块）—新元古代稳定陆缘碎屑沉积岩的角闪岩相-麻粒岩相变质（石墨、夕线石等矿）；rt. 新元古代同造山-后造山花岗岩。

图 3-210　新太古代晚期—新元古代（25.39～5.4 亿 a）基底形成时期

经过中—晚元古代增生，至晚元古代末的张广才岭运动，使其变形变质形成地块的基底，各地块拼贴成为联合地块，并伴有广泛的岩浆活动，此期的火山-沉积岩系，经过张广才岭运动的变质变形及岩浆活动，成为黑龙江省沉积变质铁矿、金、晶质石墨、夕线石等重要矿产的矿源层。如双鸭山铁矿、孟家岗铁矿、东风山金铁矿、云山石墨矿、柳毛石墨矿、佛岭石墨等特大型石墨矿床，三道沟等矽线石矿等一大批典型矿床。

前寒武系变质岩和变质岩剖面、前寒武纪侵入岩分布区是研究前寒武纪变质变形岩石成因演化、时代确定、古地理、古环境的重要地区和地层单元，这些深变质岩中有许多深奥的地质问题尚待研究和探讨。

二、古生代(距今5.4～2.52亿a)弧盆系发育阶段

(一)陆表海阶段

联合地块形成后，寒武纪早期形成陆表海沉积环境，沉积一套含三叶虫的碎屑岩-碳酸盐岩沉积，其碳酸盐岩多为富镁的碳酸盐岩(图3-211)。

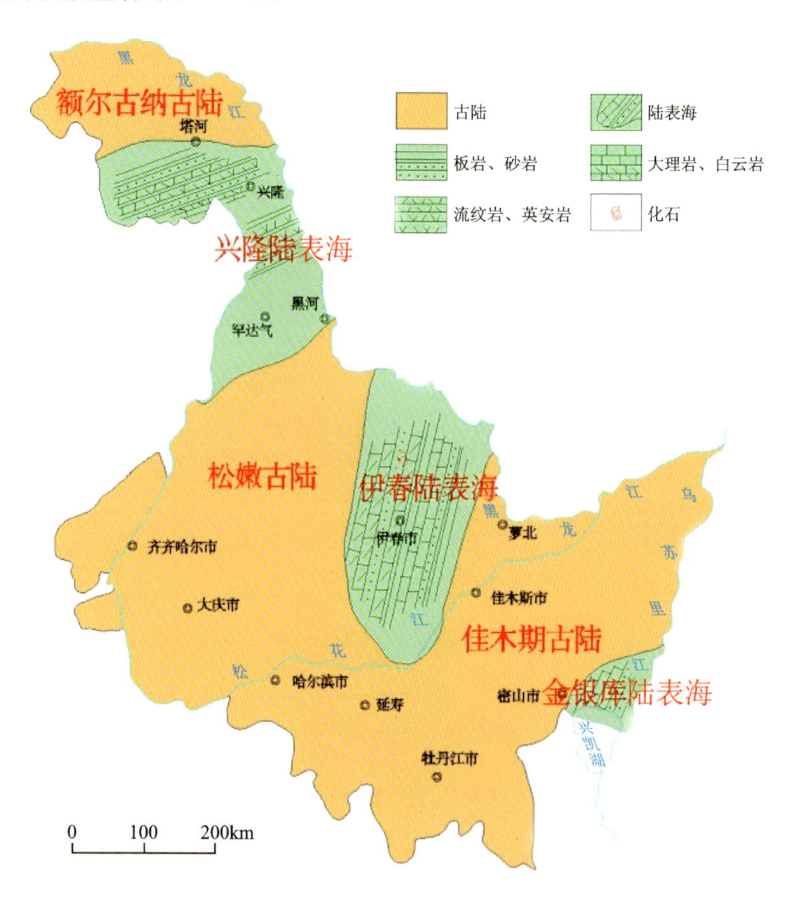

图3-211 陆表海分布示意图

呼玛一带分布兴隆群、伊春一带分布西林群。伊春-延寿带早寒武世早中期沉积了老道庙沟组和铅山组，古地理环境为陆表海、浅海，气候条件为过渡型-弱干热气候。早寒武世晚期五星镇组含三叶虫，说明海水温度、盐度适合生物生存；呼玛一带分布兴隆岩群，自下而上可分为高丽沟岩组、洪胜沟岩组、三义沟岩组、焦布勒石河岩组，为一套富镁碳酸盐岩建造；兴凯湖地块分布厚层大理岩，黑龙江省最大水泥用大理岩矿床即赋存于金银库组中。

（二）联合地块裂解

奥陶纪联合地块开始裂解，在额尔古纳与松嫩地块之间形成了罕达气海槽，松嫩地块向北俯冲，形成多宝山岛弧和呼玛弧后盆地（图 3-212、图 3-213）；在松嫩地块与佳木斯地块之间形成伊春-延寿海槽，佳木斯地块向西俯冲，形成小金沟火山弧带。奥陶纪形成一套含丰富腕足类、三叶虫、笔石动物群的深海相火山复理石建造。志留纪海退，仅在罕达气一带见含图瓦贝动物群类的志留纪地层。

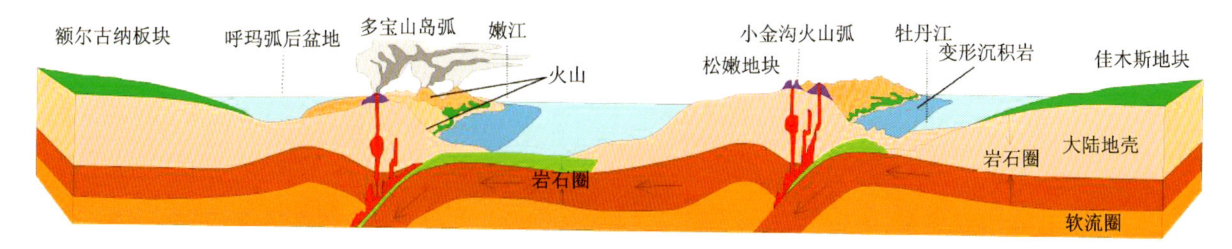

图 3-212　奥陶纪黑龙江省弧盆系剖面结构示意图

泥盆纪海侵范围扩大，在额尔古纳北缘、佳木斯地块东缘又有裂陷海槽出现。早石炭世晚期受中海西运动影响，各地块、海槽消失并伴有同构造期岩浆活动。

黑龙江省西部由于志留系和泥盆系为连续沉积，加里东运动不明显；而中部伊春-延寿带奥陶纪后缺失志留系，加里东运动形成了加里东期花岗岩带。

早石炭世的中海西期运动使整个地槽最终封闭，形成同构造期的花岗岩，同位素年龄 328Ma 即是标志。晚泥盆世陆生植物群大量出现，象征着生物演化的重大转机，也是沉积作用由海相为主过渡为陆相为主的转折点。中石炭世以来本区转为地槽盖层发展阶段。

二叠纪额尔古纳、佳木斯、兴凯地块隆升，松嫩地块沉降，形成广泛的海-陆相沉积，属上叠盆地型沉积。这时的腕足类、珊瑚、蜓科动物群繁盛，并有安加拉和华夏植物群发育。说明华北地台与西伯利亚地台已经拼接，结束了地槽发展历史。

古生代黑龙江省地处古亚洲构造域的发展阶段，这个时期的地层剖面及化石产地、沉积建造、火山岩建造等地质遗迹是研究本区地质发展史的重要依据。

三、中生代（距今 2.52～0.66 亿 a）陆内造山盆岭构造阶段

此阶段地球运动体系发生了转变，各地块成为统一的大陆。构造运动以升降为主，地形差异明显，形成山岭盆地相间的构造格局。这时期是黑龙江省地貌类地质遗迹形成的重要时期。

（1）中三叠世—早侏罗世早期，低纬度形成的含放射虫、牙形石硅质岩建造、火山复理石沉积建造和洋壳物质构成的完达山杂岩于侏罗纪早期拼贴于佳木斯地块东缘。这个时期的深海相含放射虫、牙形石、硅质岩建造、火山复理石建造，以及仰充到大陆壳的蛇绿岩、混杂岩等，曾引起关注，是研究中生代板块构造的理想地区。

（2）在东部完达山板块向西拼贴俯冲的影响下，地块内壳、幔之间的交流调整成为主要的动力来源，晚三叠世—早侏罗世由幔源岩浆底侵引发的花岗岩在伊春-延寿带广泛发育，其花岗岩浆来源很深，定位较浅，多与火山岩形成机制相似，常发育节理、晶洞，为一套二长花岗岩-正长花岗岩-碱长花岗岩碱性花岗岩组合，这些花岗岩常构成有观赏价值的花岗岩地貌（图 3-214）。

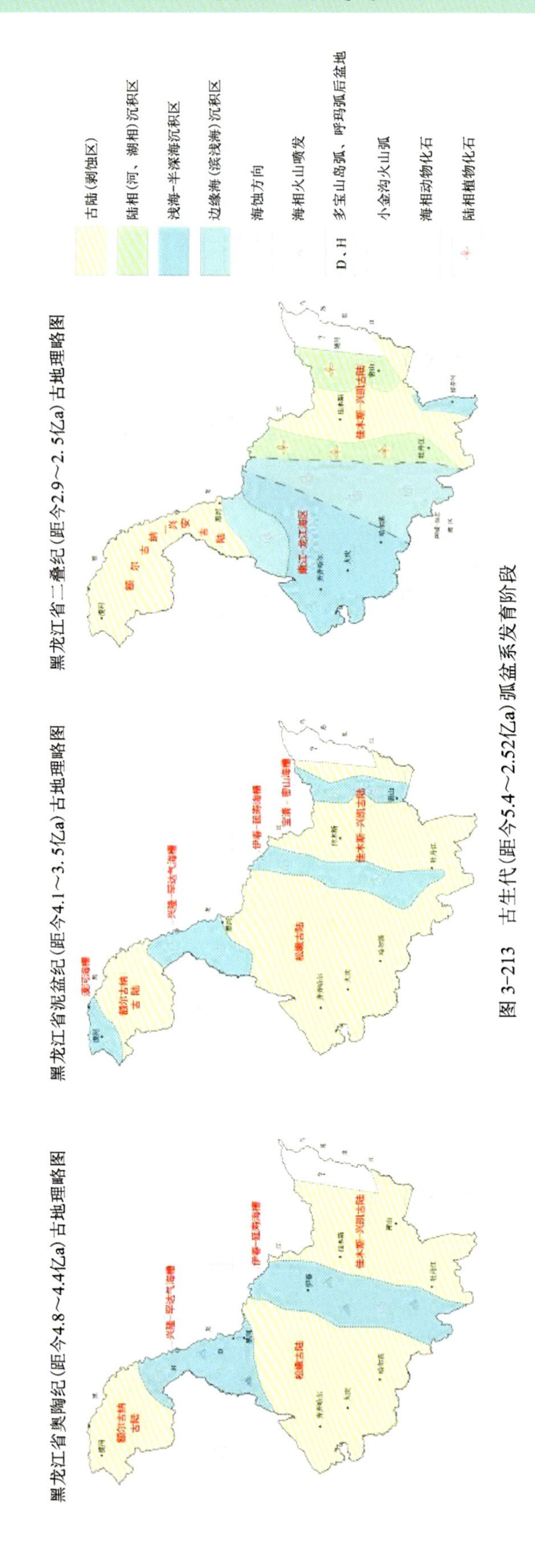

图 3-213　古生代(距今5.4～2.52亿a)弧盆系发育阶段

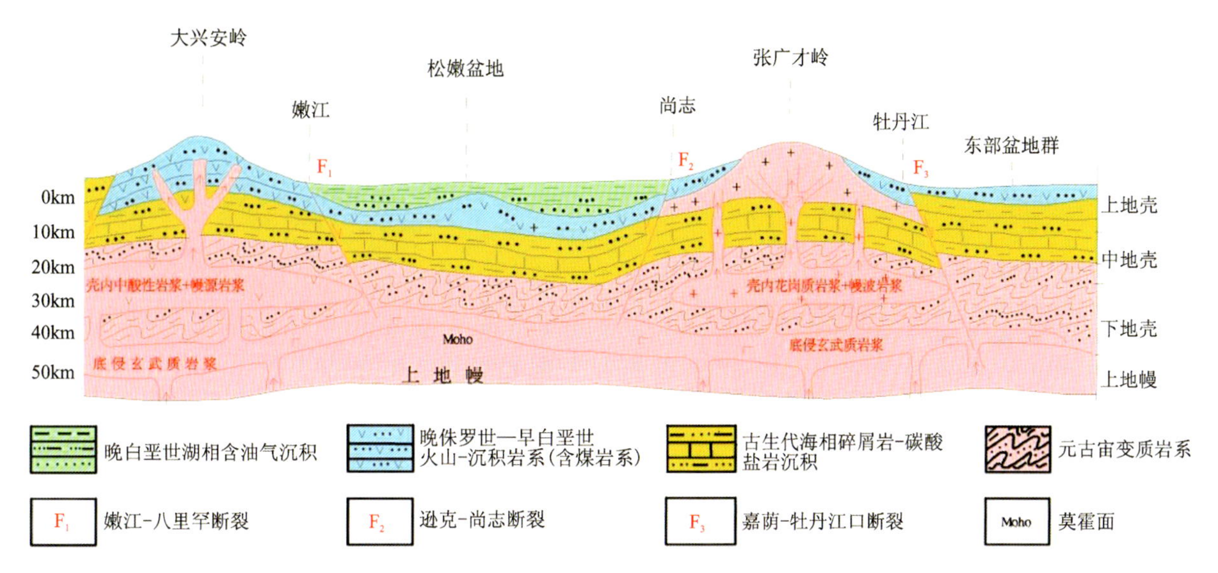

图 3-214 中生代盆岭构造格局剖面示意图

伊春的茅兰沟、汤旺河、五营、南岔仙翁山、铁力桃山、朗乡，哈尔滨市的木兰鸡冠山、通河铧子山、阿城区松峰山、宾县长寿山、方正双子山、延寿长寿山等地质公园均以晚三叠—早侏罗世花岗岩地貌为主体景观，公园各有特色，景观别致，独树一帜，是全国罕见的花岗岩景观带。

(3)中晚侏罗世—早白垩世陆相火山喷发强烈。在西部形成大兴安岭火山带，形成了画山火山岩地貌和苍山火山岩地质公园。在东部形成火山-断陷盆地群，如鹤岗、双鸭山、七台河、鸡西等煤盆地，是煤矿典型矿床分布区。晚白垩世开始，大兴安岭、小兴安岭、张广才岭不断隆升，松嫩、三江、兴凯湖等大型坳陷盆地形成，嘉荫和黑龙江沿岸沉积盆地有恐龙、鳄、蜥、龟、鳖等大型爬行类动物繁衍生息。此期嘉荫地区被子植物群茂盛(图 3-215)。在乌云小河沿一带上白垩统富饶组与古近系古新统乌云组为连续沉积，很可能成为白垩纪与古近纪的界线剖面。松嫩盆地赋存丰富的油气资源。

四、新生代(距今 0.66 亿 a～现今)大陆板内活动阶段

进入新生代地壳稳定性进一步增强，构造运动基本继承了中生代的运动形式，隆升单元继续隆升，沉降单元继续沉降，热点和沿深大断裂引发的玄武岩浆喷发活动，新近纪上新世依舒、敦密断裂带有大陆溢流玄武岩形成，第四纪更新世—全新世在五大连池、镜泊湖有玄武岩浆中心式喷发，形成许多近代火山。这些上新世玄武岩发育节理，常形成桌状山、帽状山、方山、大平台等地貌景观，第四纪玄武岩形成世界罕见的，分布于火山锥及熔岩台地上的火山微地貌，成为五大连池、镜泊湖世界级地质公园和著名的旅游胜地(图 3-216)。

更新世晚期全球末次冰期，黑龙江省处于冰缘气候环境，平原区有披毛犀-猛犸象动物群繁育生存，黑龙江省最早的猛犸象-披毛犀动物群是从西伯利亚迁移来的，具有个体大、生存密度大等特点，青冈堪称“猛犸象-披毛犀的故乡”。

三江、兴凯湖盆地发育含煤、油页岩沉积；黑龙江省内第四纪地层赋存砂金、泥炭、黏土等矿产。第四纪全新世湿地发育，有 20 多处国家级湿地公园(保护区)，构成黑龙江省地质旅游资源。

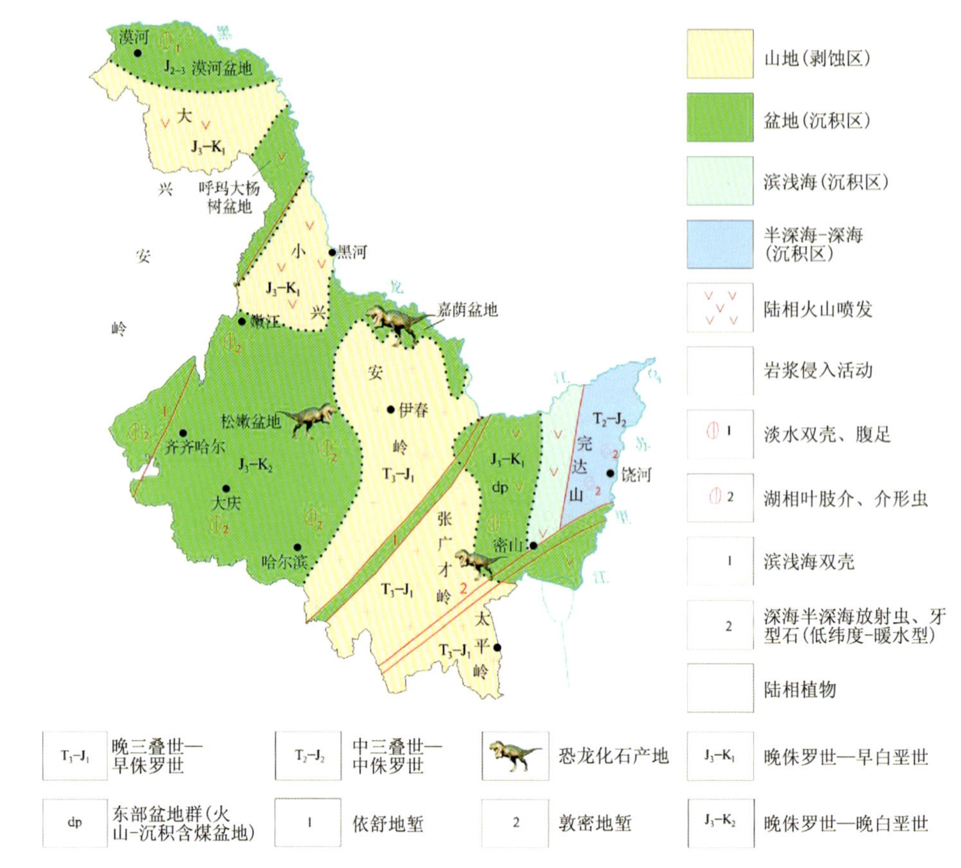

图 3-215 黑龙江省侏罗纪—白垩纪(1.95～0.66 亿 a)岩相古地理略图

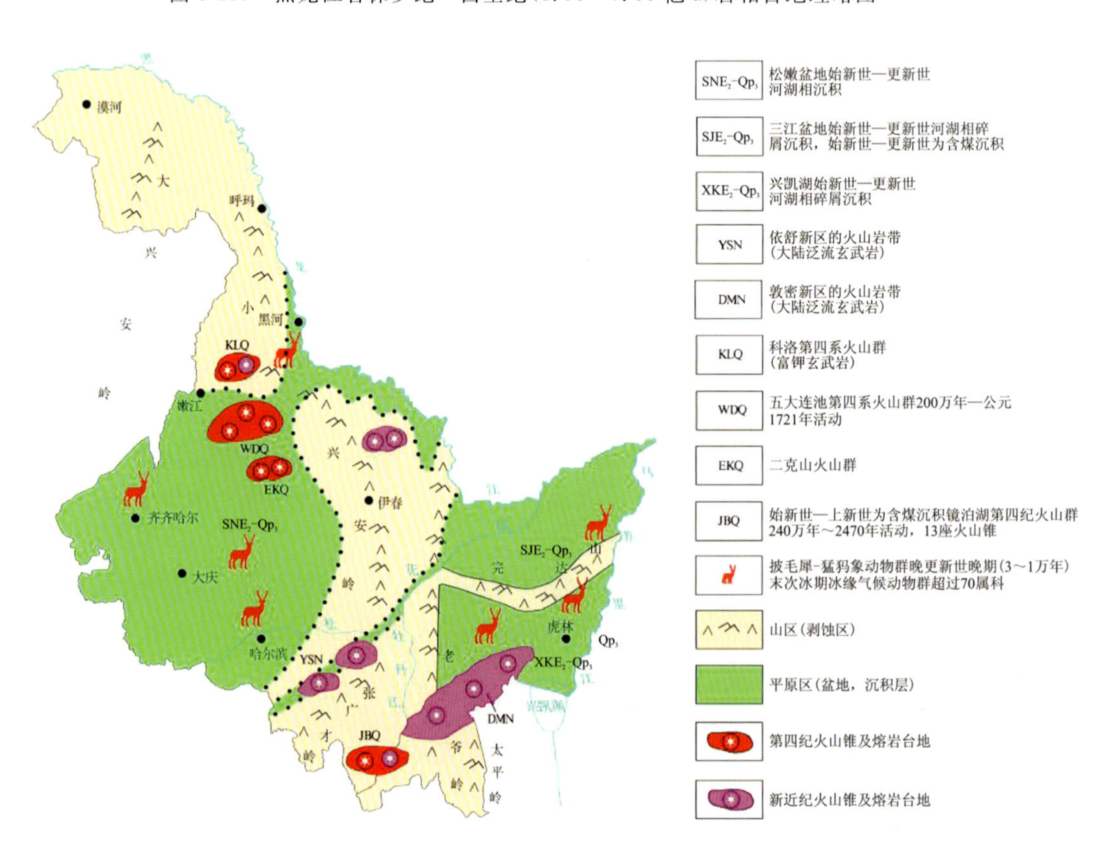

图 3-216 黑龙江省新生代始新世—更新世(距今 56～1.1 万年)古地理略图

第五节　黑龙江省地质遗迹的五大亮点

黑龙江省地质遗迹有许多热点，曾引起地学界的广泛关注。如中新生代的火山地貌，印支期—燕山期的侵入岩地貌，嘉荫地区晚白垩世—古新世恐龙动物群及被子植物群，大兴安岭、小兴安岭古生代地层剖面及化石产地，饶河地区中生代地质构造及含放射虫深海沉积，松嫩平原猛犸象-披毛犀动物化石产地，虎林地区龙爪沟群早白垩世海陆交互相地层剖面及化石产地，伊春红山地区晚二叠世安格加拉植物群化石产地，沼泽-湿地地貌；萝北-鸡西晶质石墨矿产地。其中火山地貌、侵入岩地貌、湿地地貌、恐龙动物群和猛犸象-披毛犀动物群为黑龙江省地质遗迹的五大亮点。

一、黑龙江省火山地貌

黑龙江省古生代地处古亚洲构造域，火山岩多为海相火山岩，与海相沉积层相伴产出，多不具观赏性。中生代以来，卷入滨太平洋构造域，太平洋板块向西俯冲，在黑龙江省形成滨太平洋陆缘岩浆弧，火山活动频繁而强烈。中生代火山岩以侏罗纪—白垩纪火山岩发育，但火山机构很难恢复，以火山岩地貌为主。新生代火山地貌，既有火山机构地貌，也有火山岩地貌，均具极高的观赏性、典型性和科研价值。

（一）侏罗纪—白垩纪火山地貌

黑龙江省内侏罗纪—白垩纪火山地貌均为陆相火山岩，分布于中生代火山沉积盆地内，形成具有观赏性的火山地貌，但火山机构很难恢复，火山口多为遥感解译出来的。如呼中区白垩纪大白山火山岩地貌、尚志市帽儿山侏罗纪火山岩地貌、哈尔滨市阿城区吊水壶侏罗纪火山岩地貌、呼中区苍山白垩纪火山岩地貌、东宁洞庭村晚三叠世火山岩地貌等，均为具观赏性火山岩地貌，成为地质公园和风景区的主体景观。

（二）新生代火山地貌

新生代火山地貌可分为新近纪火山地貌和第四纪火山地貌，其中以第四纪火山地貌最具典型性，是黑龙江省火山地貌最耀眼的“明星”。

1. 新近纪火山地貌

新近纪火山多为热点和深大断裂引发的玄武岩浆喷发溢流活动。上新世依舒、敦密两大断裂，玄武岩溢流形成火山岩带，松嫩-结雅盆地边缘也有上新世火山活动，形成一些火山地貌景观。新近纪火山地貌多构成平台、方山、帽状山等。

1）石仓山火山群

石仓山火山群位于逊克县五道岭河上游，石仓山、华尔都康山、新胜山一带，共有14座火山锥，玄武岩分布面积达2300km^2，玄武岩分布区构成大平台，台地上分布大小石海、石河，玄武岩柱状节理发育，经常发生崩塌。

2）依兰-伊通火山带

沿依兰-伊通裂谷及两侧分布，呈串珠状分布，多为弧山产出，呈圆锥状，无火山口。如尚志大高丽山、小高丽山等。火山带多为结晶程度较低的玄武岩组成，含超镁铁质包裹体，很少见柱状节理。

3）敦化-密山火山带

沿敦密裂谷及其两侧分布，向南延至吉林省，其展布方向与裂谷带一致，火山岩分布广，一直到虎林，长 400 多千米，往东入俄罗斯境内，为环太平洋火山带重要组成。常分布于山顶上，俗称高位玄武岩，柱状节理发育，美丽壮观。

除此之外，尚有零星分布的新近纪玄武岩，如饶河喀尔喀玄武岩石林地质公园、七台河市那丹哈达岭地质公园，均以新近纪玄武岩为主体景观。

2. 第四纪火山地貌

黑龙江省内第四纪火山地貌具有明显的分带性和多期性，多沿深大断裂和陆内裂谷分布，基本呈北东和北西 2 个方向展布，特别是大断裂交会处，火山地貌最发育，常形成具观赏性和科研价值的典型火山地貌景观。

1）第四纪火山分带性

（1）大兴安岭火山带。该火山带中的火山群主要分布于内蒙古境内，有卓尔河火山群、达来诺尔火山群等，黑龙江省仅有小古里火山（图 3-217）。

图 3-217　黑龙江省第四纪火山地貌分带图

(2)松嫩-结雅火山带。分布于松嫩-结雅地堑北部,为黑龙江省内第四纪火山活动集中区,自中更新世以来有多次喷发。区内主要有门鲁河火山群、科洛火山群、五大连池火山群、二克山火山群等。

①门鲁河火山群。位于嫩江市与黑河市交界处门鲁河和孟德河上游大岔子东山。火山锥分布于两河分水岭上,熔岩展布面积达 $550km^2$,时代属晚更新世。

②科洛火山群。位于嫩江市东北科洛乡一带,见第四纪火山,有南山、大椅子山、小椅子山、孤山等20余座火山锥,形成 $350km^2$ 的熔岩台地,火山锥均分布北东向和北西向两组断裂交会处。

③五大连池火山群。位于五大连池市,由老黑山、火烧山、药泉山、龙门山等14座火山锥组成,火山锥均分布于北东向和北西向两组断裂交会处,熔岩分布面积800多平方千米,其时代为中晚更新世中期—全新世,最近一期为老黑山喷发期(1717—1721年),是我国保存最好的一座"火山博物馆",也是著名的旅游风景区、疗养胜地。

④二克山火山群。位于克东县城北2km处,有东山、西山及小克山3座火山锥,大体呈北西向排列,其时代为中更新世。

(3)敦化-密山火山带。镜泊火山带群位于宁安市西南14km处的镜泊乡一带,有12座火山锥,其中地下森林、大干泡11座,蛤蟆塘1座,时代为中更新世—全新世。火山喷溢出大量熔岩流,顺山谷东下,至牡丹江河谷,堵塞了牡丹江河道,形成了火山堰塞湖——镜泊湖。为我国第一大火山堰塞湖,世界第二大火山堰塞湖。是黑龙江省又一大"火山博物馆"。火山群中的熔岩隧道长65km,世界罕见。其火山地貌为镜泊湖世界地质公园的主体景观。

2)第四纪火山的多期性

各个火山群喷发时间不同,大体可分5期,从中更新世开始,至全新世。其中镜泊湖可划分为5期玄武岩,五大连池有的划分为5期,有的划分为7期,总之第四纪火山活动多期性明显。

3)第四纪火山岩岩石学特征及化学成分

黑龙江省内第四纪火山岩按岩石矿物成分和化学成分,可分为2个主要类型。

(1)钾质碱性玄武岩。以五大连池、科洛、二克山、小古里为代表,主要岩石类型有玻基辉橄玄武岩、辉橄歪长玄武岩、白榴石玄武岩、火山集块岩、火山角砾熔岩、碱性玄武浮岩等。岩石化学成分为:SiO_2 含量稍高,50.99%~52.53%,Na_2O+K_2O 含量大于8%且K含量大于Na含量。属钾质碱性玄武岩。

(2)钠质碱性玄武岩。分布于黑龙江省东部,以镜泊湖火山群为代表,为镜泊碱性橄榄玄武岩。主要有玄武玻质岩、橄榄玻基玄武岩、橄榄石中长玄武岩,以及火山碎屑岩等。岩石化学成分为:SiO_2 含量47.44%~49.69%,K_2O+Na_2O 含量大于5%且Na含量大于K含量,属钠质碱性玄武岩。

4)火山喷发形式

第四纪火山活动以中心式喷发为主,以五大连池火山群为例,其喷发过程大体可分为前期宁静溢出阶段,大量玄武岩浆溢出,并有少量火山碎屑物喷发;中期间歇性喷溢阶段,喷出碎屑物—溢出熔岩流—喷出碎屑物—溢出熔岩流;后期爆发性喷发阶段,猛烈地喷发—溢出大量熔岩流—喷出碎屑物。

5)火山地貌

黑龙江省各期火山活动都留下了稀有典型、系统完整、优美多样、神奇自然的火山地貌。尤其是五大连池和镜泊火山群地貌景观,均可称为"火山博物馆"和"打开的火山教科书"。虽然两处火山地貌有相同之处,但因火山喷发空间环境不同,火山动力机制差异,所展示的地貌也各具特色,均蕴藏着丰富的地学内涵。

(1)五大连池火山地貌。五大连池火山群分布于松嫩平原北缘高平原上,地形平缓,起伏不大。火山群形成典型的层型火山锥,14座拔地而起的火山锥在平原上显得格外壮观。熔岩主体形成盾状熔岩台地、丘陵状熔岩台地及河谷熔岩台地,熔岩流长仅17km。其中近期形成的老黑山、火烧山裸露的熔岩俗称“石龙岩”。熔岩台地上熔岩微地貌，种类齐全多样、神奇优美(图 3-218)，象形逼真、雄伟壮观、保存完好，如喷气锥(图 3-219)、喷气碟、熔岩爬虫、蜥蜴、石熊、石猴、熔岩瀑布、翻花石、熔岩洞(水帘洞、仙女洞)等。

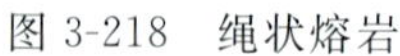

图 3-218　绳状熔岩

图 3-219　喷气锥

五大连池火山群熔岩溢出分 4 段堰塞了白龙河，形成溪水相连的五潭池水，构成山水相辉映的地貌景观。伴随火山活动还形成了具有神奇疗效的矿泉水、矿泥等。

五大连池火山群是中国最新、保存最完整的第四纪火山群，拥有世界罕见的各种火山地质遗迹，为世界级地质遗迹的精品。

(2)镜泊火山地貌。镜泊火山群位于张广才岭中低山区，地形海拔高程 200～1000m，相对高差 700 余米，沟谷纵横，山峦起伏，峰险坡陡。镜泊火山地貌以熔岩地貌为主体，火山锥体由熔岩构成，火山锥体低矮，地面主要见火山口。由于地形高耸险峻，熔岩流形成长 65km 的熔岩隧道，世界罕见。典型、珍稀、奇特的熔岩瀑布、爬虫状熔岩、绳状熔岩、熔岩舌等，更多地展现于熔岩隧道中。镜泊火山群溢出的熔岩沿石头甸子河谷流动，堰塞牡丹江形成了中国最大的火山堰塞湖镜泊湖，山水相映，景色秀丽。在河道陡崖处形成吊水楼瀑布(图 3-220)。

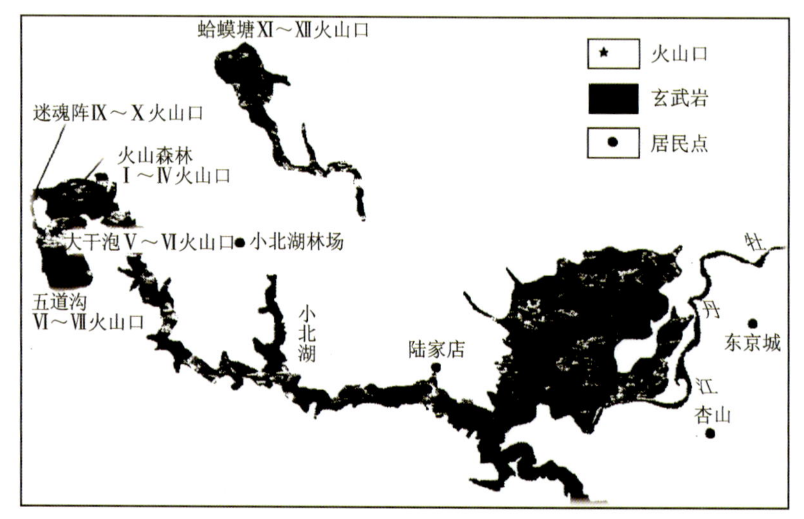

图 3-220　镜泊湖全新世火山分布图

镜泊湖火山群地貌风光秀美，除火山地貌外，尚有可以和日内湖相媲美的世界第二大火山堰塞湖，有气势磅礴、季变景换的吊水楼瀑布，有隐藏于浩瀚林海中世界独一无二的火山口森林，这些地貌景观使镜泊湖火山群具有典型性、稀有性、优美性、科学性、系统完整性。

（三）火山地貌科研价值

黑龙江省火山地貌尤以中新生代火山地貌最具观赏性，火山机构保存完整，常构成地质公园的主体景观，地学价值极高，特别是第四纪火山地貌，五大连池、镜泊湖两座世界地质公园，享誉国内外。

五大连池火山群和镜泊湖火山群，均分布于小古里-科洛-五大连池-二克山-镜泊一条北西向陆内裂谷带内，在大陆内单成因火山活动地区地质学研究中具有独特意义，是研究黑龙江省中新生代滨太平洋构造域地质演化、发展历史、火山活动等重要地区。

五大连池、镜泊湖地区也是研究生物群落演变过程的重要地区，由于火山不断喷发，植被不断破坏，继而又重新组合。因此，也是研究植物再生的重要地区。

五大连池、镜泊湖火山地貌是奇异独特的火山机构，以千姿百态的火山微地貌、熔岩隧道和熔岩洞穴等地貌景观与自然秀丽火山堰塞湖风景为特色，具有火山地质科学研究、科普教育、游览观光、休闲度假等多种功能区。

二、黑龙江省侵入岩地貌

黑龙江省地处古亚洲构造域与滨太平洋构造域交接复合部位，构造岩浆活动十分强烈，在漫长的地质演化过程中海陆变迁，体制反复交替、构造岩浆活动表现多期多阶段性。侵入岩极为发育，分布面积约 11 万 km^2，岩性复杂，有超镁铁质、镁铁质类、花岗岩类等。其中花岗岩类特别发育，是全国几个大花岗岩带之一。有大小花岗岩体上千个，各时代岩体都有分布，但以印支期花岗岩和燕山期花岗岩最具特色，常构成具观赏性的地貌景观，成为黑龙江省众多地质公园的主体景观。伊春-延寿花岗岩地貌景观带是黑龙江省侵入岩地貌的一大亮点。

1. 分布特征

黑龙江省内侵入岩分布特征明显，前寒武纪侵入岩多分布地块区，由于时代久远，很少构成有观赏价值的地貌景观。古生代侵入岩、早古生代侵入岩（加里东期）主要分布于伊春-延寿和宝清 2 个带，晚古生代（海西期）侵入岩，主要分布于呼玛-黑河带和伊春-延寿带。中生代侵入岩，可分为晚三叠世—早侏罗世（晚印支期）和燕山期。其中晚印支期主要分布 3 个带：东部饶河带，中部伊春-延寿带，西部呼玛-黑河带。伊春-延寿带是黑龙江省印支期花岗岩分布最集中的地区，形成许多具有特色的花岗岩景观带，现多已辟建地质公园。燕山期侵入岩分布零星，个别可形成侵入岩地貌景观，但规律不明显。

伊春-延寿晚三叠世—早侏罗世花岗岩带，形成了许多有观赏价值的地貌景观，从北向南，有小兴安岭国家地质公园（茅兰沟园区）、伊春花岗岩石林国家地质公园、五营地质公园、鹤岗金顶山地质公园、仙翁山地质公园、小兴安岭国家地质公园（桃山园区）、朗乡石林地质公园、鸡冠山国家森林公园、铧子山地质森林公园、二龙山-长寿山地质公园、横头山-松峰山地质公园、宾县大青山地质公园、方正双子山地质公园、延寿县长寿山地质公园等，还有多个花岗岩地貌集中区待开发，这样一条南北长 400 多千米的花岗岩带，实属罕见（图 3-221）。

2. 地貌特征

这条花岗岩带形成的地貌景观千姿百态，常形成高山峡谷、陡壁绝岩、石林、石海，各种象形石惟妙惟肖，栩栩如生。

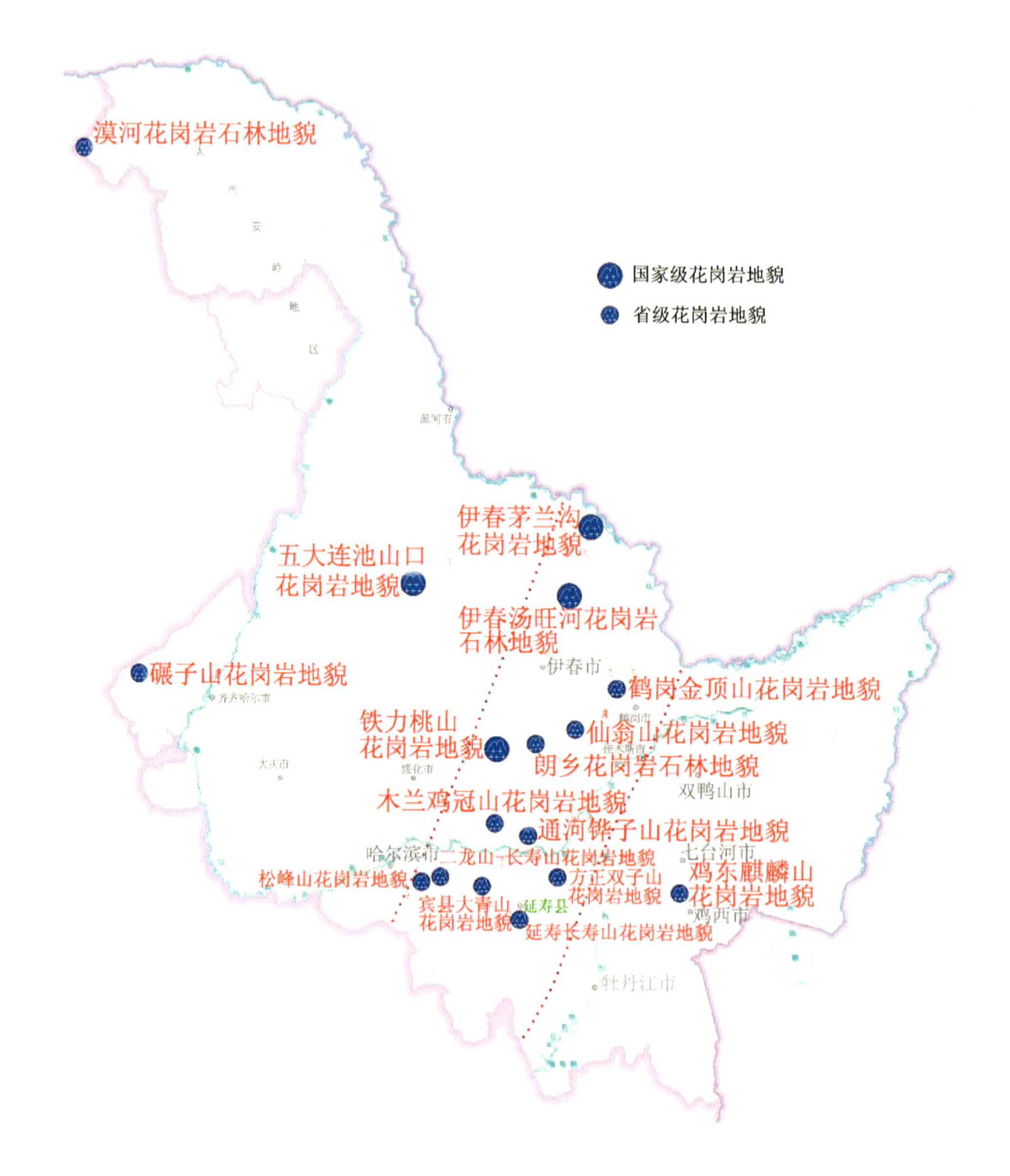

图 3-221 伊春-延寿晚三叠世—早侏罗世花岗岩地貌分布图

1)峡谷地貌

以茅兰沟园区为例,茅兰沟遍布花岗岩,沿茅兰沟河形成一条近东西向峡谷,峡谷两岸怪石嶙峋,古木参天,瀑布深潭,因山奇、瀑美、潭幽被人们称为“北国的小九寨沟”(图 3-222)。

2)花岗岩石林地貌

典型代表为汤旺河花岗岩石林(图 3-223)。该处花岗岩分布广,景区面积近 10km^2,花岗岩常形成石林,石林多为孤峰,或为异峰突起,相守相望,分布于林海中,带给人们美的享受。

朗乡花岗石林。该处石林多呈细长柱状,高 20～40m 不等,北方石林特点明显,峰林列陈、连绵不绝,蔚为壮观,是黑龙江省最典型的花岗岩石林景观。

3)悬崖峭壁

悬崖峭壁几乎在所有花岗岩地貌景区中都有分布。如桃山园区分布的大石壁、悬羊砬子(图 3-224)、一线天等。另外二龙山-长寿山地质公园的长寿山园区,砬乡分布有众多花岗岩石砬子,如一面砬子、虎头砬子、磨盘砬子、烟筒砬子,仙翁山地质公园的百丈崖等。

图 3-222 茅兰峡谷

图 3-223 汤旺河花岗岩石林

4)象形石地貌景观

象形石地貌景观在黑龙江省内花岗岩类地质公园、花岗岩地貌集中区都有分布。如通河铧子山地质公园的海豹晒日,横头山-松峰山地质公园的千层岩,木兰鸡冠山地质公园的一帆风顺、神龟望天、拳石(图 3-225),方正双子山的妙笔生花等。

图 3-224 悬羊砬子

图 3-225 拳石

5)花岗岩石海地貌

黑龙江省内多处地质公园都分布有石海,如方正双子山的鸣石塘,延寿-长寿山地质公园石海。

3. 岩石学和岩石化学特征

1)岩石学特征

构成黑龙江省具有观赏价值花岗岩地貌的花岗岩主要为印支期和燕山期的正长花岗岩、碱长花岗岩和碱性花岗岩。

正长花岗岩:大面积分布,多呈大岩基或巨大岩基产出,也有呈小岩基或岩株产出的,岩石新鲜面为肉红色。岩石矿物成分:碱性长石含量一般43%~53%,个别含量高达56%;斜长石含量多在7%~23%之间,主要在10%~15%之间;石英含量25%~40%,一般多为30%,暗色矿物含量3%~7%,多为黑云母,少见角闪石。

碱长花岗岩:岩体规模较小,有的分布零星,明显受断裂控制,分布具有方向性,大体以北东向或北西向居多,多为岩株或小岩基状产出。碱长花岗岩中含碱性暗色矿物者称碱性花岗岩,暗色矿物很少者可称为白岗岩。

碱性花岗岩:以碱性长石明显多于斜长石为特征。碱性长石含量50%~70%,斜长石含量7%~15%,石英含量35%~40%,暗色矿物含量小于5%。碱性花岗岩矿物组成基本与碱长花岗岩相似,只是出现碱性暗色矿物钠闪石、钠铁闪石、霓石、霓辉石等。

2)岩石化学特征

正长花岗岩、碱长花岗岩、碱性花岗岩岩石化学特征为SiO_2含量高,可达69%~75%,K_2O+Na_2O含量大于8%,正长花岗岩多为K_2O含量大于Na_2O,而碱性花岗岩多为Na_2O含量大于K_2O。

这套花岗岩颜色较浅,石英含量高,岩石新鲜,坚硬,抗风化能力很强,容易形成有观赏价值的地貌景观。

4. 成因探讨

晚印支期花岗岩,可分为东部、中部、西部带,目前研究认为饶河拼贴带在晚三叠世—早侏罗世向大陆拼贴时,在东部形成饶河一条同造山期花岗岩,以花岗闪长岩为主;在中部伊春-延寿带和呼玛-黑河带形成陆内花岗岩。这套陆内花岗岩为一套富碱花岗岩。来源比较深,定位比较浅,岩石节理裂隙非常发育,常见水平节理发育的千层岩。常具晶洞构造,是岩浆演化晚期产物。有关这套花岗岩成因的深层次因素,是值得探讨的问题。

这套花岗岩所形成的地貌当然与这套花岗岩自身的因素有关,但外部因素,如地壳升降、风化剥蚀等起到的作用也是不可忽视的。

5. 科研价值

黑龙江省侵入岩地貌以花岗岩地貌为主,形成众多的有观赏价值的花岗岩地貌集中区,已辟建二十多家以花岗岩地貌为主体景观的地质公园。侵入岩地貌是探讨伊春-延寿花岗岩成因的重要地貌类型。开发的地质公园具极高观赏价值,有很好的社会效益和经济效益,具科研、科普价值。

三、嘉荫地区晚白垩世—古新世恐龙生物群和被子植物群

黑龙江省嘉荫县恐龙生物群是以恐龙为主的生物群,有 *Mandschurosaurus amurensis*、*Mandschurosaurus magnus*、*Tyrannosaurus* sp. 等恐龙化石,有以被子植物为主的植物化石(嘉荫被子植物群),以

及叶肢介、介形虫、腹足类、鱼、昆虫、龟鳖类化石等。嘉荫县龙骨山是我国发现最早并经科学记录的恐龙发掘地。因此，该地所发现的恐龙被称为“中国第一龙”。

（一）嘉荫晚白垩世恐龙生物群

恐龙是中生代陆生爬行动物的一类。即从距今2.2亿a的三叠纪初期，历经侏罗纪到白垩纪末期，恐龙在地球上称霸1.5亿a之久，但在白垩纪末全部绝灭。黑龙江省是恐龙化石产地之一，也是在中国最早的具科学研究历史的恐龙化石产地之一。从现在掌握的研究资料，该地生物群可分为鸡西早白垩世恐龙生物群和嘉荫晚白垩世恐龙生物群（图3-226）。

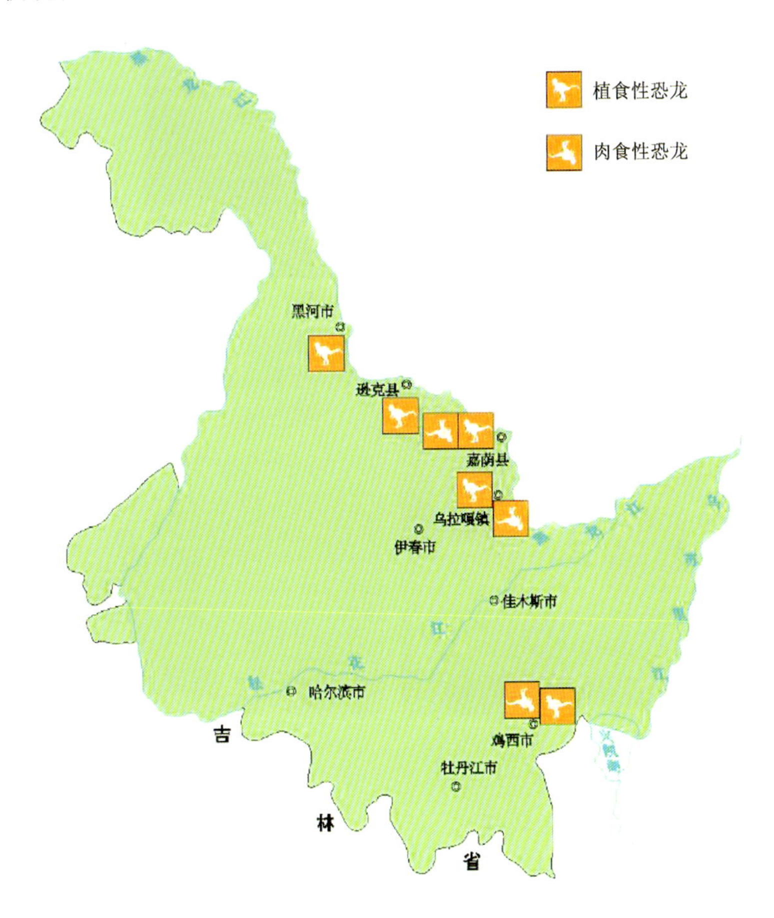

图3-226　黑龙江省恐龙化石产地分布图

其中嘉荫晚白垩世恐龙生物群最早（发现于1902年），研究程度也高，已建成嘉荫国家恐龙地质公园。截至目前嘉荫出土的恐龙化石，已装成10多架恐龙化石骨架，分别陈列于俄罗斯圣彼得堡地质博物馆（图3-227）、黑龙江省博物馆、黑龙江省地质博物馆（图3-228）、嘉荫恐龙国家地质公园、伊春地质博物馆（图3-229）等，具有极高的科研、科普、教学和观赏价值。

1.嘉荫晚白垩世恐龙生物群的研究历史

嘉荫地区1902年发现恐龙化石，俄罗斯专家Riabinin将其命名为黑龙江满洲龙（*Mandschurosaurus amurensis* Riabinin）。嘉荫恐龙研究大概经历了3个阶段，第一阶段（1902—1930年），Riabinin研究恐龙的初级阶段；第二阶段（1978—1997年），以基础地质研究入手，以科普为目的进行发掘、装架；第三阶段（2000—2008年），嘉荫恐龙研究的高潮阶段。

图 3-227　保存在圣彼得堡地质博物馆的满洲龙模式标本

图 3-228　黑龙江省地质博物馆展出的巨型满洲龙

图 3-229　伊春地质博物馆展出的满洲龙

2. 嘉荫恐龙生物群赋存层位及生存环境

恐龙化石赋存于嘉荫群渔亮子组深灰色含砾泥质岩屑砂岩的较大透镜体中，透镜体长大于 150m，最大厚度 1.2m。透镜体含两层恐龙化石，上层化石产于中部，下层化石产于底部，层间距 20～30cm，上层化石密度大，下层略小，两层出土化石近 648 个，大小化石平均密度 4 个/m^2(破损除外)，化石赋存密度之大，实属罕见。

嘉荫恐龙生物群分布于嘉荫盆地，构造位置属洁雅-布列亚盆地南缘。据化石数量和密度分析，当时应气候温暖，植被丰富，附近有大量恐龙栖息，特别是鸭嘴龙较多，死亡后大部分被搬运至现在的挖掘地点，但搬运距离不大，绝大部分为完整骨骼。还有部分骨骼属原地埋藏，但有不同程度的离散，这些化石还未被风化时，就被大量含砾泥沙掩埋和封闭，形成一个还原环境，得以保存至今。

3. 渔亮子组恐龙生物群

在嘉荫龙骨山同一地区同时发现鸭嘴兽、虚骨龙、甲龙和霸王龙 4 种恐龙化石，既有食草类，又有食肉类(图 2-230)，属原地埋藏，基本保存了恐龙死亡后掩埋的自然状态。

图 3-230 渔亮子组恐龙埋藏群

目前化石保存完好，研究程度最高的要数鸭嘴龙，主要有：

鸭嘴龙类 Hakrosaurids

鸭嘴龙科 Hakrosauridae

鸭嘴龙亚科 Hakrosauridae

黑龙江满洲龙 *Mandschurosaurus amurensis* Riabinin，1930

董氏乌拉嘎龙 *Wulagasaurus dongi* Godefroit，2008

兰氏龙亚科 Lamdeosaurinae

嘉荫卡龙 *Charonosaurus jiayininsis* Godefroit et al.，2000

鄂伦春黑龙 *Sahaliyania elunchunorum* Godefroit，2008

鸭嘴龙亚科（分类位置待定）

姜氏嘉荫足印 *Jiayinisauripia johnsoni* Dong et al.，2003

4. 恐龙生物群科研科普价值

1）科普价值

嘉荫恐龙古生物化石的发掘和研究活动推动了各地博物馆为满足科普活动而进行的恐龙化石装架，据不完全统计共有 11 具之多，最早为陈列于圣彼得堡的满洲龙。Riabinin 认为，产自黑龙江边的这一动物群与加拿大埃德蒙顿组动物群相似。

随后黑龙江省博物馆、黑龙江省地质博物馆、伊春地质博物馆、吉林大学、嘉荫恐龙国家地质公园都先后装架恐龙化石标本。科学论文、科普标本都极大地丰富了人们的地学知识、提高了人们的地学认知水平。

2）科研价值

（1）晚白垩世嘉荫群渔亮子组产丰富的恐龙、龟化石及硅化木等。所含恐龙生物群在地层划分对比方面具广泛的研究价值，它可与加拿大、俄罗斯黑龙江流域所产恐龙进行对比研究。

（2）渔亮子组沉积物和盆地恐龙化石是研究晚白垩世古地理和古气候环境的重要地区，什么样的植被环境能支撑体形巨大的恐龙生物群生存栖息，值得进一步研究和探讨。

（3）晚白垩世末，我国恐龙生物群全部灭绝，嘉荫地区的恐龙化石是研究恐龙灭绝的最佳地点。

（4）大量恐龙化石出土、装架，除具观赏价值外，还具极高的科研、科普价值。

（二）嘉荫地区晚白垩世—古新世被子植物群

黑龙江省嘉荫地区晚白垩世时的生物特征是恐龙分梯次逐渐灭亡，叶肢介、介形虫和鱼类特别繁盛；被子植物的发展则由弱到强。裸子植物发展由强到弱，开花结果的被子植物广泛发育，替代了裸子植物成为嘉荫大地上的优势类群。

我国古生物学家孙革曾带领多国科学家团队，于2002—2011年对嘉荫地区的古植物群落进行了系统研究，经过全面分析研究化石的孢粉资料，将嘉荫地区植物群划分为晚白垩世植物群和古近世植物群两大群落，并且晚白垩世和古近世地层界线（K—Pg）可能成为世界第95个"金钉子"，具有极高的科研价值，曾引起地学界高度关注。

1. 晚白垩世植物群

晚白垩世植物群主要赋存层位为晚白垩世嘉荫群，可分为永安村组合、太平林场组合、渔亮子组合、富饶组合，其中渔亮子组合和富饶组合孢粉特别丰富。特别是富饶组孢粉石格外丰富，为该组时代确定及K—Pg界线确定提供了宝贵依据。丰富了研究晚白垩世植物演化的内涵。

（1）永安村组合：为迄今已知嘉荫地区晚白垩世最早的组合，也称准落羽杉-葛赫叶组合（图3-231）。

1. 水松（未定种）；2. 二列水杉；3. 柏型枝（未定种）；4. 准落羽杉（未定种）。

图3-231　永安村组植物化石

（2）太平林场组合：也称水杉-似昆栏树-卡波叶组合，是晚白垩世植物群第二个组合（图3-232、图3-233）。

太平林场组合虽然一些组分与永安村组合相似（如蕨类、银杏类及松柏类），但太平林场组合中的被子植物明显增加，也显示从晚白垩世中晚期，被子植物处于向新生代发展的"过渡阶段"。

（3）渔亮子组植物组合主要为孢粉化石，组合为料沃氏粉-黑龙江小突粉，与恐龙伴生。

（4）富饶组植物组合孢粉十分丰富，为该组时代确定及K—Pg界线确定提供了科学依据，主要组合为三棱鹰粉—条纹假鹰粉，富饶组孢粉组合与俄罗斯结雅-布列亚盆地中查加杨组合一致，时代为晚白垩世晚期。

2. 古新世植物群

嘉荫地区古新世植物群十分发育，主要以植物（包括孢粉）化石为代表。这些化石从侧面反映了在恐龙灭绝后，生物群的又一次大复苏。嘉荫地区古新世植物群主要赋存于乌云组中，可分为长白山段和乌云含煤段两个生物组合。

1.太平林场似昆栏树；2.车尔尼雪夫阿朔叶。

图 3-232　太平林场组植物化石 1

1、2.白令叶；3.红杉(未定种)。

图 3-233　太平林场组植物化石 2

(1)长白山段组合：既有植物大化石组合又有孢粉组合，大化石组合主要包括查加杨椴叶、白含叶、瑞诺悬铃木、北极似昆栏树等，其中查加杨椴叶为俄罗斯查加杨植物达宁期的典型分子，具有标志性意义。

(2)乌云含煤段组合：植物化石十分丰富，以被子植物为主。被子植物组合主要有白含叶、杨梅、桦、瑞诺悬铃木、北极似昆栏树、叉叶榆等。

黑龙江省嘉荫地区晚白垩世—古新世被子植物群，为东北地区晚白垩世—古新世地层划分对比，恢复古地理古气候提供了科学依据，其中晚白垩世—古新世地层界线剖面，即 K—Pg 界线，可能成为世界第 95 个“金钉子”，曾引起地学界高度关注。

四、松嫩平原第四纪猛犸象-披毛犀动物群

距今1～26万年前一段时期，亚洲、欧洲及北美阿拉斯加等地分布第四纪哺乳动物群披毛犀-猛犸象动物群。该动物群在我国主要分布于北纬35°以北的东北及华北地区，是一个具有冰缘环境特征的生物群落。

黑龙江省是我国最早发现猛犸象-披毛犀动物群的省份。早在1930年就在哈尔滨市顾乡屯和何家沟一带发掘并研究了该生物群，并建立了顾乡屯组。由于含猛犸象-披毛犀动物群，顾乡屯组研究历史较早，研究程度高，是受国内外关注的地层单位。猛犸象-披毛犀动物群化石产地是黑龙江省地质遗迹又一大亮点(图3-234)。

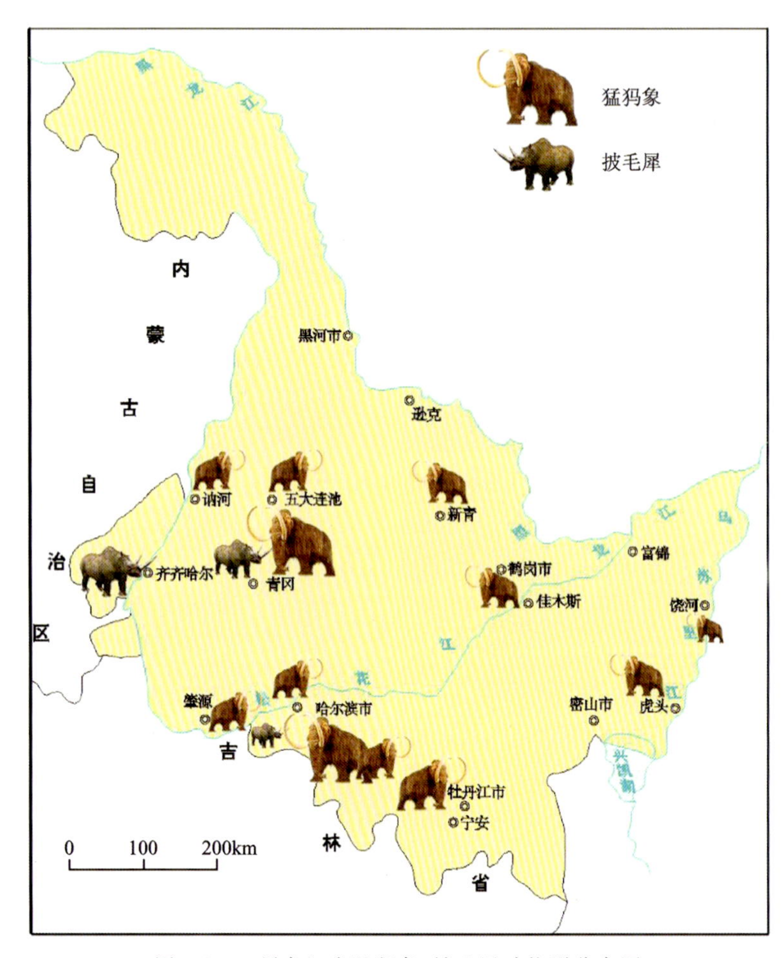

图3-234　黑龙江省猛犸象-披毛犀动物群分布图

值得提出的是，近年来发现化石的产地，如青冈县的德胜乡、永丰镇、迎春等地，主要分布于通肯河分支小流域。其特点是化石产地集中成片，化石种类丰富，据不完全统计有三十二种之多。主要化石有松花江猛犸象(图3-235)、梅氏犀、东北野牛哈尔滨亚种(图3-236)、原始牛、王氏水牛(图3-237)、河套大角鹿、普氏羚羊、中国鬣狗、狼等。化石出露点与现代河床有着密切关系，主要原因是河流季发性洪水切割、侵蚀河岸，水流的冲刷把化石层掠露于地面。这也引来了地方村民滥采乱挖，地方政府应加强保护和管理工作。

图 3-235　松花江猛犸象骨架

图 3-236　东北野牛哈尔滨亚种骨架

图 3-237　王氏水牛骨架

1. 黑龙江省猛犸象-披毛犀动物群特征

猛犸象-披毛犀动物群，其种群以猛犸象和披毛犀（图 3-238）为代表，除此之外还有麋鹿、驼鹿、河套大脚鹿、原始牛（图 3-239）、野驴、普氏野马（图 3-240）、普氏羚羊、东北狍子等，累计有 70～80 种，尤以真猛犸象存在最普遍。

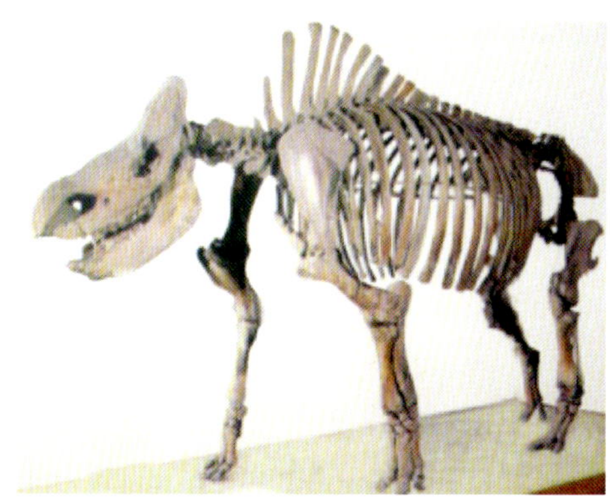
图 3-238　披毛犀骨架

图 3-239　原始牛骨架

图 3-240 普氏野马骨架

1)分布特征

猛犸象-披毛犀动物群在黑龙江省分布很广泛,东起乌苏里江的饶河镇,北到大兴安岭的呼玛,西和南两面都到黑龙江省界。其中以松嫩平原和三江平原较多,尤以松嫩平原化石产地密集,星罗棋布,最具代表性(图 3-234)。

2)赋存层位

黑龙江省内该化石群主要赋存于晚更新世晚期顾乡屯组、大兴组、别拉洪河组。以顾乡屯组为例,岩性明显可分上、下两部分:下部为粗碎屑砂、砂砾石;上部为亚黏土。厚度一般为 10～25m,部分地段可达 30m 以上,表现出一个完整的沉积韵律。下部为河床相,上部为冲洪积边滩相沉积。披毛犀-猛犸象基本赋存于上部淤泥质亚黏土层。由于各地的物质组成略有不同,新构造运动差异,各地出土化石深度不同,一般在 2.5～5m 处。

2. 黑龙江省猛犸象-披毛犀动物群的典型性

经研究初步认为猛犸象-披毛犀动物群在我国北方有 2 个活动期。伴随两次规模较大的向南扩散。

(1)第一次迁移扩散发生在 34～26ka BP,这一次猛犸象从西伯利亚进入我国境内,继而向松辽平原延展,与东部起源的披毛犀等会合,形成猛犸象-披毛犀动物群,因此猛犸象一披毛犀在我国境内分布区域较偏北,并具有越往北密度越大的特点。化石不仅种群密度高,而且个体也大,这时该群已达到北纬 44°左右,基本覆盖黑龙江省适合该动物生存的全部地区。

(2)第二次向南扩散发生在 23～12ka BP,这时在松辽平原广泛分布猛犸象-披毛犀动物群,这次甚至到达山东半岛,第二次扩散后猛犸象个体体形缩小,分布密度变小。

基于此可知,黑龙江省猛犸象-披毛犀动物群具有自身特殊性,不但与华北地区的不同,与俄罗斯和北美洲的也不完全相同。

3. 黑龙江省猛犸象-披毛犀动物群科学价值

(1)对我国特别是东北地区第四纪地层划分对比具有重要意义。

猛犸象-披毛犀动物群在黑龙江省主要赋存于晚更新世地层中,松嫩平原西部称大兴组,松嫩平原东部称顾乡屯组，三江平原称别拉洪河组，基本构成Ⅰ级阶地。这时期的猛犸象^{14}C测年值为34ka BP，基本属第一扩散期产物。由于猛犸象-披毛犀的存在，顾乡屯组研究程度较高，不但全国著名，也引起世界地学界关注。

(2)猛犸象-披毛犀动物群对研究古气候具有很高的科学价值。

有人认为猛犸象-披毛犀动物群生活在冰河期，也有人认为其是生活在冰缘气候的标志，总之猛犸象-披毛犀动物群生活在寒气候条件下，但该群中也有生活在温暖气候条件下的分子，它们之间的关系尚待研究，应通过测年看它们生活时间是否相同。

(3)猛犸象-披毛犀动物群对研究东北地区古环境具有重要价值。

在松嫩平原生活的动物群，分布密度很大，个体也很大，有的可达7000kg，每天所需要的食物在90kg左右，是一个什么样的生存空间，什么样的植被环境，才能支撑该动物群繁衍生息，是一个很重要的研究课题。

(4)对于东北地区人类活动历史及其与其他动物群的关系有很大的研究潜力。

黑龙江省该动物群化石有时和人类关系密切(化石和古人类活动遗迹有重叠)，值得研究和探讨。

(5)猛犸象-披毛犀动物群灭绝原因值得研究和探讨。

对于我国北方晚更新世猛犸象-披毛犀动物何时出现，如何形成、何时灭绝、为什么灭绝这些核心问题，目前还没有令人信服的答案，仍然有待研究和探讨。

4. 黑龙江省猛犸象-披毛犀研究历史和现状

黑龙江省早在20世纪30年代就在哈尔滨顾乡屯—何家沟一带挖掘出几十种化石，对顾乡屯组时代确定起到了重要作用，但至今没有进行专题研究，研究水平较低。

青冈县猛犸象-披毛犀动物群化石产地已引起省内外密切关注，猛犸象-披毛犀动物群化石分布既广泛，又高度集中，证明了猛犸象-披毛犀第一次迁移扩散的特点，堪称猛犸象的故乡，可与嘉荫恐龙地学价值相媲美。

黑龙江省已于2015年，设专题对猛犸象-披毛犀动物群进行调查研究，应用新技术、新方法对该动物群进行研究，力争有新突破。

五、湿地-沼泽地貌

黑龙江省是我国湿地资源分布最广的省份之一。省内湿地具有类型多、数量大、分布广、区域差异显著、生物多样性丰富等特点。湿地类型主要有河流湿地、湖泊湿地、沼泽和沼泽化草甸湿地、库塘等，均属内陆湿地。湿地是自然界最富生物多样性的生态景观和人类最重要的生存环境之一，被誉为“地球之肾”，是生物基因宝库和人类摇篮。省内湿地主要分布于松嫩平原、三江平原、兴凯湖平原，以及大的河流两岸、山间谷地及小平原等。

省内湿地景观独具特色，显示出我国北方湿地的生态魅力。其中国家级自然保护区24处，并有6处湿地保护区被列入“东北亚鹤类保护网”。3处保护区被列入“人与生物圈保护名录”。黑龙江省湿地是我国湿地分布最集中、最广泛的地区之一，也是森林沼泽分布最广的地区，可见，湿地地貌是黑龙江省地质遗迹又一亮点(图3-241)。

1. 分布特征

由于黑龙江省内湿地区域差异性明显，所以各地的湿地各有特征。

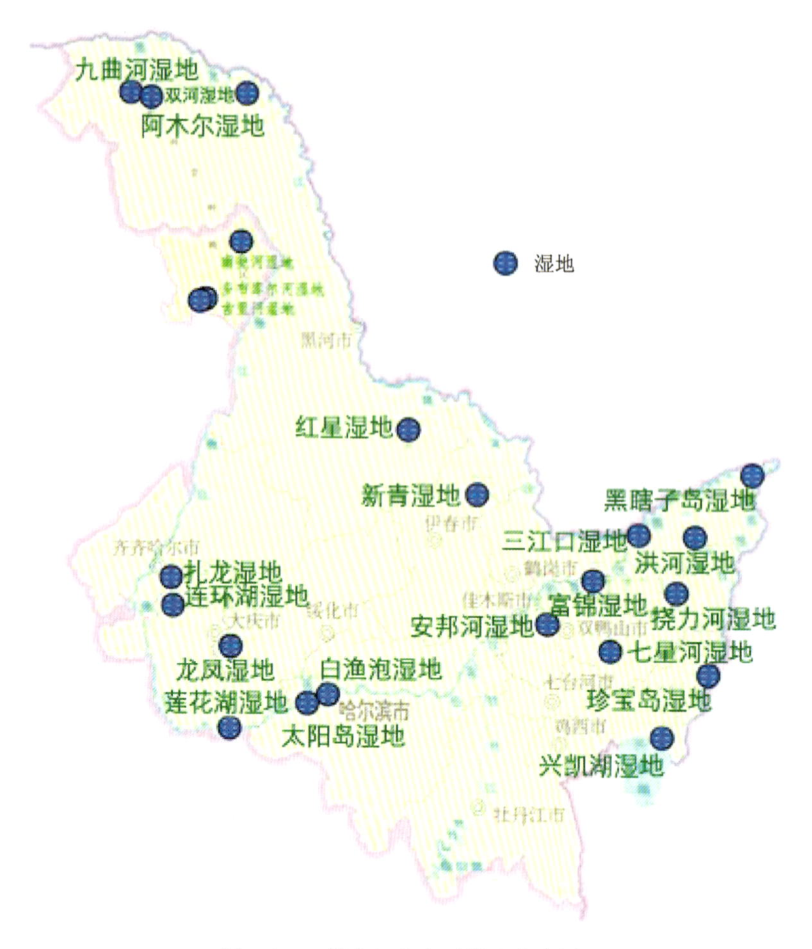

图 3-241　黑龙江省主要湿地分布图

(1)大兴安岭湿地。

大兴安岭地区位于我国最北部，是全国重要的森林保护基地，其间分布着众多河流水域和森林沼泽湿地，是一座庞大的天然蓄水库，支撑和维系着整个大兴安岭寒温带森林系统。湿地具有调节气候的特点，一般湿地位于低凹处，含有大量持水性良好的泥炭土和质地黏重的不透水层，加之大兴安岭发育常年冻土，使湿地具有较大的蓄水能力，具防洪防旱的特点。森林湿地是大兴安岭一大景观。

(2)松嫩平原湿地。

松嫩平原为由松花江、嫩江及其支流冲积和洪积而形成的平原景观。由于地质构造运动的不平衡升降以及河流的改道，造成松嫩平原湖泊星罗棋布，同时由于松嫩平原内水系不发达，河流沼泽化特征显著，形成了生态系统结构复杂，功能独特的松嫩平原湿地。松嫩平原湿地主要分布于松嫩平原的中西部偏南一带，主要湿地类型有淡水草本沼泽湿地、灌丛沼泽湿地和盐碱沼泽湿地。

(3)三江平原湿地。

三江平原位于黑龙江省的东北部，是由黑龙江、松花江、乌苏里江及其支流冲积而形成的低平原地貌，其中包括兴凯湖平原。三江平原是我国最大的淡水沼泽湿地集中分布区，湿地主要分布于低漫滩、高漫滩和低洼处。三江平原湿地中河流湿地、湖泊湿地、沼泽和沼泽化草甸湿地均有分布。

2. 地貌特征

黑龙江省沼泽湿地广泛分布，全省湿地面积达 270 万 km^2，主要分布于松嫩平原、三江平原、兴凯湖平原，以及大兴安岭、小兴安岭山间谷地、河流两岸。湿地内地势平坦、坡降小、河道曲折迂回，流泄不畅。湿地水网纵横，沼泡星罗棋布，水草肥美，湿地是鱼儿的乐园、鸟儿的天堂、花的海洋，是一道亮丽的旅游风景线。

3. 湿地的典型性、多样性和稀有性

1)湿地的典型性

(1)大兴安岭湿地。

大兴安岭地处中国的最北方，其地理位置、气候特征及冻土条件决定了大兴安岭地区独特的湿生和水生的特征。湿地分布具有寒温带的典型性和代表性，其森林湿地是寒温带明亮针叶林的典型森林湿地代表。

(2)松嫩平原湿地。

松嫩平原位于黑龙江省西南部，属半湿润大陆性季风气候区，由于新构造运动属沉降区，松嫩平原湖泊星罗棋布，泡沼相连。平原内水系不发达，河流沼泽化特征显著，形成了生态系统结构复杂的松嫩平原湿地。区内湖泊主要靠大气降水补给，由于平原区高差小排水不畅，在河迹洼地和洼地积水而成湖泊。东北最大的咸水湖，就位于黑龙江省的杜蒙连环泡、龙虎泡和安达的青肯泡等地。由于水质矿化度较高，所以松嫩平原除形成淡水沼泽湿地、灌丛沼泽湿地外，还常形成盐碱沼泽湿地。

(3)三江平原湿地。

三江平原位于黑龙江省东北部地区，属温带湿润半湿润季风气候区。广阔的冲积低平原和河流形成阶地，河漫滩上广泛发育沼泽湿地。三江平原在未开发前是一片草原、沼泽、森林相间分布的处女地，由于开发森林面积逐渐减少，三江平原湿地植被发育，以沼泽化湿地最具代表性。

2)湿地的多样性和稀有性

黑龙江省湿地资源丰富、动植物种类繁多。黑龙江省地处温带和寒温带气候区，生态条件多样，因此植物区分和植物组成种类较为复杂。大兴安岭北部属西伯利亚植物区系，大兴安岭南部、小兴安岭、东部山地、三江平原属长白山植物区系。松嫩平原属蒙古植物区系。各植物区系成分之间交错混杂，构成了黑龙江植物区系特征，而且受地势、区域气候多方面影响，各植物区系间的植被类型和植物组成存在显著差异。湿地植被有原始林、次生林，树种有兴安落叶松、长白落叶松、臭冷杉、红皮云杉、白桦、柳树及多品种杨树林等。此外还有大面积的植物群落、芦苇群落等。

黑龙江省湿地野生动物资源极为丰富，脊椎动物有600种。黑龙江省湿地有灌木100余种、草本植物1000多种。特别是湿地中栖息生存着多种珍稀动植物，充分显示黑龙江省湿地动植物的多样性和稀有性。

4. 成因初探

湿地形成的重要原因是地壳不均衡升降。黑龙江省新构造运动基本继承了中生代的构造格局，上升单元继续上升，沉降单元继续沉降，其中松嫩平原、三江平原、兴凯湖等均为沉降单元，地势低洼是湿地形成的主要因素。湿地的形成和分布是地貌、地形、水文等环境因素相互作用的产物。由于大兴安岭、松嫩平原、三江平原的地貌、地形、水文、地质等环境因素的差异，各地的湿地景观也各具特色。

5. 科学价值

湿地是一种自然资源，是地球上独特的生态系统，不仅在净化环境、调节气候、涵养水源、改善人类生活居住条件等方面具有重要作用，而且是动植物集中分布和生长栖息之处，也是生物的基因库。它不仅是生态旅游资源，也具有重要的生态效益、经济效益和社会效益，对黑龙江省经济发展、生态安全意义重大。

第四章 地质遗迹评价

地质遗迹评价是指在一定范围内的各类重要地质遗迹资源的数量与质量、结构与分布以及开发潜力等方面的评价，明确各种地质遗迹资源地域组合特征、结构和空间配置情况，掌握各种地质遗迹资源。以它的自然属性和社会属性为评价内容，特别是重要地质遗迹资源的开发可能和开发潜力，为人与自然的协调发展、合理开发和保护各种地质遗迹资源提供全面的科学依据。本章强调的是通过地质遗迹的评价来确定重要地质遗迹的级别。这个评价过程应是个完整的系统，包括评价原则、评价方法、评价依据、单因素评价和综合评价等诸多方面。

第一节 评价原则

1. 分类评价的原则

地质遗迹类型不同，评价指标的侧重点也不同。从地质遗迹大类上看，基础地质类地质遗迹评价侧重它的科学性、稀有性、完整性和系统性；地貌景观类地质遗迹评价侧重它的观赏性、稀有性、完整性和系统性；地质灾害类地质遗迹评价侧重它的保存现状、地学科学意义与科普教育意义，以及经济和社会价值。

2. 对比评价的原则

相同地质遗迹类别的地质遗迹基本特征和描述内容是相同的，可以进行对比，如五大连池世界地质公园和镜泊湖世界地质公园，无论在火山机构，还是在熔岩地貌、堰塞湖等方面都可以进行对比。处在相同地质时代的相同地质遗迹亚类可比性会更强，如喀尔喀地质公园和那丹哈达岭地质公园都是新生代新近纪火山岩地貌，可以进行对比。这种对比评价原则的应用范围可以是全球的、国内的和省内的。

3. 点的评价和集中区的评价相结合的原则

点面结合评价原则首先以地质遗迹点评价为基础，然后再结合区域内所有地质遗迹点的组合关系、成因演化特点、地质事件的发生发展等，进行最终的整体评价。

4. 定性评价和定量评价相结合的原则

在定性评价的基础上，给予量化指标进行定量评价。

5. 单因素评价和综合评价兼顾的原则

地质遗迹单因素评价是趋同的，每个评价指标（科学性、稀有性、完整性和系统性、观赏性、通达性、可保护性等）都可以单独作为评价因素对地质遗迹进行评价。如地质遗迹的科学性，无论何类地质遗迹在地学中的意义和价值，都可以单独评价，甚至就此单因素可以定出级别，“金钉子”剖面就是如此。但多数情况下需要全部评价因子都参与的评价，即各评价因子都参与的综合评价。在确定地质遗迹级别时，尤其对地质遗迹集中区的评价，必须坚持单因素评价和综合评价兼顾的原则。

第二节　评价方法

1.择优选择方法

这是地质遗迹评价中最简捷的方法。择优选择方法，缘于地学专家、学者已经付出了大量的劳动，取得了重大地质成果，这种选择方法本身也是一种肯定性的评价。

1)基础地质类地质遗迹

(1)参加过地学界有重大影响的国际地学会议或国际地学界专业现场会的地学专题。

如伊春地质古生物国际会议，为世界第 95 个 K—Pg 界线研究点揭幕。白垩纪和古近纪的界线是 6500 万年前地球生物大灭绝和大复苏的地质界线，该界线研究已锁定在嘉荫县乌云镇小河沿地区，研究已进入“厘米级”精度的最后阶段，有望成为“金钉子”。

再如黑龙江东部地区鸡西群与龙爪沟群综合地层对比研究。鸡西群是黑龙江东部地区中生代重要的陆相含煤地层，龙爪沟群是黑龙江东部地区中生代典型的海陆交互相含煤地层，两个群同构异相，并具有相同的火山事件、海侵事件和成煤事件。两群横向对比对研究黑龙江东部中生代海陆变迁机制、地层、构造格架、成煤预测意义重大，据此列入重要地质遗迹。

(2)《中国地层典》和《地球科学大辞典》中列入的黑龙江省的相关条目。

《中国地层典》和《黑龙江省岩石地层》选取的层型剖面，《地球科学大辞典》中的条目，如顾乡屯组、哈尔滨组被列入地层剖面，可为省级及以上地质遗迹选取依据。

(3)国家级刊物发表的论文或地学专著并被公认的地学科研成果。

如嘉荫恐龙化石产地，先后发现了鸭嘴龙、粗齿龙、似鸟龙、腔骨龙、虚骨龙等化石；在兴隆-罕达气地区发现了腕足类、三叶虫、笔石化石；国内外专家学者对虎林-密山地区海相双壳类和菊石的研究，将原划定的中—晚侏罗世更正为早白垩世，从而提高了龙爪沟群和鸡西群的研究水平；饶河地区放射虫、牙形石及双壳类的研究，由于构造环境所处的特殊性，黑龙江省内是唯一的，国内也是少有的，使该地区侏罗纪—白垩纪界线地层研究取得新的进展。这些科研成果涵盖的地质遗迹可直接列入黑龙江省重要地质遗迹名录。

(4)黑龙江省地质工作者所取得的各项地质成果。

黑龙江省地质工作者通过半个多世纪的工作，编著《黑龙江省区域地质志》《黑龙江省岩石地层》《中国矿床发现史・黑龙江卷》，完成了黑龙江省区域矿产总结，以及全省不同比例尺的地质调查报告、矿调报告、水文地质工程地质及环境地质报告、各类矿产勘查报告等。通过总结和综合分析、归纳整理，以及对地质遗迹区域性分布特点的讨论，取得的主要进展和成果，都为地质遗迹的初选提供了可靠的资料。如黑龙江省区域矿产总结和《中国矿床发现史・黑龙江卷》为重要岩矿石产地类地质遗迹的初选提供了宝贵资料。

2)地貌景观类地质遗迹

(1)黑龙江省内已经审批的各级地质公园。

自 2004 年开展地质遗迹调查工作以来，黑龙江省已经批准设立世界级地质公园 2 处、国家级地质公园 8 处、省级地质公园 24 处、国家矿山公园 6 处。除嘉荫恐龙国家地质公园和国家矿山公园外，其余都是地貌景观类地质公园，这些遗迹资源毫无疑问地列入了各级重要地质遗迹名录中。

(2)黑龙江省内已经开发利用的森林公园、湿地公园、风景名胜区等。

黑龙江省内已经开发利用的森林公园、湿地公园、风景名胜区等常伴有重要地质遗迹的分布，已经审批的地质公园中有 30%是已经开发利用的旅游区。在这次重要地质遗迹野外调查过程中，有相当数量的地质遗迹点都分布在地方已经开发的旅游区内，如双龙山岩溶地貌、鸡冠山花岗岩地貌、蛇洞山花岗岩地貌、名山风景河段、回龙湾风景河段、锦河峡谷地貌等。

2. 权重评价方法

权重评价方法常见有两种形式：一是按评价因子界定标准的定性方法，二是按评价指标赋分定量的方法。

1）按评价因子界定标准的定性方法

这种方法是把地质遗迹的自然属性和社会属性的评价内容分解成科学性、观赏性、稀有性、完整性、系统性、历史文化价值、环境优美性、保存程度、通达性、可保护性等评价因子，然后分级别界定标准、对号入座，进行评价的方法，是定性的评价方法。

世界级地质遗迹评价标准主要看：是否是能为全球演化过程中的某一重大地质历史事件或演化阶段提供重要地质证据的地质遗迹；是否是具有国际地层（构造）对比意义的典型剖面、化石及产地；是否是具有国际典型地学意义的地质地貌景观或现象。

国家级地质遗迹评价标准主要看：是否是能为一个大区域演化过程中的某一重大地质历史事件或演化阶段提供重要地质证据的地质遗迹；是否是具有国内大区域地层（构造）对比意义的典型剖面、化石及产地；是否是具有国内典型地学意义的地质地貌景观或现象。

省级地质遗迹评价标准主要看：是否是能为区域地质历史演化阶段提供重要地质证据的地质遗迹；是否是具有区域地层（构造）对比意义的典型剖面、化石及产地；在地学分区及分类上，是否是具有代表性或较高历史、文化、旅游价值的地质地貌景观。

2）按评价指标赋分定量的方法

地质遗迹赋分定量评价分价值评价和条件评价 2 个评价因子。价值评价因子主要考虑科学性、稀有性和典型性、观赏价值、自然完整性、历史文化价值 5 个评价指标；条件评价因子主要考虑环境优美性、保存程度、通达性、可保护性、安全性 5 个评价指标，形成一个完整的评价指标体系。同时对 2 个评价因子和 10 个评价指标分别给出权重。按重要程度分别赋予不同分数，用数学加权的方法对地质遗迹的价值做出数值判断，依据数值确定级别。

3. 对比分析方法

对比分析方法是选择不少于 2 处已知的对比方与地质遗迹级别、类（亚类）别相同的待定地质遗迹进行单项或多项评价要素对比，在重要特征和价值方面得出恰当的结论，从而达到评价地质遗迹的目的。

1）对比对象的选择条件

地质遗迹对比评价方法只能选择稀有性不强、不是独有和唯一的地质遗迹。地质遗迹保存的地质体或地质现象完整性（系统性）：保存程度基本完好，基本保持自然状态；地质遗迹对比对象是同一亚类地质遗迹，地质遗迹评价等级在同一级别上，在成因演化、物质组成、地质背景、遗迹特征、保存状态等方面具有可比条件。省级地质遗迹对比对象可在省内范围进行对比，确定国家级以上地质遗迹需要进行全国（或世界）范围的对比。对比对象一般不少于 2 处。

2）对比分析方法的应用范围

基础地质类地质遗迹的评价因所涉及的各亚类专业性强，基础地质类地质遗迹往往多以地质遗迹点的形式出现，所以评价时多采用单因素评价方法，比较注重的评价指标科学性、稀有性和典型性，一般很少采用对比分析方法。地貌景观类地质遗迹的评价一般多采用对比分析方法。从黑龙江省地貌景观类地质遗迹亚类对比的角度来看，同一亚类地质遗迹开展对比是必要条件，目前黑龙江省主要地质遗迹亚类以侵入岩地貌、火山岩地貌、湿地地貌使用对比分析评价。如黑龙江省侵入岩地貌按地质时代、地貌类型和形态特点，自然地形成了对比群落。古生代侵入岩地貌仅有麒麟山，中生代侵入岩地貌的鸡冠山、五营、金顶山、双子山、铧子山、碾子山、长寿山、漠河鹿角河、大青山、松峰山、桃山等可进行对比评价。火山岩地貌按地质时代、地貌类型和形态特点，也自然地形成了对比群落，如中生代的苍山、花乐山、洞庭、横头山等。新生代新近纪的喀尔喀、那丹哈达岭红星大平台，第四纪的镜泊湖、五大连池都可以进行对比分析，确定地质遗迹级别。

4.专家鉴评方法

专家鉴评方法是集中地学各专业领域最有发言权的专家、学者们，按地质遗迹评价标准进行讨论，确定地质遗迹级别的方法。它是重要地质遗迹评价不可缺少的环节，也是采纳地学最新认识和最新成果、集中集体智慧、统一认识、减少失误的最佳方法，因而必须认真对待、缜密组织、落到实处。

1)专家鉴评方法的准备

专家鉴评方法的适用范围：侧重基础地质类地质遗迹的评价，地貌景观类地质遗迹和地质灾害类地质遗迹次之。前者多用单因素的定性方法，后两者多采用综合的定量方法。

专家的选定：在地勘系统、冶金系统、煤炭系统、水利和环境系统等单位，选择地层、岩石、构造、古生物、矿产、地理地貌、水工环等地学领域各类专家，每个专业专家不少于3人。

评价资料的准备：专家鉴评前把地质遗迹初选名录按类别装订成册发给有关专家，同时把各类地质遗迹3个等级的评价标准也一并发到专家手中。

2)专家鉴评方法的步骤

(1)确定专家鉴评的时间和地点。以正式通知的形式告知，分类分次进行专家鉴评。

(2)召开专家鉴评座谈会。会上让每位专家充分发表意见、用事实说话，阐明重要地质遗迹自然属性和社会属性评价指标的具体内容与达到的等级。并进行集体讨论、统一认识。

(3)依据对应标准确定级别。按评价因子界定标准的方法，确定该地质遗迹的级别。地质遗迹的专家鉴评可以避免地质遗迹调查的盲目性、提升地质遗迹调查的质量，是最后确定黑龙江省重要地质遗迹名录的重要保证。

第三节　评价依据

《地质遗迹调查规范》(DZ/T 0303—2017)是本书所依托项目执行的技术要求，其中包括地质遗迹的一般要求、地质遗迹点的评价、综合评价、评价方法、定级标准。

1.等级划分标准

地质遗迹等级划分标准见表4-1～表4-3。

表4-1　地质遗迹评价指标

评价指标	说明
科学性	在地学中的意义和价值
稀有性	在省内、国内、世界3个范围内比较
完整性(系统性)	形态的多样和丰富及完整
观赏性	是否具有观赏价值
保存现状	是否受到保护和利用
可保护性(影响因素的可控性)	其成因的可控制程度

表 4-2 不同类型地质遗迹科学性指标及观赏性指标对应标准表

遗迹类型	评价标准	级别
地层剖面	具有全球性的地层界线层型剖面或界线点	Ⅰ
	具有地层大区对比意义的典型剖面或标准剖面	Ⅱ
	具有地层区对比意义的典型剖面或标准剖面	Ⅲ
岩石剖面	全球罕见、稀有的岩体、岩层露头,且具有重要科学研究价值	Ⅰ
	全国或大区内罕见岩体、岩层露头,具有重要科学研究价值	Ⅱ
	具有指示地质演化过程的岩石露头,具有科学研究价值	Ⅲ
构造剖面	具有全球性构造意义的巨型构造、全球性造山带、不整合界面(重大科学研究意义的)关键露头地(点)	Ⅰ
	全国或大区域范围内区域(大型)构造,如大型断裂(剪切带)、大型褶皱、不整合界面,具重要科学研究意义的露头地	Ⅱ
	在一定区域内具科学研究对比意义的典型中小型构造,如断层(剪切带)、褶皱、其他典型构造遗迹	Ⅲ
重要化石产地	反映地球历史环境变化节点,对生物进化史及地质学发展具有重大科学意义;国内外罕见古生物化石产地或古人类化石产地;研究程度高的化石产地	Ⅰ
	具有指准性标准化石产地;研究程度较高的化石产地	Ⅱ
	系列完整的古生物遗迹产地	Ⅲ
重要岩矿石产地	全球性稀有或罕见矿物产地(命名地);在国际上独一无二或罕见矿床	Ⅰ
	国内或大区域内特殊矿物产地(命名地);在规模、成因、类型上具典型意义	Ⅱ
	典型、罕见或具工艺、观赏价值的岩矿石产地	Ⅲ
岩土体地貌	极为罕见的特殊地貌类型,且在反映地质作用过程中有重要科学意义	Ⅰ
	具观赏价值的地貌类型,且具科学研究价值者	Ⅱ
	稍具观赏性地貌类型,可作为过去地质作用的证据	Ⅲ
水体地貌	地貌类型保存完整且明显,具有一定规模,其地质意义在全球具有代表性	Ⅰ
	地貌类型保存较完整,具有一定规模,其地质意义在全国具有代表性	Ⅱ
	地貌类型保存较多,在一定区域内具有代表性	Ⅲ
构造地貌	地貌类型保存完整且明显,具有一定规模,其地质意义在全球具有代表性	Ⅰ
	地貌类型保存较完整,具有一定规模,其地质意义在全国具有代表性	Ⅱ
	地貌类型保存较多,在一定区域内具有代表性	Ⅲ
火山遗迹	地貌类型保存完整且明显,具有一定规模,其地质意义在全球具有代表性	Ⅰ
	地貌类型保存较完整,具有一定规模,其地质意义在全国具有代表性	Ⅱ
	地貌类型保存较多,在一定区域内具有代表性	Ⅲ

表 4-3 其他评价因子评价等级标准

评价因子	评价标准	级别
稀有性、典型性	属国际罕有或特殊的遗迹点	Ⅰ
	属国内少有或唯一的遗迹点	Ⅱ
	属省内少有或唯一的遗迹点	Ⅲ
完整性	地质遗迹自然出露，且保存系统完整	Ⅰ
	地质遗迹自然出露或人为揭露，保存较系统完整	Ⅱ
	地质遗迹自然出露或人为揭露，已被人为破坏，不够系统完整	Ⅲ
历史文化价值	具有重大历史文化价值	Ⅰ
	具有较高历史文化价值	Ⅱ
	具有一般历史文化价值	Ⅲ
环境优美性	地质遗迹所处地貌生态环境非常优美，极具旅游利用价值	Ⅰ
	地质遗迹所处地貌生态环境十分美观，具旅游利用价值	Ⅱ
	地质遗迹所处地貌环境良好，较具旅游利用价值	Ⅲ
保护程度	地质遗迹保存原始自然状态，未受到人为破坏	Ⅰ
	地质遗迹基本保持自然状态，极少受到人为破坏	Ⅱ
	地质遗迹受到一定程度的人为破坏	Ⅲ
可保护性	采取有效保护措施，极易受到保护	Ⅰ
	采取有效保护措施，能够受到保护	Ⅱ
	不宜采取有效保护措施，保护难度大	Ⅲ
通达性	距离高速公路出口较近，省道公路可通达，交通极为方便	Ⅰ
	省道、县道公路可通达，交通方便	Ⅱ
	乡间土路可通达，交通不方便	Ⅲ
安全性	地质遗迹点周围不存在破坏地质遗迹的威胁	Ⅰ
	地质遗迹点周围在一定范围内存在对地质遗迹破坏的威胁	Ⅱ
	地质遗迹面临着被挖除或覆盖的破坏威胁	Ⅲ

2. 地质遗迹定量评价标准

地质遗迹定量评价满分 100 分，价值综合评价因子权重占 0.7，满分 70 分；条件综合评价因子权重占 0.3，满分 30 分（表 4-4）。价值综合评价因子中对基础地质大类及地质灾害大类地质遗迹点科学价值评价权重占 30 分，满分 30 分，美学价值评价权重占 10 分，满分 10 分；对地貌景观大类地质遗迹点科学价值评价权重占 10 分，满分 10 分，美学价值评价权重占 30 分，满分 30 分；定量评价各项评价指标赋值见表 4-5。

按照上述赋分标准，综合黑龙江省不同类型地质遗迹科学性指标及观赏性指标对应标准表（表 4-4）和其他评价因子（稀有性、完整性、历史文化价值、环境优美性、保护程度、可保护性、通达性、安全性）评价等级标准（表 4-3），对各个地质遗迹点（群）的评价指标分别按级别打分，并根据各个评价指标的权重分别计算出各评价因子的得分，评价因子的得分之和即为该地质遗迹点（群）的遗迹评价综合得分。

表 4-5中 10 项评价因子分为 3 级，即Ⅰ、Ⅱ、Ⅲ为各价值综合评价因子和条件综合评价因子分级，其权重值均列于表内，根据综合评价得分合计分数得出地质遗迹定量评价等级。

Ⅰ级：地质遗迹价值极为突出，具有全球性的意义，可列入世界级地质遗迹，综合得分 85～100 分；

Ⅱ级：地质遗迹价值突出，具有全国性或大区域性（跨省区）意义，可列入国家级地质遗迹，综合得分 70～85 分；

Ⅲ级：地质遗迹价值比较突出，具有省级区域性意义，可列入省级地质遗迹，综合得分 55～70 分。

表 4-4　地质遗迹评价因子及评价指标权重

	评价因子	权重	评价指标	权重
遗迹评价	价值评价	0.7（70 分）	科学价值	0.3(0.1)
			美学价值	0.3(0.1)
			稀有性、典型性	0.1
			自然完整性	0.1
			历史文化价值	0.1
	条件评价	0.3（30 分）	环境优美性	0.1
			保存程度	0.05
			安全性	0.05
			通达性	0.05
			可保性	0.05

表 4-5　地质遗迹定量评价赋值表

综合评价	权重（得分）	评价因子	得分	等级赋分值及分级权重		
				Ⅰ	Ⅱ	Ⅲ
价值评价	70	1. 科学价值（科学研究，教学实习，科普）	30（10）	30.00～25.5（10.0～8.5）	25.5～21.0（8.5～7.0）	21.0～16.5（7.0～5.5）
		2. 稀有性、典型性	10	10.0～8.5	8.5～7.0	7.0～5.5
		3. 完整性	10	10.0～8.5	8.5～7.0	7.0～5.5
		4. 观赏价值	10（30）	10.0～8.5（30.00～25.5）	8.5～7.0（25.5～21.0）	7.0～5.5（21.0～16.5）
		5. 历史文化价值	10	10.0～8.5	8.5～7.0	7.0～5.5
		小计	70	70～59.5	59.5～49	49～38.5
条件评价	30	6. 环境优美性	10	10.0～8.5	8.5～7.0	7.0～5.5
		7. 保存程度	5	5.0～4.25	4.25～3.5	3.5～2.75
		8. 可保护性	5	5.0～4.25	4.25～3.5	3.5～2.75
		9. 通达性	5	5.0～4.25	4.25～3.5	3.5～2.75
		10. 安全性	5	5.0～4.25	4.25～3.5	3.5～2.75
		小计	20	30～25.5	25.5～21	21～16.5

注：当地质遗迹类型为地貌景观类地质遗迹时，执行括号内标准。

第四节 单因素评价

地质遗迹评价主要是对地质遗迹资源做出定性或定量评价，对评价结果进行等级划分。单因素评价在任何类别地质遗迹评价中都可以应用，本节则是选取地质遗迹评价中的权重评价因子(指标)作为地质遗迹评价的各个单因素。但就总体上一般基础地质类地质遗迹评价侧重科学性，地貌景观类地质遗迹评价侧重观赏性。其他单因素如稀有性、自然完整性、历史文化价值、环境优美性、保存程度、通达性、可保护性、安全性则在各类地质遗迹评价方面基本差别不大，对地质遗迹评价总的结果影响甚微。

基础地质类地质遗迹的科学性是最大权重单因素，是单因素评价最重要的环节，也是地质遗迹级别定性的关键，各类别地质遗迹评价的要点，即科学性的指向是不同的。各类别地质遗迹评价侧重的情况如下：

层型剖面能反映出形成环境和演化历史；可以在不同范围内进行地层层序的对比，作为全球层型剖面对比的"金钉子"是世界级的，《中国地层典》《黑龙江省岩石地层》选取的层型剖面可以作为地层剖面类遗迹确定为省级及以上地质遗迹的重要标准。

地质事件剖面主要看它地层中是否留下能识别地质事件的显著标志，即地质历史时期稀有的、突发的、短时间影响范围广大的地内事件，如生物灭绝、火山爆发、海侵和海退等。可以根据影响范围和影响程度及地学意义定为不同级别的地质遗迹。

侵入岩岩石剖面类。侵入岩岩石剖面能反映出典型完整的、确切的岩石类型，能够说明侵入岩的成因来源、岩性岩相、含矿特点等突出的科学价值，须准确地确定这类地质遗迹的级别。如在伊春-延寿侵入岩带上，分布着 2 个国家级地质公园和多个省级地质公园，这里的侵入岩岩石剖面具有科学研究价值。

火山岩岩石剖面类。通过熔岩或火山碎屑岩的剖面，能反映出典型完整的火山岩相，火山机构的恢复和构造特点，通过火山岩的系列、岩石组合是否能够确立与板块构造和成矿作用的关系，从而推断大地构造环境、岩浆作用特点、探讨岩浆的起源、演化和形成条件，是否能通过火山岩岩石组合的剖面反映出所处大洋中脊、大洋岛屿、岛弧和大陆活动边缘、大陆、大陆地盾、地台区的火山岩岩石组合的典型特点，从而确定这类地质遗迹的级别。如在黑龙江省能反映出典型完整的火山岩相，有五大连池和镜泊湖 2 个世界级地质公园，通过五大连池火山岩岩石剖面可以清楚地反映火山 7 次喷发的旋回；通过镜泊湖火山岩岩石剖面可以清楚地反映火山 4 次喷发的旋回。

变质岩剖面类。变质岩剖面看其能否恢复原岩及形成的物化条件、能否反映大地构造环境和地壳演化过程之间的关系，通过典型变质岩剖面说明问题的重要程度，从而确定这类地质遗迹的级别。

构造剖面重要地质遗迹的选定取决于剖面能否通过不整合面、褶皱与变形、断裂等，揭示地质体在动力作用下运动学和动力学的演化规律，就其规模、所具有的科学价值来评定它的等级。

重要化石产地类。根据化石分布的特点，是否具备标准化石；分布集中、大量出露、对研究生物灭绝和古地理环境、生物演化等具有重要地学科研价值；对同时具有观赏价值、可独立申报地质公园的古生物化石产地等，都可以根据条件来确定这类地质遗迹的级别，如嘉荫恐龙国家地质公园。

重要岩矿石产地类。典型矿床类露头亚类是地质遗迹重要的组成部分，评价它的级别主要从典型矿床是否特大型、是否为特别典型的成矿类型、矿产是否有特殊用途等方面进行衡量其在全球、国内、省内的重要地位，来确定这类地质遗迹的级别。

在基础地质类地质遗迹评价中，因基础地质类地质遗迹往往在观赏性方面与地貌类景观相距甚远，在评价环节中不应完全按照地貌类观赏性的条件和眼光去看待，应在权重只有 10 分的评价档次上准确地赋分，才能保证在基础地质类地质遗迹评价中取得客观、正确、无争议的结果。

地貌景观类地质遗迹的观赏性是最大权重单因素，是单因素评价最重要的环节，也是地质遗迹级别定性的关键，与基础地质类不同的是，地貌景观地质类遗迹在观赏性的指向是基本相通的。

地貌景观类地质遗迹的评价主要看其是否为全球、国内、省内罕见的特殊地貌类型，是否有特色，地质遗迹丰度和规模如何，是否反映了有重要科学意义的地质作用过程，地貌类型保存是否完整且明显，在一定区域内是否具有代表性。

在地貌景观地质遗迹评价中，一些类别的遗迹评价在科学性上较基础类不同，科学性往往局限在地貌遗迹成因研究和科普教学实习方面，应在权重只有10分的评价档次上准确地赋分，才能保证地貌景观类地质遗迹在评价中取得客观、正确、无争议的结果。

第五节　综合评价

一、评价步骤

在遵循评价原则的前提下，地质遗迹评价贯穿于技术路线的每个阶段，地质遗迹评价具体可以分成以下几个阶段。

1. 地质遗迹初评登记阶段

在收集以往地质成果资料的基础上，初步确定重要地质遗迹内容和范围，结合自然保护区、风景名胜区、地质公园及其他地质地理资料，进一步确定地质遗迹调查对象，通过地方史籍以及高精度遥感影像、地形图等确认地质遗迹的位置。总之，要从不同的地质资料中遴选出不同类型的地质遗迹，对地质遗迹的评价工作，始终贯穿于遴选地质遗迹的过程中。

2. 野外调查验证阶段

为了证实地质遗迹初评的可靠性和通达性、可保护性，根据地质遗迹具有的直观性、显现性的特点，按年度工作设计，分成若干野外调查小组，采取地质路线调查法、剖面测量法、地质地理要素等方法，填写地质遗迹调查表，其内容主要包括野外编号、遗迹名称、遗迹坐标和观测点坐标、行政区属、交通情况、地质遗迹出露范围、露头性质和地貌形态、地质遗迹的地质特征描述、重要和综合价值评价、保护和利用现状等。地质遗迹调查方法及内容在地质遗迹调查一节中有详细介绍。

3. 分类筛选整理阶段

对已经野外调查验证并初步评价等级的地质遗迹，笔者根据不同类型地质遗迹评价等级标准，进一步分类筛选，地层剖面类、岩石剖面类、构造剖面类、重要化石产地类、重要岩矿石产地类、岩土体地貌类、水体地貌类、构造地貌类、火山地貌类、地震遗迹类、其他地质灾害类等黑龙江省现有的地质遗迹类型均填写了地质遗迹筛选信息表，并整理造册。

4. 鉴评认证阶段

组织在黑龙江省地层方面、古生物方面、各类岩石方面、地质构造方面、地质矿产方面等有造诣的专家，以分组、分类、分次召开座谈会的形式，对黑龙江省已经分类筛选的各类地质遗迹进行认证。最后填写黑龙江省重要地质遗迹名录表。

二、评价结果

(一)定性评价结果

按待评价遗迹的科学价值、观赏性、稀有性、典型性、完整性、观赏价值、历史文化价值、环境优美性、保护程度、通达性、可保护性等评价因子,对照评价标准,进行定性评价。本次评价中,10 处地质遗迹评价等级为Ⅰ级,27 处地质遗迹评价等级为Ⅱ级(表 4-6)。

表 4-6 黑龙江省国家级以上地质遗迹定性评价结论表

编号	遗迹名称	类型	综合价值	评价等级
1	黑龙江省黑河市五大连池玄武岩剖面	岩石剖面	剖面揭示了五大连池火山 7 个喷发期次,具重要科研价值。岩石裸露地表,保持自然完整。全球罕见,国内独有。交通条件十分便利	Ⅰ
2	黑龙江省黑河市五大连池石龙岩	重要岩矿石产地	全球性稀有的矿物产地命名地,极具科研、教学价值。形貌特征状似"龙形",美学价值高。出露完整,交通条件便利	Ⅰ
3	黑龙江省牡丹江市宁安镜泊湖	水体地貌	镜泊湖是我国第一大、世界第二大火山堰塞湖,具重要科研、地学价值,世界罕见。原始自然,出露完整,观赏性极佳。交通条件便利	Ⅰ
4	黑龙江省黑河市五大连池火山堰塞湖	水体地貌	五大连池是我国第二大火山堰塞湖(仅次于镜泊湖),具重要科研、地学价值,世界罕见。原始自然,出露完整,观赏性极佳。交通条件便利	Ⅰ
5	黑龙江省牡丹江市宁安镜泊吊水楼瀑布	水体地貌	吊水楼瀑布是世界最大的玄武岩瀑布,具科研、教学价值,世界罕见。自然原始,出露完整,观赏性极佳。交通条件便利	Ⅰ
6	黑龙江省牡丹江市宁安镜泊火山机构	火山地貌	宁安镜泊火山机构具有科研、教学价值,国内罕见。自然原始,保存完整。观赏性较好。交通条件便利	Ⅰ
7	黑龙江省黑河市五大连池火山群	火山地貌	五大连池火山机构及成因有很高的科学研究价值,世界罕见。遗迹保存良好,类型丰富,系统完整。具有极高的美学价值和观赏价值。交通条件便利	Ⅰ
8	黑龙江省牡丹江市宁安镜泊熔岩隧道地貌	火山地貌	火山熔岩隧道具有科研、教学价值,世界罕有。自然原始,保持自然完整,极富美学观赏价值。交通条件便利	Ⅰ
9	黑龙江省黑河市五大连池喷气锥、喷气碟	火山地貌	蕴含丰富的地学知识,其数量之多,形状之标准世界罕见。多数保存较好,观赏性较好。交通条件便利	Ⅰ
10	黑龙江省黑河市五大连池熔岩洞穴	火山地貌	国内仅有,世界罕见。保持原始状态,系统完整,观赏性较好。交通条件便利	Ⅰ

续表 4-6

编号	遗迹名称	类型	综合价值	评价等级
11	黑龙江省伊春市嘉荫县乌云组地层剖面	地层剖面	全球第 95 个 K—Pg 界线研究点，有望成为“金钉子”剖面。科研意义重大。交通条件较好	Ⅱ
12	黑龙江省鸡西市密山市兴凯湖湖岗剖面	地层剖面	湖岗剖面记录了兴凯湖 20 万年以来发生的 5 次不同幅度的湖退。湖岗景色优美，观赏价值高。剖面珍贵稀有，国内罕见	Ⅱ
13	黑龙江省伊春市嘉荫县渔亮子组恐龙化石产地	重要化石产地	同一地区同时发现鸭嘴龙、虚骨龙、甲龙和霸王龙 4 种恐龙化石，国内罕见。属原地埋藏，基本保护了恐龙死亡后掩埋的自然状态，科研价值极高	Ⅱ
14	黑龙江省伊春市嘉荫县乌拉嘎镇恐龙化石产地	重要化石产地	仅次于嘉荫恐龙国家地质公园的一处恐龙化石产地。国内罕见，科研价值高	Ⅱ
15	黑龙江省鸡西市鸡西恒山采矿遗址	重要岩矿石产地	采煤矿业遗迹，记录了矿业发展史，首批国内矿山公园之一。具科普、教学意义	Ⅱ
16	黑龙江省鹤岗市鹤岗煤矿采矿遗址	重要岩矿石产地	采煤矿业遗迹，记录了矿业发展史，首批国内矿山公园之一。具科普、教学意义	Ⅱ
17	黑龙江省伊春市嘉荫县乌拉嘎岩金采矿遗址	重要岩矿石产地	开采岩金矿业遗迹，省内最早开发的岩金矿，首批矿山公园之一。具科普、教学意义	Ⅱ
18	黑龙江省黑河市罕达气砂金矿采矿遗址	重要岩矿石产地	砂金矿业遗迹，记录了砂金开采发展史，已建矿山公园之一。具科普、教学意义	Ⅱ
19	黑龙江省伊春市铁力市桃山悬羊峰花岗岩地貌	岩土体地貌	是集典型性、科学性于一身的花岗岩地质遗迹，国内比较罕见。保存系统而完整，观赏性极佳。交通条件便利	Ⅱ
20	黑龙江省伊春市汤旺河石林花岗岩地貌	岩土体地貌	具科研价值，国内稀有。具有重要的观赏价值。交通条件便利	Ⅱ
21	黑龙江省伊春市嘉荫茅兰沟花岗岩地貌	岩土体地貌	具有科学研究价值，国内少有，保存完好。具有极好的观赏性。交通条件便利	Ⅱ
22	黑龙江省牡丹江市宁安镜泊湖峡谷沿岸花岗岩地貌	岩土体地貌	具有科学研究价值，国内少有。系统完整，观赏性较好。交通条件便利	Ⅱ
23	黑龙江省牡丹江市宁安镜泊岛屿花岗岩地貌	岩土体地貌	具科研、教学价值，省内少见。自然原始，基本保持着原有的自然风貌。观赏性极佳。交通条件便利	Ⅱ
24	黑龙江省黑河市五大连池山口花岗岩地貌	岩土体地貌	具科研、教学价值，国内稀有。原始自然，具有极高的美学价值和观赏价值。交通条件便利	Ⅱ
25	黑龙江省鸡西市密山大兴凯湖	水体地貌	兴凯湖是东亚第一大内陆湖，对于研究湖成因及历史演化极具科学价值、地质历史价值。风景壮观秀丽，具有极高旅游开发利用的美学观赏价值。交通条件便利	Ⅱ

续表 4-6

编号	遗迹名称	类型	综合价值	评价等级
26	黑龙江省鸡西市密山小兴凯湖	水体地貌	小兴凯湖是湖进再湖退后残留而成的，成因特殊，对于研究湖成因及历史演化极具科学价值、地质历史价值。风景壮观秀丽，具有极高旅游开发利用价值和美学观赏价值。交通条件便利	Ⅱ
27	黑龙江省哈尔滨市五常凤凰山高山湿地	水体地貌	湿地是省内唯一一处高山低位湿地，国内罕见。具有较高的教学价值和科研价值。湿地保持自然原始状态，四季均展现别样之美，具有极好的观赏性	Ⅱ
28	黑龙江省齐齐哈尔市扎龙湿地	水体地貌	中国十大最美湿地之一。是中国北方同纬度地区保留最完善、最原始、最开阔的湿地生态系统	Ⅱ
29	黑龙江省哈尔滨市五常凤凰山瀑布群	水体地貌	国内北部13省市中高差最大的瀑布，总长300多米，故称“千尺瀑”，壮观异常，可谓龙江第一瀑，省内唯一。具有较高的观赏性和旅游价值	Ⅱ
30	黑龙江省伊春市嘉荫茅兰瀑布	水体地貌	被誉为省内最美瀑布，省内罕见。具有较高的观赏性和旅游价值	Ⅱ
31	黑龙江省黑河市五大连池矿泉	水体地貌	有“中国矿泉水之乡”之称，其南泉、北泉的碳酸型矿水，不仅是中国矿泉水之极品，也是世界矿泉水之珍品，具有较高的医疗价值	Ⅱ
32	黑龙江省哈尔滨市五常凤凰山高山石海火山岩地貌	火山地貌	具有科研、教学价值，省内唯一。保持自然原始状态，自然完整。具有极好的观赏性。交通条件便利	Ⅱ
33	黑龙江省牡丹江市宁安镜泊火山熔岩地貌	火山地貌	具有科考、科研、科普价值，国内稀有。自然原始、完整。观赏性极佳。交通条件便利	Ⅱ
34	黑龙江省黑河市五大连池火山碎屑物地貌	火山地貌	具有科普教育意义，国内罕见。保持原始状态，类型丰富，系统完整。具有极高的美学价值和观赏价值。交通条件便利	Ⅱ
35	黑龙江省黑河市五大连池熔岩微地貌	火山地貌	具有科普教育意义，国内罕见。保持原始状态，类型丰富，系统完整。具有极高的美学价值和观赏价值。交通条件便利	Ⅱ
36	黑龙江省哈尔滨市五常凤凰山峡谷	构造地貌	具有科研、教学价值，省内唯一。自然原始、完整。具有极好的观赏性。交通条件便利	Ⅱ
37	黑龙江省伊春市嘉荫茅兰峡谷	构造地貌	具有科学研究价值，国内罕见。体系完整，具有极好的观赏性。交通条件便利	Ⅱ

（二）定量评价结果

定量评价是每个评价指标都参与对地质遗迹的评价，用赋分权重的方法来评价地质遗迹的级别。在收集与分析资料以及野外调查的基础上，本次工作选取了245处重要地质遗迹点进行评价，评价标准参照定量评价方法和依据。评价结果统计见表4-7。

表4-7 黑龙江省重要地质遗迹评价结果统计表

地质遗迹类型		地质遗迹评价等级				评分结果		
大类	类	世界级	国家级	省级	小计	世界级	国家级	省级
基础地质	地层剖面	—	2	39	41	—	71.1～77.8	64.6～69.2
	岩石剖面	1	—	25	26	86.7	—	65.0～69.4
	构造剖面	—	—	8	8	—	—	67.3～69.5
	重要化石产地	—	2	10	12	—	72.9～79.7	63.0～69.3
	重要岩矿石产地	1	5	15	21	85.8	70.8～78.9	60.7～69.8
地貌景观	岩土体地貌	—	5	44	49	—	71.4～80.1	60.1～69.9
	水体地貌	3	7	37	47	85.8～87.2	70.9～74.6	63.2～69.2
	火山地貌	5	4	24	33	85.5～87.6	70.9～79.1	63.0～69.5
	构造地貌	—	2	6	8	—	73.8～79.3	62.8～69.0
合计		10	27	208	245	—	—	—

结合黑龙江省重要地质遗迹鉴评结果，对黑龙江省重要地质遗迹做出定量评价，评价黑龙江省重要地质遗迹地层剖面类41处，其中国家级2处，评分71.1～77.8分，省级39处，评分64.6～69.2分；岩石剖面类26处，其中世界级1处，评分86.7分，省级25处，评分65.0～69.4分；构造剖面类8处，省级8处，评分67.3～69.5分；重要化石产地类12处，其中国家级2处，评分72.9～79.7分，省级10处，评分63.0～69.3分；重要岩矿石产地类21处，其中世界级1处，评分85.8分，国家级5处，评分70.8～78.9分，省级15处，评分60.7～69.8分；岩土体地貌类49处，其中国家级5处，评分71.4～80.1分，省级44处，评分60.1～69.9分；水体地貌类47处，其中世界级3处，评分85.8～87.2分，国家级7处，评分70.9～74.6分，省级37处，评分63.2～69.2分；火山地貌类33处，其中世界级5处，评分85.5～87.6分，国家级4处，评分70.9～79.1分，省级24处，评分63.0～69.5分；构造地貌类8处，其中国家级2处，评分73.8～79.3分，省级6处，评分62.8～69.0分。

世界级地质遗迹(10处)：黑龙江省黑河市五大连池玄武岩剖面、黑龙江省黑河市五大连池石龙岩、黑龙江省牡丹江市宁安镜泊湖、黑龙江省黑河市五大连池火山堰塞湖、黑龙江省牡丹江市宁安镜泊吊水楼瀑布、黑龙江省牡丹江市宁安镜泊火山机构、黑龙江省黑河市五大连池火山群、黑龙江省牡丹江市宁安镜泊熔岩隧道地貌、黑龙江省黑河市五大连池喷气锥、喷气碟、黑龙江省黑河市五大连池熔岩洞穴。

国家级地质遗迹(27处)：黑龙江省伊春市嘉荫县乌云组地层剖面、黑龙江省鸡西市密山市兴凯湖湖岗剖面、黑龙江省伊春市嘉荫县渔亮子组恐龙化石产地、黑龙江省伊春市嘉荫县乌拉嘎镇恐龙化石产地、黑龙江省鸡西市鸡西恒山采矿遗址、黑龙江省鹤岗市鹤岗煤矿采矿遗址、黑龙江省伊春市嘉荫县乌拉嘎岩金采矿遗址、黑龙江省黑河市罕达气砂金矿采矿遗址、黑龙江省伊春市铁力市桃山悬羊峰花岗岩地貌、黑龙江省伊春市汤旺河石林花岗岩地貌、黑龙江省伊春市嘉荫茅兰沟花岗岩地貌、黑龙江省牡丹江市宁安镜泊湖峡谷沿岸花岗岩地貌、黑龙江省牡丹江市宁安镜泊岛屿花岗岩地貌、黑龙江省黑河市五大连池山口花岗岩地貌、黑龙江省鸡西市密山大兴凯湖、黑龙江省鸡西市密山小兴凯湖、黑龙江省哈尔滨市五常凤凰山高山湿地、黑龙江省齐齐哈尔市扎龙湿地、黑龙江省哈尔滨市五常凤凰山瀑布群、黑龙江省伊春市嘉荫茅兰瀑布、黑龙江省黑河市五大连池矿泉、黑龙江省哈尔滨市五常凤凰山高山石海火山岩地貌、黑龙江省牡丹江市宁安镜泊火山熔岩地貌、黑龙江省黑河市五大连池火山碎屑物地貌、黑龙江省黑河市五大连池熔岩微地貌、黑龙江省哈尔滨市五常凤凰山峡谷、黑龙江省伊春市嘉荫茅兰峡谷。

第五章 地质遗迹区划

地质遗迹区划包括自然区划和保护区划。依据地域聚集性、成因相关性和组合关系等条件按类型进行自然区划；依据地质遗迹等级、保存现状和可保护性等因素进行地质遗迹保护区划。

第一节 黑龙江省地质遗迹自然区划

地质遗迹自然区划是针对自然环境中地质遗迹这一部分进行的区划。地质遗迹受自然地理背景和地质背景差异性的控制和制约，在地域空间分布上可以划分出不同类型和不同等级层次的区域。地质遗迹区划是个多级的系统，可划分为区（一级）、分区（二级）和小区（三级）。地质遗迹区划既是划分，又是合并，可将高等级的地质遗迹区划单位划分成若干低等级的地质遗迹区划单位，也可根据区域共轭性原则，将低等级的区划单位合并成高等级的地质遗迹区划单位。区划应立足在地质遗迹点的分布和地质遗迹集中区划分的基础上。

一、地质遗迹自然区划的原则

（1）依据地质遗迹区域聚集性、成因相关性和组合关系等条件按类型进行自然区划。

（2）按地质遗迹出露所在的地貌单元、构造单元，结合地质遗迹分布规律，进行地质遗迹自然区划。

（3）地质遗迹自然区划，可划分为地质遗迹区、地质遗迹分区、地质遗迹小区 3 个等级。地质遗迹区一般与一级地貌单元和一级构造单元相对应；地质遗迹分区一般与二级地貌单元和二级构造单元相对应；地质遗迹小区一般和三级地貌单元和二级构造单元相对应。

（4）小区划分以重要地质遗迹为依据，不宜过细。

二、地质遗迹自然区划的方法

（一）地质遗迹区划方法

首先要注意多重特征在区域结构方面上的层次性。地质遗迹的形成与分布主要受地质构造背景、地层分区背景、地貌背景以及气候背景等各种自然因素控制，考虑各自分区的特点，从而建立地质遗迹区划的等级系统；其次要注重各层次、各区划级别间的区域结构研究，区域内部各组成部分之间的物质和能量运动空间的连续性，即地质事件发生发展的共同性；最后根据上述两种基本方法，确定区划的具体级别并划出各区域的界线，恰当地赋予不同级别区划的名称。

区划以地质遗迹点所构成的地质遗迹集中区的合理圈定为基础，遵循地理分布密集型原则、地貌单元完整性原则、地质遗迹成因类型相同或相关的原则；地质遗迹点密集分布的区域，划分过程中适当考虑行政区域的完整性。

1. 地质遗迹区的划分

地质遗迹区由地质遗迹分区合理归并而成，应遵循地理相邻与系统发生学的原则、大致与地貌区划或大地构造一级分区相适应的原则，形成的地质遗迹区能宏观上反映出黑龙江省地质遗迹资源的总体特征与形成背景。

2. 地质遗迹分区的划分

地质遗迹分区由地质遗迹小区合理归并而成，应遵循地理相邻与系统发生学的原则、大致与地貌区划或大地构造二级分区相适应的原则，形成的地质遗迹分区能够反映出黑龙江省地质遗迹资源的分布规律。

3. 地质遗迹小区的划分

地质遗迹小区主要由地质遗迹点（集中区）合理归并而成，应遵循地理类型相同或相近的原则，地质遗迹成因类型相同或形成时间、空间合乎系统发生成因关联的原则，形成的地质遗迹小区能突出反映遗迹资源的具体特征与价值，综合考虑地层区划的背景和构造单元的分布特点。

（二）地质遗迹区划命名方法

地质遗迹区、分区、小区的命名遵循地质地貌学科分类、现实地名、简明扼要、科学定位的原则。地质遗迹区命名，即按照地质遗迹区所在大地貌单元名称＋地质遗迹区命名；地质遗迹分区命名，即按照地质遗迹分区所在地貌（构造）单元名称＋地质遗迹分区命名；地质遗迹小区充分采用现已使用的县、乡镇地名名称＋区内主要地质遗迹类型＋地质遗迹小区命名。地质遗迹区、分区、小区名称，要简单明确，字数不宜过长。地质遗迹区、分区名称前尽量使用山地、盆地、平原等现用名称，地质遗迹小区名称前尽量使用地质遗迹小区内代表性的地名命名。

1. 地质遗迹区命名

地质遗迹区名称前尽量使用山地、盆地、平原等现用名称，如小兴安岭-张广才岭山地地质遗迹区。

2. 地质遗迹分区命名

地质遗迹分区名称前尽量使用山地、盆地、平原等现用名称，如小兴安岭中低山地质遗迹分区等。

3. 地质遗迹小区命名

地质遗迹小区名称前尽量使用地质遗迹小区内代表性的地名冠名，如铁力侵入岩地质遗迹小区。

三、黑龙江省地质遗迹分区论述

黑龙江省地质遗迹区、分区、小区的划分主要从以下 3 个方面考虑。

(1)地质遗迹区的区划依据地貌单元的完整性原则。

地质遗迹区的划分根据全省山地、平原的分布特点:黑龙江省地域辽阔、地形复杂多样且有规律。山地大体呈北西-南东连绵,西南和东北有两片大的平原。即西北部为大兴安岭山地,北部为小兴安岭山地,东南部由张广才岭、老爷岭、太平岭山地、完达山山地构成;东部有三江平原、西南部是松嫩平原。综合以上特点,全省共划分6个地质遗迹区:大兴安岭山地地质遗迹区、松嫩-结雅盆地地质遗迹区、小兴安岭-张广才岭山地地质遗迹区、三江平原地质遗迹区、完达山-太平岭-老爷岭山地地质遗迹区、兴凯平原地质遗迹区。

(2)地质遗迹分区的区划依据地理分布相关性原则。

根据地质遗迹区内地貌单元的走势特点,考虑中山、低山、丘陵、平原的过渡关系和分布特点,确定地质遗迹分区的区划。为满足地质遗迹分区管理上的需要,在划分过程中充分考虑了全省地质构造单元和地貌区划,全省共划分11个地质遗迹分区。大兴安岭山地地质遗迹区划分3个地质遗迹分区:加格达奇-漠河中低山地质遗迹分区、黑河-呼玛低山丘陵地质遗迹分区、碾子山-龙江丘陵地质遗迹分区;松嫩-结雅盆地地质遗迹区划分2个地质遗迹分区:松嫩盆地地质遗迹分区、结雅盆地地质遗迹分区;小兴安岭-张广才岭山地地质遗迹区划分2个地质遗迹分区:小兴安岭中低山地质遗迹分区、大青山-张广才岭中低山地质遗迹分区;完达山-太平岭-老爷岭山地地质遗迹区划分4个地质遗迹分区:完达山低山地质遗迹分区、太平岭低山地质遗迹分区、老爷岭低山地质遗迹分区、饶河拼贴带地质遗迹分区。

(3)地质遗迹小区划分突出重要地质遗迹特点的原则。

地质遗迹小区是地质遗迹区划工作的基础,地质遗迹小区能反映遗迹资源的具体特征与价值,地质遗迹成因类型相同或形成时间、空间合乎系统发生成因关联的原则,小区主要由地质遗迹集中区合理归并而成,突出地质遗迹小区的重要地质遗迹;还应遵循地理类型相同或相近的原则;考虑地层区划的背景和构造单元的分布及行政区划。

根据黑龙江省地质遗迹空间分布特征和地质遗迹区划原则,将黑龙江省地质遗迹区划分为6个区、11个分区、25个小区(表5-1)。

表5-1　黑龙江省重要地质遗迹资源区划表

区	分区	小区
Ⅰ大兴安岭山地地质遗迹区	Ⅰ$_{1}$加格达奇-漠河中低山地质遗迹分区	Ⅰ$_{1-1}$漠河侵入岩、水体地貌地质遗迹小区
		Ⅰ$_{1-2}$呼中-新林火山岩地貌地质遗迹小区
		Ⅰ$_{1-3}$松岭火山岩、水体地貌地质遗迹小区
	Ⅰ$_{2}$黑河-呼玛低山丘陵地质遗迹分区	Ⅰ$_{2-1}$呼玛-兴隆古生代地层剖面、化石产地地质遗迹小区
		Ⅰ$_{2-2}$多宝山古生代地层剖面地质遗迹小区
	Ⅰ$_{3}$碾子山-龙江丘陵地质遗迹分区	—
Ⅱ松嫩-结雅盆地地质遗迹区	Ⅱ$_{1}$松嫩盆地地质遗迹分区	Ⅱ$_{1-1}$科洛-五大连池-二克山火山地貌地质遗迹小区
		Ⅱ$_{1-2}$齐齐哈尔-大庆水体地貌地质遗迹小区
		Ⅱ$_{1-3}$绥化第四纪动物化石产地地质遗迹小区
		Ⅱ$_{1-4}$哈尔滨第四纪地层剖面地质遗迹小区
	Ⅱ$_{2}$结雅盆地地质遗迹分区	Ⅱ$_{2-1}$沾河-库尔滨火山岩地貌地质遗迹小区
		Ⅱ$_{2-2}$乌云-嘉荫中新生代地层剖面、古生物化石产地地质遗迹小区

续表 5-1

区	分区	小区
Ⅲ小兴安岭-张广才岭山地地质遗迹区	Ⅲ$_{1}$小兴安岭中低山地质遗迹分区	Ⅲ$_{1-1}$山口侵入岩地貌地质遗迹小区
		Ⅲ$_{1-2}$伊春侵入岩地貌地质遗迹小区
		Ⅲ$_{1-3}$南岔-翠宏山侵入岩地貌地质遗迹小区
		Ⅲ$_{1-4}$鹤岗矿产地质遗迹小区
		Ⅲ$_{1-5}$铁力侵入岩地貌地质遗迹小区
		Ⅲ$_{1-6}$木兰-通河侵入岩地貌地质遗迹小区
	Ⅲ$_{2}$大青山-张广才岭中低山地质遗迹分区	Ⅲ$_{2-1}$阿城-宾县侵入岩、火山岩、古生代地层剖面地质遗迹小区
		Ⅲ$_{2-2}$尚志-方正侵入岩地貌地质遗迹小区
		Ⅲ$_{2-3}$海林-柴河侵入岩地貌地质遗迹小区
		Ⅲ$_{2-4}$五常-一面坡侵入岩、构造地貌地质遗迹小区
		Ⅲ$_{2-5}$宁安镜泊湖火山地貌地质遗迹小区
Ⅳ三江平原地质遗迹区	—	—
Ⅴ完达山-太平岭-老爷岭山地地质遗迹区	Ⅴ$_{1}$完达山低山地质遗迹分区	Ⅴ$_{1-1}$七台河古生代地层剖面、变质岩地貌地质遗迹小区
		Ⅴ$_{1-2}$集贤侵入岩地貌地质遗迹小区
		Ⅴ$_{1-3}$鸡西地层剖面、重要矿床类地质遗迹小区
	Ⅴ$_{2}$太平岭低山地质遗迹分区	—
	Ⅴ$_{3}$老爷岭低山地质遗迹分区	—
	Ⅴ$_{4}$饶河拼贴带地质遗迹分区	—
Ⅵ兴凯平原地质遗迹区	—	—

（一）大兴安岭山地地质遗迹区

大兴安岭山地地质遗迹区、分区、小区确定的依据：该区控制在黑龙江省二级构造单元大兴安岭弧盆系范围内；地质遗迹分区依据黑龙江省地貌形态和地层分区的特点可以分成 3 个分区；地质遗迹小区根据出露的不同时代地层和主要地质遗迹类型特点可以分成 5 个小区。

大兴安岭山地地质遗迹区包括大兴安岭地区的漠河市、塔河县、呼玛县、呼中区、新林区、松岭区、加格达奇区；黑河市的黑河市辖区、嫩江市北部、孙吴县西部；齐齐哈尔市的碾子山区、讷河市北西部、甘南县西部、龙江县西部。面积约 11.90 万 km^2。区内主要出露中生代火山岩地层，以白垩纪、侏罗纪地层为主，另外区内还广泛出露海西期、印支期侵入岩。区内分布有地质遗迹 56 处，其中地层剖面类 14 处、岩石剖面类 9 处、重要化石产地类 4 处、重要岩矿石产地类 7 处、岩土体地貌类 5 处、水体地貌景观 12 处、火山地貌类 4 处、构造地貌类 1 处。这 56 处地质遗迹中，有国家级地质遗迹 1 处、省级地质遗迹 55 处。

大兴安岭山地地质遗迹区可进一步划分 3 个地质遗迹分区：加格达奇-漠河中低山地质遗迹分区、黑河-呼玛低山丘陵地质遗迹分区、碾子山-龙江丘陵地质遗迹分区。

1. 加格达奇-漠河中低山地质遗迹分区

分区包括大兴安岭地区的漠河市、塔河县的西南部、呼中区、新林区、松岭区西大部分和加格达奇区。面积约 5.68 万 km^2。主要出露白垩纪、侏罗纪火山岩。该区位于黑龙江省最北端，主要以中、低山地貌为主。分布地质遗迹 22 处，主要以火山遗迹和水体地貌遗迹为代表。该分区可进一步划分 3 个地质遗迹小区：漠河侵入岩、水体地貌地质遗迹小区，呼中-新林火山岩地貌地质遗迹小区和松岭火山岩、水体地貌地质遗迹小区。

1)漠河侵入岩、水体地貌地质遗迹小区

该小区以花岗岩地貌地质遗迹占主导地位。富克山以西的鹿角河分布三叠纪花岗岩地貌地质遗迹，在与内蒙古交界处分布大量花岗岩石林地貌，并有多处冰臼、岩臼等疑似冰川遗迹，其地貌形态、规模可与内蒙古克什克腾世界地质公园的花岗岩地貌媲美，于 2014 年被评为省级地质公园。富克山以东分布新元古代花岗岩地貌地质遗迹。靠近漠河西吉地区还分布有丰富的水体地貌，有漠河北极村湿地、漠河九曲河湿地、北极村黑龙江风景河段、古莲乡月牙湖、黑龙江第一湾风景河段、图强九曲十八弯风景河段，均为自然原生态景观。此外，该小区还有金沟清代采矿遗址、砂宝斯岩金矿、漠河组地层剖面等遗迹。

2)呼中-新林火山岩地貌地质遗迹小区

该小区以中生代火山岩地貌地质遗迹占主导地位。小区中部分布早白垩世火山岩地貌，周边(特别是南部)分布晚侏罗世火山地貌，大兴安岭地区呼中区苍山火山岩地貌遗迹于 2014 年被评为省级地质公园，区内的北国一柱等火山岩地貌是区内罕见的地质遗迹精品。此外区内还分布多处基础地质类地质遗迹，包括大诺木诺孔河左岸古动物化石产地、岔路口钼矿床产地、黄斑脊山组地层剖面、北西里岩体剖面等。

3)松岭火山岩、水体地貌地质遗迹小区

该小区以火成岩地貌地质遗迹为主，与区内原始湿地形成了地质遗迹“火”与“水”的完美结合。主要的火山地貌地质遗迹有火山机构地貌的马鞍山火山口；火山岩地貌地质遗迹有小古里火山石海、熔岩流等。除此，区内还分布有大兴安岭古里河湿地、多布库尔河风景河段、南瓮河湿地、多布库尔湿地等重要水体类地质遗迹景观。

2. 黑河-呼玛低山丘陵地质遗迹分区

该区位于大兴安岭地区东部，以低山、丘陵地貌为主。分区包括大兴安岭地区的呼玛县东北小部分、塔河县西北部、呼玛县，松岭区东缘；黑河市的黑河市辖区、嫩江市北部、孙吴县西部和五大连池市北部。面积约 5.59 万 km^2。区内主要出露白垩纪、侏罗纪火山岩，南部有多期次侵入岩分布。分布地质遗迹 28 处，主要以古生代地层剖面为代表的地层剖面遗迹为主，是黑龙江省地层剖面遗迹最为集中分布的区域。分区可进一步划分 2 个地质遗迹小区：呼玛-兴隆古生代地层剖面、化石产地地质遗迹小区和多宝山古生代地层剖面地质遗迹小区。

1)呼玛-兴隆古生代地层剖面、化石产地地质遗迹小区

该小区以古生代地层剖面及化石产地地质遗迹占主导地位。分布有古生代地层剖面地质遗迹安娘娘桥组地层剖面、二十二站组古动物化石产地、兴华渡口岩群变质岩剖面、铁帽山岩体剖面、韩家园子砂金采矿遗址、黑龙江八十里大弯 6 处基础地质类地质遗迹。此外，区内的三间房画山火山岩地貌和察哈彦迎门大砬子花岗岩地貌地质遗迹资源丰富，集中出露，交通条件优越，是申报省级地质公园的优秀候选地。

2)多宝山古生代地层剖面地质遗迹小区

该小区以古生代地层剖面地质遗迹占主导地位，黑龙江省多数古生代建组层型剖面都分布于此。

古生代地层剖面地质遗迹:嫩江-黑河奥陶系的层型剖面有铜山组地层剖面、爱辉组地层剖面;黑河市辖区志留系的层型剖面有黄花沟组地层剖面、卧都河组地层剖面;呼玛-黑河泥盆系的层型剖面有泥鳅河组地层剖面、腰桑南组地层剖面、小河里河组地层剖面;黑河市辖区石炭系的层型剖面有洪湖吐河组地层剖面。此外,区内还分布有八十里小河古动物化石产地、裸河东岸爱辉组化石产地、多宝山铜矿床、白石砬子岩体剖面、多宝山组火山岩剖面、甘河组火山岩剖面、西山组火山岩剖面、锦河大峡谷、罕达气砂金采矿遗址等遗迹。

3. 碾子山-龙江丘陵地质遗迹分区

该区主要以丘陵地貌为主。分区包括黑河市的嫩江市西南小部分;齐齐哈尔市的讷河县西部、碾子山区、龙江县西部。面积约 0.64 万 km^2。从构造单元和地层单位全方面考虑,该分区不再划分小区。区内主要出露白垩纪火山岩,局部出露二叠纪老龙头组火山岩,另外还有印支期花岗岩大量分布。分布地质遗迹 6 处,主要以印支期花岗岩地貌为代表。

该分区地质遗迹类型丰富。岩石地貌地质遗迹有碳酸盐岩地貌和侵入岩地貌两种类型,如龙江县双龙山岩溶地貌地质遗迹、碾子山蛇洞山侵入岩地貌地质遗迹。蛇洞山侵入岩地貌已于 2014 年被评为省级地质公园,成为连接扎龙湿地与内蒙古扎兰屯黄金旅游线的重要地质遗迹资源。地层剖面地质遗迹有林西组地层剖面;火山岩剖面遗迹有龙江组火山岩剖面、光华组火山岩剖面;典型矿床有大砬子沸石矿床遗迹。

(二)松嫩-结雅盆地地质遗迹区

松嫩平原地质遗迹区、分区、小区确定的依据:该地质遗迹区主要控制在松嫩-结雅火山活动区二级构造单元范围内;分区则根据地貌单元的特点分为 2 个地质遗迹分区;按照地质遗迹分布的不同类型和地貌特征分成 6 个小区。

松嫩-结雅盆地地质遗迹区包括黑河市的嫩江市南部、五大连池市西部、北安市西部、逊克县大部分、孙吴县东部、黑河市辖区;伊春市的嘉荫县大部分、乌依岭区、铁力市西部;齐齐哈尔市的讷河市、克山县、克东县、甘南县东部、富裕县、依安县、拜泉县、龙江县东部、泰来县、齐齐哈尔市辖区;大庆市的林甸县、杜尔伯特蒙古族自治县、肇源县、肇州县、大庆市辖区;绥化市的庆安县西南部、绥棱县的西南部、海伦市、望奎县、兰西县、明水县、青冈县、安达市、肇东市、绥化市辖区;哈尔滨市区的呼兰区、巴彦县的西部、双城区、哈尔滨市辖区、阿城区西部、五常市西北小部分。面积约 13.09 万 km^2。主要出露新生代第四纪地层、第四纪火山玄武岩,局部小范围出露白垩纪地层。区内分布有地质遗迹 40 处,其中地层剖面类 7 处、岩石剖面类 1 处、重要化石产地类 4 处、重要岩矿石产地类 4 处、岩土体地貌类 3 处、水体地貌景观 11 处、火山地貌类 9 处、构造地貌类 1 处。这 40 处地质遗迹中,有世界级地质遗迹 6 处、国家级地质遗迹 11 处、省级地质遗迹 23 处。

松嫩-结雅盆地地质遗迹区可进一步划分 2 个地质遗迹分区:松嫩盆地地质遗迹分区、结雅盆地地质遗迹分区。

1. 松嫩盆地地质遗迹分区

该区以平原地貌为主。分区包括黑河市的嫩江市南部、五大连池市西部和北安市西部;伊春市的铁力市西部;齐齐哈尔市的讷河市、克山县、克东县、甘南县东部、富裕县、依安县、拜泉县、龙江县东部、泰来县、齐齐哈尔市辖区;大庆市的林甸县、杜尔伯特蒙古族自治县、肇源县、肇州县、大庆市辖区;绥化市的庆安县西南部、绥棱县的西南部、海伦市、望奎县、兰西县、明水县、青冈县、安达市、肇东市、绥化市辖区、哈尔滨市区的呼兰区、巴彦县的西部、双城区、哈尔滨市辖区、阿城区西部、五常市西北小部分。面积约 11.13 万 km^2。区内主要出露新生代第四纪地层、第四纪火山玄武岩。分布地质遗迹 28 处，主要以第四纪火山遗迹和第四纪古动物化石产地为代表，国际知名的五大连池世界地质公园坐落在这里，同时，松嫩盆地也是东北地区最重要的披毛犀-猛犸象古动物群化石产地之一。

该分区可进一步划分 4 个小区：科洛-五大连池-二克山火山地貌地质遗迹小区、齐齐哈尔-大庆水体地貌地质遗迹小区、绥化第四纪动物化石产地地质遗迹小区和哈尔滨第四纪地层剖面地质遗迹小区。

1)科洛-五大连池-二克山火山地貌地质遗迹小区

该小区以地质遗迹火山地貌为主，分布有世界级地质遗迹：五大连池玄武岩剖面、五大连池火山群、五大连池喷气锥、喷气碟、五大连池火山堰塞湖、五大连池熔岩洞穴、五大连池石龙岩；国家级地质遗迹：五大连池火山碎屑物地貌、五大连池熔岩微地貌和五大连池矿泉。此外，区内还分布有科洛火山群、克东二克山火山锥等火山机构地貌遗迹。

2)齐齐哈尔-大庆水体地貌地质遗迹小区

该小区以水体地貌类地质遗迹占主导地位。齐齐哈尔扎龙湿地是全国十大最美湿地，大庆市被誉为“千湖之都”，其中杜尔伯特连环湖是黑龙江省内唯一以水体遗迹为主的省级地质公园。区内还分布有嫩江尼尔基风景河段、大庆龙凤湿地、杜蒙湿地。水体类地质遗迹有两种：湖泊和湿地亚类。湖泊亚类有连环湖；湿地亚类有扎龙湿地、肇源沿江湿地。矿床类地质遗迹有大庆油田国家矿山公园，大庆采矿遗址(松基三井)是矿山公园的典型遗迹景观。

3)绥化第四纪动物化石产地地质遗迹小区

该小区地质遗迹资源稀少，以出产猛犸象、披毛犀为代表的第四纪动物化石闻名。全国和黑龙江省多处博物馆展出的猛犸象、披毛犀化石均出土于三站镇猛犸象-披毛犀动物化石产地和青冈猛犸象-披毛犀古动物群化石产地。其中青冈猛犸象-披毛犀古动物群化石产地已经出土的猛犸象-披毛犀动物群化石初步认定已经达 30 余种，主要以猛犸象、披毛犀为代表，还有野牛、野马、狼、野猪、水牛、骆驼、野兔等，已经组成的披毛犀、猛犸象完整骨架达几十架。此外，区内还有老莱黄黏土矿产地、绥棱阁山柱状玄武岩地貌、望奎无影山黄土地貌 3 处遗迹资源。

4)哈尔滨第四纪地层剖面地质遗迹小区

该小区以第四纪地层剖面地质遗迹占主要地位。第四系更新统地层剖面自下而上有荒山组地层剖面、哈尔滨组地层剖面、顾乡屯组地层剖面。除此，还有道外天恒山黄土地貌和水体地貌类地质遗迹。

2. 结雅盆地地质遗迹分区

该区以丘陵、平原地貌为主。分区包括黑河市的逊克县大部分、孙吴县东部、黑河市辖区东部；伊春市的嘉荫县大部分、乌依岭区、友好区西部。面积约 1.96 万 km^2。主要出露第四纪地层、第四纪火山玄武岩、新近纪玄武岩、新近系孙吴组地层和白垩纪地层。分布地质遗迹 12 处，该区以中新生代地层剖面、恐龙化石产地最为著名，位于逊克红星大平台的第四纪玄武岩地貌也是区内的优秀地质遗迹资源。该分区可进一步划分 2 个小区：沾河-库尔滨火山岩地貌地质遗迹小区和乌云-嘉荫中新生代地层剖面、古生物化石产地地质遗迹小区。

1)沾河-库尔滨火山岩地貌地质遗迹小区

该小区以火山岩地貌地质遗迹占主导地位。在小区的中、南部出露大面积第四纪玄武岩，占小区面积的 80%左右。红星火山岩省级地质公园在区内大平台垦区。除此，小区还有红星湿地水体地貌地质遗迹。

2)乌云-嘉荫中新生代地层剖面、古生物化石产地地质遗迹小区

该小区以中新生代地层剖面、古生物地质遗迹占主导地位。中生代地层剖面地质遗迹有分布在嘉荫县黑龙江边的嘉荫群，自东向西有永安村组地层剖面、太平林场组地层剖面、富饶组地层剖面。新生

代地层剖面地质遗迹有在小河沿发现的古近系乌云组地层剖面，是世界第 95 个 K—Pg 界线剖面研究点，有望成为世界级地质遗迹——“金钉子”地质剖面。渔亮子组地层剖面中含有大量古生物化石，尤以恐龙化石最为著名，嘉荫恐龙国家地质公园就坐落在这里。乌拉嘎镇恐龙化石产地是嘉荫县发现的又一处恐龙化石产地。在小区的西部分布有黑龙江伊春小兴安岭国家地质公园茅兰沟园区，园内的嘉荫茅兰沟花岗岩地貌、嘉荫茅兰峡谷、嘉荫茅兰瀑布，都是国家级地质遗迹点，属地质遗迹精品。此外，小区东部的乌拉嘎岩金采矿遗址是黑龙江省最早建立的国家矿山公园。

（三）小兴安岭-张广才岭山地地质遗迹区

小兴安岭-张广才岭山地地质遗迹区、分区、小区确定的依据：该地质遗迹区控制在黑龙江省二级构造单元小兴安岭-张广才岭弧盆系范围内；地质遗迹分区依据不同地层分区、构造单元和地貌特点可以划分 2 个分区；根据不同地质时代的地质体特征所区分的不同地质遗迹类型共划分 11 个小区。

小兴安岭-张广才岭山地地质遗迹区包括伊春市的伊春市辖区、铁力市大部分、嘉荫县大部分；黑河市的逊克县的西部和东北部、五大连池市东部、北安市东部；绥化市的绥棱县的东北部、庆安县的东北部；哈尔滨市的巴彦县的东北部、通河县、木兰县、依兰县的西部、阿城区东部、宾县大部分、五常市大部分、尚志市、延寿县、方正县；佳木斯市的汤原县的西部、鹤岗市辖区的北部、萝北县的西北部；牡丹江市的海林市大部分、林口县西北部、牡丹江市辖区的西北部。面积约 10.83 万 km^2。区内大面积出露印支期花岗岩，海西期花岗岩次之，分布有大量花岗岩地貌景观。区内共有地质遗迹 81 处，其中地层剖面类 6 处、岩石剖面类 7 处、构造剖面类 1 处、重要化石产地类 2 处、重要岩矿石产地类 4 处、岩土体地貌类 34 处、水体地貌景观 10 处、火山地貌类 13 处、构造地貌类 4 处。这 81 处地质遗迹中，有世界级地质遗迹 4 处、国家级地质遗迹 11 处、省级地质遗迹 66 处。

该区可进一步划分 2 个地质遗迹分区：小兴安岭中低山地质遗迹分区和大青山-张广才岭中低山地质遗迹分区。

1. 小兴安岭中低山地质遗迹分区

分区包括伊春市的伊春市辖区、铁力市大部分、嘉荫县大部分；黑河市的逊克县西部和东北部、五大连池市东部、北安市东部；绥化市的绥棱县东北部、庆安县东北部；哈尔滨市的巴彦县东北部、通河县、木兰县、依兰县西部、阿城区东部、宾县大部分、五常市大部分、尚志市、延寿县、方正县；佳木斯市的汤原县西部、鹤岗市辖区北部、萝北县西北部；牡丹江市的海林市大部分、林口县西北部、牡丹江市辖区的西北部。面积约 6.13 万 km^2。该区分布地质遗迹 33 处，地处伊春-延寿花岗岩带，区内大面积出露印支期花岗岩，是黑龙江省花岗岩地貌最典型、最密集的分布区。

该分区可进一步划分 6 个地质遗迹小区：山口侵入岩地貌地质遗迹小区、伊春侵入岩地貌地质遗迹小区、南岔-翠宏山侵入岩地貌地质遗迹小区、鹤岗矿产地质遗迹小区、铁力侵入岩地貌地质遗迹小区和木兰-通河侵入岩地貌地质遗迹小区。

1）山口侵入岩地貌地质遗迹小区

该小区以侵入岩地貌地质遗迹占主导地位。小区有以侵入岩地貌、构造地貌为主的黑龙江山口国家地质公园，侵入岩在小区呈南西-北东向分布。园区内的山口湖是黑龙江省内第二大内陆湖泊。

2）伊春侵入岩地貌地质遗迹小区

该小区以侵入岩地貌地质遗迹占主导地位，是黑龙江省侵入岩地貌地质遗迹集中分布区之一。这里分布有汤旺河石林花岗岩地貌（黑龙江伊春小兴安岭花岗岩石林国家地质公园）、五营平山花岗岩地貌（黑龙江省五营国家森林公园）、五营丽丰经营所花岗岩地貌和伊春石磊河花岗岩地貌。小区在侵入岩分布区还有零星地层剖面地质遗迹出露，分布有西林群的五星镇组地层剖面。另外还有红山村古植物化石产地、清水岩体剖面、小西林岩体剖面、美溪回龙湾风景河段、都尔滨河湿地、新青湿地等多处地质遗迹点。

3)南岔-翠宏山侵入岩地貌地质遗迹小区

该小区以侵入岩地貌地质遗迹占主导地位。分布有南岔仙翁山花岗岩地貌(黑龙江省南岔仙翁山地质公园)、鹤岗金顶山花岗岩地貌及鹤岗金顶山峡谷地貌(黑龙江省金顶山地质公园)、金山屯白山石林花岗岩地貌、依兰四块石花岗岩地貌、汤原大亮子河花岗岩地貌、汤原东风石海花岗岩地貌和宝泉组火山岩剖面等遗迹。其中金山屯白山石林花岗岩地貌地质遗迹、依兰四块石花岗岩地貌因其地质遗迹资源丰富,美学价值高,地质旅游开发价值较高,有望成为申报省级地质公园的候选地。

4)鹤岗矿产地质遗迹小区

该小区以矿产类地质遗迹为主,遗迹资源相对较少。区内主要地质遗迹包括萝北云山石墨矿产地、鹤岗煤矿采矿遗迹、萝北太平沟采金遗址和萝北兴安大峡谷(黑龙江省兴安大峡谷地质公园)。

5)铁力侵入岩地貌地质遗迹小区

该小区主要出露印支期花岗岩,区内遗迹以侵入岩地貌占主导地位,是黑龙江省独具北方特色的花岗岩石林地质遗迹集中分布区之一。区内分布有桃山悬羊峰花岗岩地貌(黑龙江伊春小兴安岭国家地质公园桃山园区)、朗乡石林花岗岩地貌(黑龙江省朗乡花岗岩石林地质公园)和朗乡万松岩石林侵入岩地貌地质遗迹。

6)木兰-通河侵入岩地貌地质遗迹小区

该小区以印支期花岗岩地貌为代表,是滨东地区最壮观的花岗岩地貌景观。分布有木兰大鸡冠山花岗岩地貌、小鸡冠山花岗岩地貌、通河鸡冠鼎花岗岩地貌(黑龙江鸡冠山地质公园)和通河铧子山花岗岩地貌(黑龙江省铧子山地质公园)地质遗迹和迎兰火山岩地貌。鸡冠山地貌景观以其地质遗迹丰度大,“移步换景”为特色,高大岩柱、浩瀚石海、精美象形石比比皆是,面积适宜性好,有望成为国家级地质公园的备选地。

2. 大青山-张广才岭中低山地质遗迹分区

该区以中低山地貌为主。分区包括伊春市的伊春市辖区、铁力市大部分、嘉荫县大部分;黑河市的逊克县西部和东北部、五大连池市东部、北安市东部;绥化市的绥棱县东北部、庆安县东北部;哈尔滨市的巴彦县东北部、通河县、木兰县、依兰县西部、阿城区东部、宾县大部分、五常市大部分、尚志市、延寿县、方正县;佳木斯市的汤原县西部、鹤岗市辖区北部、萝北县西北部;牡丹江市的海林市大部分、林口县西北部、牡丹江市辖区西北部。面积约 4.70 万 km^2。分布有地质遗迹 48 处,区内大面积出露印支期花岗岩,西部出露白垩纪、侏罗纪火山岩,另外局部零星出露元古宙老地层。该区为滨东花岗岩地貌聚集区,以花岗岩地貌最为著名。

该分区可进一步划分 5 个地质遗迹小区:阿城-宾县侵入岩、火山岩、古生代地层剖面地质遗迹小区,尚志-方正侵入岩地貌地质遗迹小区,海林-柴河侵入岩地貌地质遗迹小区,五常-一面坡侵入岩、构造地貌地质遗迹小区和宁安镜泊湖火山地貌地质遗迹小区。

1)阿城-宾县侵入岩、火山岩、古生代地层剖面地质遗迹小区

该小区以火成岩(火山岩、侵入岩)地貌地质遗迹占主导地位,古生代和中生代地层剖面、火山岩剖面地质遗迹次之。小区内兼有火山岩、侵入岩地貌地质遗迹集中区的有黑龙江省二龙-长寿山地质公园(宾县英杰沟火山岩地貌、宾县长寿山花岗岩地貌、宾县砬乡花岗岩地貌)、黑龙江省横头山-松峰山地质公园(阿城吊水壶火山岩地貌、阿城横头山火山岩地貌、阿城松峰山花岗岩地貌)和黑龙江省大青山地质公园(宾县大青山火山岩地貌、宾县花乐山花岗岩地貌)。此外,区内分布的古生代地层剖面类地质遗迹有黑龙宫组地层剖面、土门岭组地层剖面、一撮毛侵入岩剖面、宁远村组火山岩剖面、唐家屯组火

山岩剖面、五道岭组火山岩剖面、阿城五道岭冶铁遗址、宾县高丽帽子花岗岩地貌和尚志帽儿山火山岩地貌等。

2)尚志-方正侵入岩地貌地质遗迹小区

该小区是滨东地区侵入岩地貌地质遗迹集中区域之一，主要出露印支期花岗岩。分布有延寿长寿山花岗岩地貌(黑龙江省长寿山地质公园)、宝兴双子山花岗岩地貌(黑龙江省双子山地质公园)、小金沟组地层剖面、马鞍山古植物化石产地、尚志高丽山火山锥等遗迹资源。

3)海林-柴河侵入岩地貌地质遗迹小区

该小区重要地质遗迹以侵入岩地貌为主。这里分布有黑龙江省莲花湖地质公园，莲花双桥子花岗岩地貌、莲花库伦比花岗岩地貌、莲花锅盔湾花岗岩地貌、海林莲花湖、海林莲花湖峡谷地貌、柴河小九寨变质岩地貌都是该公园的地质遗迹精品。除此之外，区内还分布有敦密岩石圈断裂、三道关岱王峰花岗岩地貌、三道关北黄山花岗岩地貌和横道河子镇石林岭花岗岩地貌等遗迹资源。

4)五常-一面坡侵入岩、构造地貌地质遗迹小区

该小区以黑龙江五常凤凰山国家地质公园遗迹为主，四大特色景观为凤凰山高山石海火山岩地貌景观、凤凰山峡谷地貌、凤凰山瀑布群、凤凰山高山湿地，都是黑龙江省内别具特色的遗迹资源，国内罕见。

5)宁安镜泊湖火山地貌地质遗迹小区

该区是黑龙江省继五大连池又一火山遗迹的典型区域。区内的镜泊湖世界地质公园享誉国内外。这里分布有丰富的火山遗迹和水体遗迹。火山机构类遗迹有宁安镜泊蛤蟆塘火山锥、宁安镜泊地下森林复火山锥、宁安镜泊大干泡复火山锥、宁安镜泊迷魂阵复火山锥、宁安镜泊五道沟复火山锥组成的宁安镜泊火山机构；火山岩地貌有宁安镜泊火山熔岩地貌，宁安镜泊喷气锥、喷气碟，宁安镜泊熔岩隧道地貌；水体地貌有宁安镜泊湖、宁安镜泊小北湖、宁安镜泊吊水楼瀑布；侵入岩地貌有宁安镜泊峡谷沿岸花岗岩地貌、宁安镜泊岛屿花岗岩地貌。此外，区内还分布有温春火山机构地貌和宁安二洼柱状玄武岩地貌。

(四)三江平原地质遗迹区

三江平原地质遗迹区包括鹤岗市的萝北县东南部、鹤岗市辖区南部、绥滨县；佳木斯市的汤原县东部、桦川县、富锦市、同江市、抚远市、佳木斯市辖区北部；双鸭山市的集贤县北部、友谊县东北部、宝清县北部。面积约 3.65 万 km^2。

该区地质遗迹资源类型相对单一，该地质遗迹区将不再划分地质遗迹分区和小区。区内共有地质遗迹 11 处，水体地貌景观 9 处，火山地貌类 2 处。全部为省级地貌景观大类地质遗迹。

该区以水体地貌类中的河流、湿地地质遗迹为主。纵观小区，大致可分为水体地貌类和火山地貌类两种地质遗迹类型。水体地貌景观有黑龙江、乌苏里江、松花江，形成地质遗迹江段的有名山风景河段、三江口风景河段、黑瞎子岛湿地、富锦湿地、洪河湿地、安邦河湿地、七星河湿地、千鸟湖湿地和东升湿地。火山地貌景观分布有同江街津口火山岩地貌、富锦连山柱状玄武岩地貌等。

(五)完达山-太平岭-老爷岭山地地质遗迹区

完达山-太平岭-老爷岭山地地质遗迹区、分区、小区确定的依据：该地质遗迹区主要控制在佳木斯-兴凯地块区火山活动区二级构造单元范围内；分区则根据三级构造单元的特点和地貌单元，将区划分为 4 个分区；按照地质遗迹分布的不同类型和地貌特征分成 3 个小区。

完达山-太平岭-老爷岭山地地质遗迹区包括佳木斯市汤原县东南部、佳木斯市区南部、桦南县；双鸭山市的集贤县南部、双鸭山辖区、宝清县大部分、饶河县；七台河市的勃利县、七台河市辖区；鸡西市的鸡东县大部分、虎林市西部、鸡西市辖区；牡丹江市的林口县东部、牡丹江市辖区的东部、穆棱市、绥芬河市、东宁市、宁安市东部。面积6.91万km^2。区内主要出露元古宙老地层，主要以基础类地质遗迹为主导。区内共有地质遗迹49处，其中地层剖面类13处、岩石剖面类9处、构造剖面类7处、重要化石产地类2处、重要岩矿石产地类5处、岩土体地貌类5处、水体地貌景观1处、火山地貌类5处、构造地貌类2处。这49处地质遗迹中，有国家级地质遗迹1处、省级地质遗迹48处。

该区可进一步划分4个地质遗迹分区：完达山低山地质遗迹分区、太平岭低山地质遗迹分区、老爷岭低山地质遗迹分区和饶河拼贴带地质遗迹分区。

1.完达山低山地质遗迹分区

该分区包括七台河市的勃利县、七台河市辖区；双鸭山市的集贤县南部；鸡西市的鸡东县大部分、虎林市西部、鸡西市辖区。面积约3.27万km^2。分布有地质遗迹23处。

该分区可进一步划分3个地质遗迹小区：七台河古生代地层剖面、变质岩地貌地质遗迹小区，集贤侵入岩地貌地质遗迹小区和鸡西地层剖面、重要矿床类地质遗迹小区。

1)七台河古生代地层剖面、变质岩地貌地质遗迹小区

该小区主要分布基础类地质遗迹资源。区内分布有依舒岩石圈断裂、北兴组地层剖面、老秃顶子组火山岩剖面、勃利县东硅化木化石产地和勃利平顶山变质岩地貌等遗迹。

2)集贤侵入岩地貌地质遗迹小区

该小区重要地质遗迹以侵入岩地貌为主。主要核心遗迹为集贤七星峰花岗岩地貌，此外区内还有集贤七星峰变质岩地貌、松木河组火山岩剖面等遗迹分布。

3)鸡西地层剖面、重要矿床类地质遗迹小区

该小区以地层剖面类地质遗迹和重要矿床类遗迹为主。分布有龙爪沟群裴德组地层剖面、七虎林河组地层剖面、云山组地层剖面，滴道组地层剖面、黑台组地层剖面、光庆组地层剖面、滴道组地层剖面、穆棱组地层剖面、城子河组地层剖面、二龙山组火山岩剖面、鸡西柳毛石墨矿产地、鸡西三道沟夕线石矿产地遗迹、鸡西恒山采矿遗址和虎林云山柱状玄武岩地貌。此外，区内还分布有2处省级地质公园——以鸡东麒麟山花岗岩地貌、鸡东麒麟山峡谷地貌为主体的黑龙江省麒麟山地质公园和以七台河那丹哈达岭火山岩地貌为主体的黑龙江省那丹哈达岭地质公园。

2.太平岭低山地质遗迹分区

该分区包括牡丹江市的林口县东部、牡丹江市辖区的东部、穆棱市、绥芬河市、东宁市、宁安市东部。面积约1.04万km^2。分布地质遗迹8处。

该分区以东宁洞庭峡谷地质公园内分布的遗迹为主。黑龙江省东宁洞庭峡谷地质公园地质遗迹资源类型丰富，有东宁洞庭峡谷地貌、东宁洞庭火山熔岩地貌、东宁红石砬子花岗岩地貌、东宁洞庭变质岩地貌等遗迹资源，形成山中有水、水绕环山的壮丽景色；此外小区还分布有平阳镇组地层剖面、罗圈站组火山岩剖面、船底山组火山岩剖面和五星铂钯矿床产地等遗迹。

3.老爷岭低山地质遗迹分区

该分区包括佳木斯市的汤原县东南部、佳木斯市区南部、桦南县。面积约1.36万km^2。分布地质遗迹4处。

该区主要以变质岩剖面遗迹占主导。区内遗迹相对较少，分布有大盘道组变质岩剖面、穆棱黑龙江群变质岩剖面、麻山岩群变质岩剖面和牡丹峰火山岩地貌等遗迹。

4. 饶河拼贴带地质遗迹分区

该分区包括宝清县大部分、饶河县。面积约 0.94 万 km^2。分布地质遗迹 14 处。

该区以构造剖面、中生代地层剖面地质遗迹为主。构造剖面地质遗迹主要有饶河膝折构造、二联桥外来岩块(混杂堆积)、小木营早二叠世灰岩外来岩块、大顶子山堆积岩、八里桥辉绿岩墙、坨窑山枕状熔岩。中生代地层剖面地质遗迹有大岭桥组、永福桥组、大佳河组地层剖面、东安镇组地层剖面。此外,小区内还分布有饶河胜利大佳河组牙形石化石产地、四平山岩金矿产地和挠力河湿地。黑龙江省喀尔喀玄武岩石林地质公园坐落于此,公园内的火山岩地貌是黑龙江省最为典型的新生代新近纪火山岩地貌。

(六)兴凯平原地质遗迹区

兴凯平原地质遗迹区包括鸡西市的虎林县东部、密山市东南部和鸡东县东南部。面积 1.16 万 km^2。地质遗迹资源少且类型单一,鉴于此该地质遗迹区将不再划分地质遗迹分区和小区。区内共有地质遗迹 8 处,其中地层剖面类 1 处、岩石剖面类 1 处、重要岩矿石产地类 1 处、岩土体地貌类 1 处、水体地貌类 4 处。这 8 处地质遗迹中,有国家级地质遗迹 3 处、省级地质遗迹 5 处。

该区重要地质遗迹以水体地貌为主。黑龙江兴凯湖国家地质公园坐落于区内,是国内知名的以水体地貌景观为主的国家级地质公园。园内分布有大兴凯湖、小兴凯湖、兴凯湖湿地、兴凯湖湖岗和兴凯蜂蜜山花岗岩地貌。此外,区内还分布有杨岗组火山岩剖面、金银库水泥用大理岩矿产地等地质遗迹。

第二节　黑龙江省地质遗迹保护区划

一、地质遗迹保护区划的原则和方法

(一)地质遗迹保护区划原则

(1)依据地质遗迹的保护级别、地质遗迹的分布特点、地质遗迹保存现状和开发利用前景、可保护性等因素进行保护区划。

(2)保护区级别可分为特级保护区、重点保护区和一般保护区 3 个级别。世界级地质遗迹分布区可划分为特级保护区,国家级地质遗迹分布区一般划分为重点保护区,省级地质遗迹分布区一般划分为一般保护区。

(3)保护区划应遵循自然属地和行政区划分原则,这有利于各级政府管理辖区内的重要地质遗迹。

(4)保护区面积划分主要依据重要地质遗迹分布现状,不宜过大,应具有可操作性。以保护地质遗迹完整性为主。

(二)地质遗迹保护区划方法

(1)对黑龙江省内地质遗迹按照科学性、稀有性、观赏性及完整性,确定其保护级别。

(2)合理划分地质遗迹保护区等级,结合地质遗迹的分布特点,划定保护区的范围。

(3)依据地质遗迹的等级、保护范围、保存现状和利用前景、可保护性等因素进行地质遗迹保护区划分。

(4)地质遗迹保护区可分已实施保护区,如地质公园、保护区等,另外现在没有实施保护的地区,建议设置地质遗迹保护区,在第六章中叙述,这里不再赘述。

二、地质遗迹保护区划分

根据地质遗迹保护区划原则和方法,黑龙江省地质遗迹保护区可划分2处特级保护区,13处重点保护区,38处一般保护区(表5-2,图5-1)。

表5-2　黑龙江省地质遗迹保护区信息一览表

保护区级别	保护区名称	面积/km^2	保护区性质
特级保护区	五大连池世界地质公园	720	地质公园
	镜泊湖世界地质公园	1 274.23	
重点保护区	黑龙江伊春小兴安岭国家地质公园	362.80	地质公园
	黑龙江伊春小兴安岭花岗岩石林国家地质公园	163.57	
	黑龙江兴凯湖国家地质公园	2 708.70	
	黑龙江山口地质公园	636.96	
	黑龙江凤凰山地质公园	307.31	
	黑龙江嘉荫恐龙国家地质公园	30.70	
	大兴安岭呼玛国家矿山公园	80.10	矿山公园
	黑河罕达气国家矿山公园	698.00	
	大庆油田国家矿山公园	462.47	
	鹤岗国家矿山公园	6.66	
	嘉荫乌拉嘎国家矿山公园	155.78	
	鸡西恒山国家矿山公园	21.00	
	黑龙江扎龙国家级自然保护区	2 264.55	湿地保护区
一般保护区	黑龙江省朗乡花岗岩石林地质公园	9.78	地质公园
	黑龙江仙翁山地质公园	13.33	
	黑龙江省锌子山地质公园	31.82	
	黑龙江省横头山-松峰山地质公园	77.43	
	黑龙江省二龙山-长寿山地质公园	97.98	
	黑龙江省七星峰地质公园	94.60	
	黑龙江省喀尔喀玄武岩石林地质公园	109.00	
	黑龙江省兴安大峡谷地质公园	259.96	
	黑龙江省洞庭峡谷地质公园	153.91	
	黑龙江省红星火山岩地质公园	1 685.00	

续表 5-2

保护区级别	保护区名称	面积/km^2	保护区性质
一般保护区	黑龙江省莲花湖地质公园	374.52	地质公园
	黑龙江省连环湖地质公园	3 102.00	
	黑龙江省五营国家森林公园	65.00	
	黑龙江省鸡冠山地质公园	33.46	
	黑龙江省长寿山地质公园	44.04	
	黑龙江省双子山地质公园	43.98	
	黑龙江省碾子山地质公园	9.88	
	黑龙江省麒麟山地质公园	14.23	
	黑龙江省那丹哈达岭地质公园	69.05	
	黑龙江省大青山地质公园	26.00	
	黑龙江省漠河地质公园	52.81	
	黑龙江省呼中苍山石林地质公园	539.00	
	黑龙江省鹤岗金顶山地质公园	125.00	
	漠河九曲河湿地自然保护区	93.70	湿地保护区
	黑龙江南瓮河国家级自然保护区	2 295.23	
	黑龙江多布库尔国家级自然保护区	1 299.17	
	黑龙江大兴安岭古里河国家湿地公园	285.66	
	黑龙江省黑瞎子岛国家湿地公园	196.14	
	黑龙江省大庆龙凤湿地自然保护区	30.40	
	黑龙江肇源沿江湿地自然保护区	578.7	
	黑龙江哈尔滨太阳岛国家湿地公园	23.35	
	黑龙江省新青国家湿地公园	329.08	
	黑龙江洪河国家级自然保护区	250.15	
	黑龙江富锦国家湿地公园	273.73	
	黑龙江省安邦河湿地省级自然保护区	102.95	
	黑龙江省七星河湿地国家级自然保护区	195.38	
	黑龙江挠力河国家级自然保护区	1 675.96	
	黑龙江省珍宝岛湿地国家级自然保护区	443.64	

三、保护区分区论述

黑龙江省地质公园保护规划修编规定,地质公园实际保护面积不得小于公园总面积的 50%。

1. 特级保护区

1)五大连池世界地质公园

五大连池世界地质公园位于黑龙江省黑河市五大连池市境内,交通较为方便。

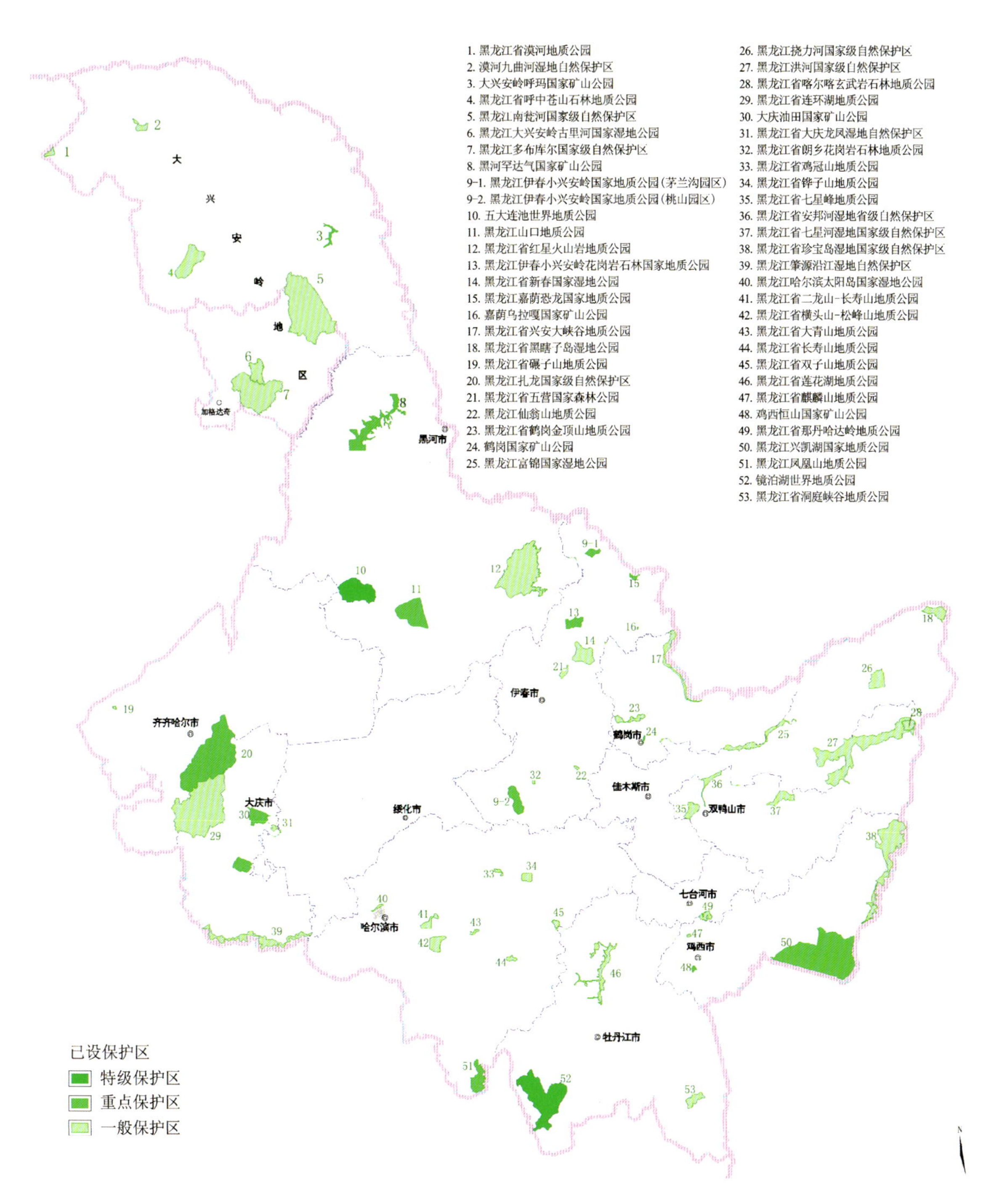

图 5-1　地质遗迹保护区划图

(1)保护区主要地质遗迹。

五大连池世界地质公园是一座“火山地质博物馆”。主要地质遗迹有五大连池火山机构、火山岩地貌、五大连池火山堰塞湖和火山矿泉。其中火山机构包括 14 座不同时期喷发的保存完整的火山锥；熔岩台地，分布面积 60km²，有发育种类齐全、分布集中、中国最新的火山岩，发育于熔岩台地上的火山微地貌有块状熔岩、结壳熔岩、翻花熔岩，1500 余座发育完整、保存完好的火山喷气锥，世界罕见的喷气碟；5 个串珠状碧波荡漾、溪水相连、倒映山色的火山堰塞湖；多处自然出露、成分特殊、疗效神奇的火山矿泉。

(2)保护区面积。

五大连池世界地质公园总面积 720km²。地质公园规划实施全覆盖保护。

(3)保护区保护价值。

五大连池世界地质公园是我国唯一、世界罕见的火山地质遗迹,具有极高的科学研究价值。五大连池 14 座火山沿北西和北东两个方向,均匀有序地排列成行,粗犷壮观英姿雄伟;熔岩微地貌变化多端、气象万千;五处火山堰塞湖如五颗璀璨明珠,镶嵌在公园中;园区内山水相映,巧石拥翠,景色宜人,湖域宽广,湖岸曲折、湖水清澈、石崖陡壁、造型奇特,具有极高的观赏价值。喷气锥、喷气碟在中国仅五大连池火山群中发现,数量多、形态壮观,世界罕见,极其稀有。

五大连池火山群分布于小古里-科洛-五大连池-二克山一条北西向陆内裂谷带上,是大陆内单成因火山活动地区,在地质学研究中具有独特意义,是研究黑龙江省中新生代滨太平洋构造域、地质发展历史、火山活动等地学问题的重要地区。

五大连池是世界范围内适宜研究特种适应过程和生态过渡区生物群落演变过程的少数几个地区之一,由于火山不断喷发,五大连池的植物被不断破坏,继而又不断重新组合。因此五大连池的科普价值不仅体现在火山地质遗迹方面,还体现在火山地貌环境中的植物再生方面。

五大连池世界地质公园以奇异独特的火山机构、火山微地貌、自然秀丽的堰塞湖风光、珍稀奇特的矿泉水资源为特色,具有火山地质科学考察、科普教学价值,其内的矿泉水具有保健疗养功效,已成为集科学研究、科普教育、游览观光、休闲度假、保健疗养为一体的世界地质公园。

2)镜泊湖世界地质公园

镜泊湖世界地质公园位于宁安市境内,交通方便。

(1)保护区主要地质遗迹。

镜泊湖世界地质公园地质景观遗迹十分丰富,有 16 座火山锥,尤以蛤蟆塘复火山最为著名,还有熔岩隧道、熔岩台地上的火山微地貌;水体类地貌景观有火山堰塞湖、吊水楼瀑布等。

(2)保护区面积。

镜泊湖世界地质公园总面积 1 274.23km²。

(3)保护区保护价值。

镜泊湖世界地质公园有保存完好的各式火山锥,火山熔岩微地貌构成了天然的熔岩遗迹宝库,具有极高的教学实习价值、科普教育价值。其中火山锥体内机构复杂多样,内壁陡峭,火山口内火山渣、火山弹等微地貌独具特色;熔岩流长约 65km,世界罕见,熔岩流形态各异,隆岗、垄丘、鼓丘、熔岩坝、石塘、熔岩气洞、熔岩塌陷、波状熔岩、绳状熔岩、馒头状熔岩等微地貌应有尽有,可和五大连池火山群媲美。

镜泊湖世界地质公园以火山地貌景观和水体景观为主体,并融合森林、湿地等自然景观以及悠久历史文化遗址等人文景观,是以保护地质遗迹、保护自然环境、普及地球科学知识、促进公众科学素质提高、开展旅游活动、促进地方经济与社会可持续发展为主要功能的特大型世界级地质公园。

地质公园的主要特色体现在镜泊湖是我国第一大火山堰塞湖,湖水出口处的吊水楼瀑布气势磅礴,是中国六大名瀑之一,火山从火山口至熔岩流末端总落差达 761m,火山锥群成因独特,属高速流动,其形成的熔岩隧道独具特色。镜泊湖世界地质公园是研究中国东北新生代火山活动的重要地区。

2. 重点保护区

根据国家级地质公园一般划为重点保护区的原则,黑龙江省内已批准 6 处国家级地质公园,均属重点保护区。

1)黑龙江嘉荫恐龙国家地质公园

地质公园位于伊春市嘉荫县境内,嘉荫县城西。省道 S311 从公园附近通过,交通方便。

（1）保护区主要地质遗迹。

黑龙江嘉荫恐龙国家地质公园是以恐龙化石地质遗迹为主体，并融合其他自然景观和人文景观为一体的地质公园。

（2）保护区面积。

黑龙江嘉荫恐龙国家地质公园总面积30.7km^2。由于公园面积不大，为中型地质公园，现已全面实施保护。

（3）保护区保护价值。

黑龙江嘉荫恐龙国家地质公园保存着我国最具代表性、典型性的晚白垩世恐龙化石群，堪称“晚白垩世恐龙化石自然博物馆”。公园内埋藏丰富的恐龙化石。平头鸭嘴龙亚科是恐龙家庭中一个新种，仅在我国黑龙江流域发现，同时也是世界上晚白垩世大型鸭嘴龙的典型代表，享有“神州第一龙”的盛誉。公园除发现食草的鸭嘴龙外，还发现了霸王龙化石，以及其他丰富的植物、腕足类、鱼、昆虫及龟鳖类化石，产出化石的剖面保存完整、层序清晰稳定，嘉荫晚白垩世被子植物群研究程度高，引起地学界关注。这样的地层及生物群组合在我国白垩纪地层中稀有，国际知名，对研究我国北方晚白垩世岩相古地理、古气候、古生态、古环境及地球演化、生物进化等都具有重要价值。

2）黑龙江伊春小兴安岭花岗岩石林国家地质公园

黑龙江伊春小兴安岭花岗岩石林国家地质公园位于伊春市汤旺河区。南乌线铁路和省道S204从公园东侧通过，交通方便。

（1）保护区主要地质遗迹。

园内以稀有的花岗岩石林地貌景观为特色。这里巨大的花岗岩岩基生成于2亿a前的印支晚期，后经燕山运动、喜马拉雅运动的改造作用，形成现代的地貌格局。园区分布花岗岩峰林、峰丛、孤峰等，有崩塌、构造裂隙、冰缘石海等典型的花岗岩地貌景观，是目前国内罕见的一处类型齐全、发育典型、造型丰富的花岗岩石林地貌景观。

（2）保护区面积。

黑龙江伊春小兴安岭花岗岩石林国家地质公园总面积163.57km^2，属大型地质公园。

（3）保护区保护价值。

黑龙江伊春小兴安岭花岗岩石林国家地质公园花岗岩体的岩石学、构造学、地貌学等地质特征极其典型，如岩浆岩的内部相、边缘相特征、岩脉特征等，构造学中的原生节理、构造节理、断层、断裂带等特征，地貌学中的花岗岩石林景观等，这些具有典型地学特征的花岗岩地貌景观，集中出现在公园范围内，是极其罕见的。因此，黑龙江伊春小兴安岭花岗岩石林国家地质公园，不仅是一处地质科学研究基地，也是一处教学科普基地。园中花岗岩石林是自然形成的，这里的石柱、石峰多为单景，多石景群，形态各异，千奇百怪。花岗岩石林的美不仅仅限于奇峰异石，而且还体现在地貌组合与森林生态背景融为一体的整体美，具有“奇、秀、趣、优”四大美学特点，是目前国内少有的类型齐全、发育典型、造型丰富的花岗岩石林地貌景观。

3）黑龙江兴凯湖国家地质公园

黑龙江兴凯湖国家地质公园位于鸡西市密山市境内，从密山市有公路可到公园，交通很方便。

（1）保护区主要地质遗迹。

黑龙江兴凯湖国家地质公园是以地貌景观类为主体，并融合自然景观与人文景观而成的特大型地质公园。黑龙江兴凯湖国家地质公园主要地质遗迹有岩土体地貌类：骆驼峰、十字峰、花岗岩球状风化、石窝、石巢等；火山地貌：石嘴子熔岩台地、板石山熔岩台地、小石山熔岩台地；水体地貌：兴凯湖、小兴凯湖、莲花湖、兴凯湖湿地、松阿察河等；冰缘地貌：冰缘石海等。

（2）保护区面积。

黑龙江兴凯湖国家地质公园总面积2 708.70km^2，为特大型地质公园。

(3)保护区保护价值。

兴凯湖是东亚第一大淡水湖，湖水烟波浩淼，一望无际。小兴凯湖是位于大兴凯湖之北的又一处湖景风光。园中蜂蜜山森林茂密，悬崖峭壁，奇峰怪石林立，沟谷纵横交错，尽显自然之美；园区内五道湖岗是全国唯一、世界罕见的研究湖进和湖退的重要剖面，湖岗组地层剖面是研究湖泊成因和物质组成的重要地点。

黑龙江兴凯湖国家地质公园位置特殊，地质遗迹类型的多样性和形成历史的久远，景观组合的独特与优美，使其具有十分重要的科学研究价值和美学价值。保护地质公园中的各类景观对研究区域地质、保护生态环境、开发旅游资源、扩大国际交流与协作、推动当地经济可持续发展具有重要意义。

4)黑龙江凤凰山地质公园

黑龙江凤凰山地质公园位于五常市沙河子镇南红旗林场一带，有公路可达公园园区，交通方便。

(1)保护区主要地质遗迹。

黑龙江凤凰山地质公园是以构造地貌景观与水体景观为主，并融合原始风貌的自然生态景观资源和丰富的野外动植物资源于一体的综合性国家地质公园。

黑龙江凤凰山地质公园是以大峡谷、大瀑布、高山湿地及冰缘石海的完美结合为主题特色的国家地质公园，素有“关东第一奇园”“东方香格里拉”之美誉。园内主要景点有凤凰山峡谷构造剖面、凤凰山大峡谷、五瀑峡、黑龙峡、玉龙关大峡谷、雄狮昂首、观音石、岩盘山、将军石、冰缘石海、凤爪石、高山苔原湿地、高山草甸湿地、迎宾瀑、黑龙瀑、玉凤瀑、巧凤瀑、叠凤瀑、雏凤瀑、飞凤瀑、天凤瀑、小壶口瀑布等。

(2)保护区面积。

黑龙江凤凰山地质公园总面积307.31km^2，为大型地质公园。

(3)保护区保护价值。

公园地质遗迹主要以峡谷、瀑布、石海为特色，发育北方花岗岩地貌景观系统、高纬度冰缘地貌、水体景观，构成了一系列完整的地质遗迹。公园集“高山、峡谷、石海、瀑布群、湿地及良好的生态环境”于一体，是我国北方著名的旅游胜地。公园是研究地层、地质构造、岩浆岩等地质现象的理想地区，也是研究第四纪气候变化的代表地区，其地学位置不可替代。

5)黑龙江伊春小兴安岭国家地质公园

黑龙江伊春小兴安岭国家地质公园位于伊春市北部嘉荫县茅兰沟一带的为茅兰沟园区，位于铁力市桃山一带的为桃山园区。公园交通方便。

(1)保护区主要地质遗迹。

公园是以奇特壮观的花岗岩地貌和构造地貌为主，融合水体地貌、崩塌地貌、冻融剥蚀等遗迹景观，结合优良的自然景观资源和丰富的野生动植物资源为一体的综合性国家地质公园。茅兰沟园区是以花岗岩地貌、构造地貌、水体地貌等地质遗迹为主的景观公园园区；桃山园区是以花岗岩地貌、构造地貌、冻融剥蚀地貌和典型的生物风化地貌为特色的综合性公园园区。

(2)保护区面积。

黑龙江伊春小兴安岭国家地质公园总面积362.80km^2，属大型地质公园。

(3)保护区保护价值。

公园内以花岗岩地貌为主，是国内罕见的花岗岩地貌，具有较高的科研价值。花岗岩形成之后，经过长期的内外力作用，大自然雕塑，才成为现在的美丽景观。茅兰沟园区有茅兰峡谷、幽情谷、绝情崖、翠丝壁、剑劈崖、白桦崖、百丈崖；水体地貌有仙女池、黑龙潭、三阶潭、碧水潭、茅兰瀑布等；桃山园区以花岗岩地貌景观为主。园区景观系统完整，是研究花岗岩形成机制最理想的地区之一。

6)黑龙江山口地质公园

黑龙江山口地质公园位于五大连池市、山口湖一带。有公路可达园区，交通方便。

(1)保护区主要地质遗迹。

公园主要地质遗迹为花岗岩地貌景观类，如观音面佛、忘忧石、怪石山、含羞石、石鼠、石哑铃、龟神晒甲等；构造地貌类有讷谟尔河断裂、八戒岩、石猿山、三峡石等；水体地貌有山口湖、湿地景观等。

(2)保护区面积。

黑龙江山口地质公园总面积 636.96km^2，属特大型地质公园。

(3)保护区保护价值。

黑龙江山口地质公园以花岗岩地貌景观为主体，水体景观相映衬，以绿荫覆盖的小兴安岭为背景，山水相映，巧石拥翠，景色宜人，具有极高的美学价值和观赏价值。园区地质遗迹在研究区域地质发展史及生态环境演化方面具有重要的科研科普价值。公园地质遗迹资源丰富，依托地质公园发展旅游业，可促进地方经济发展，并具有一定的社会效益。黑龙江山口地质公园也是开展科普教育活动的极好场所。

根据国家级矿山公园一般划分重点保护的原则，黑龙江省内已批 6 处国家级矿山公园，均为重点保护区。

1)大兴安岭呼玛国家矿山公园

大兴安岭呼玛国家矿山公园位于呼玛县韩家园子镇内倭勒根河一带。塔河-韩家园子铁路可达韩家园子镇，有县乡级公路可达园区，交通方便。

(1)保护区主要地质遗迹。

主要保护采金遗迹和矿业生产遗迹及矿业文化。主要采矿工具有“湖南船”和“广西枪”，直接破坏式开采砂金，直接人工或机械简单筛选。

(2)保护区面积。

大兴安岭呼玛国家矿山公园面积约 80.10km^2。

(3)保护区保护价值。

对研究砂矿成因、采矿历史具有价值。

2)黑河罕达气国家矿山公园

黑河罕达气国家矿山公园位于黑河市罕达气镇一带。以公路交通为主，省道 S210 从矿山公园附近经过，交通方便。

(1)保护区地质遗迹。

主要保护采金地质遗迹和矿业生产遗迹。其中采金地质遗迹主要包括三道沟手工采金点，五道沟一、二支沟手工采金点，大清机械化采金竖井旧址，群众采金竖井旧址等。矿业生产遗迹主要包括罕达气采矿旧址，五道沟金矿东队旧址，五道沟金矿仓库旧址，罕达气发电厂等。

(2)保护区面积。

黑河罕达气国家矿山公园面积 698.00km^2。

(3)保护区价值。

罕达气砂金矿赋存于法别拉河、泥鳅河及其支流河漫滩内，矿体分布方向与现代河谷走向一致，矿体平面上呈长条带状，连续性好，剖面上为似层状，产状近水平。其形成和分布严格受大地构造和地形及地貌控制，是冲积型河谷砂金矿的典型代表。采金地质遗迹和矿业生产遗迹系统完整，对研究砂金矿形成、演化、与区域地质发展历史关系，具有重要意义。

3)嘉荫乌拉嘎国家矿山公园

嘉荫乌拉嘎国家矿山公园位于伊春市嘉荫县乌拉嘎镇一带。交通以公路为主，有县乡级公路可达保护区，交通较方便。

(1)保护区地质遗迹。

主要地质遗迹景观：乌拉嘎金矿。

主要矿业生产遗址景观：乌拉嘎岩金矿东西两个露天采场，选矿厂、冶炼厂尾矿坝；砂金开采遗址等。

(2)保护区面积。

保护区东西长26.88km，南北宽4.88～11.88km，面积155.78km^2。

(3)保护区保护价值。

乌拉嘎岩金矿为大型斑岩型金矿床，是中国最大的斑岩型金矿，矿床矿化蚀变清楚，构造控矿明显，矿床特征典型，实行全面保护，对研究典型矿床模式和找矿都具有重要意义。

4)鹤岗国家矿山公园

鹤岗国家矿山公园位于鹤岗市东山区。佳木斯-鹤岗铁路与各矿专用线相连，公路可通哈尔滨、伊春、汤源、萝北和绥滨等市县，交通便利。

(1)保护区地质遗迹。

鹤岗国家矿山公园，保护区主要矿业遗迹有四大部分，岭北矿北露天(北坑)、新一煤矿竖井、东山万山坑、“狼窝”日本秘密地下工事。

(2)保护区面积。

鹤岗国家矿山公园面积6.66km^2。

(3)保护区保护价值。

鹤岗国家矿山公园可保护各种采矿遗迹、矿业活动遗址，具有可供旅游参观、科学普及、科研、科考等价值，另外万人坑和“狼窝”等遗址可进行爱国主义教育，是警惕日本帝国主义军国势力复活的活教材。

5)鸡西恒山国家矿山公园

鸡西恒山国家矿山公园位于鸡西市恒山区境内，铁路有滨密线、牡东线和恒山矿区专用线相连，公路有省道S206从公园通过，与县乡级公路相连，交通非常方便。

(1)保护区地质遗迹。

保护区保护遗迹主要有地下采煤井巷类、地面采煤生产遗迹类、矿山生态环境治理工程类、采煤生产用具和机械类、文化史籍类、日本侵略者罪行类等。其中地下采煤井巷类主要以小恒山煤矿立井一水平(垂深210m)和二水平(垂深360m)井底车场系统为代表；地面采煤生产遗迹类包括小恒山煤矿工业广场区、恒山煤矿采煤遗址、红旗湖北侧采煤遗址；矿山生态环境治理工程类包括红旗湖塌陷等；采煤生产用具和机械类主要包括各时期采煤使用的工具和机械。

(2)保护区面积。

保护区面积21.00km^2。

(3)保护区保护价值。

鸡西煤矿开采历史悠久，遗迹集中于三处矿业遗址区，即小恒山煤矿立井矿业生产遗址区、红旗湖及北侧生态环境治理工程遗址区和大恒山煤矿生产遗迹区。小恒山煤矿竖井，是中国煤炭开发史上的一个典型标志。该遗址遗迹记录着一段日本侵略者残酷压榨中国矿工的屈辱史，记录着中华人民共和国矿工的一段创业史，遗迹景观较为丰富，能较好地吸引游客，具有经济和社会效益。

6)大庆油田国家矿山公园

大庆油田国家矿山公园位于大庆市，主要保护松基三井、大庆矿业活动区、大庆矿山文化区等。保护区面积462.47km^2。

7)黑龙江扎龙国家级自然保护区

黑龙江湿地发育，特别集中于两大平原区，现有国家级湿地保护区23处，主要由林业部门管理，保护情况较好。本次评价湿地基本评定为省级遗迹，因为扎龙湿地周边土地盐碱化严重，急需保护，因而将其列入重点保护区。

(1)保护区地质遗迹。

由许多小型浅水湖泊和广阔的草甸草原组成内陆型水域湿地生态系统。

(2)保护区面积。

保护区面积 2 264.55km²。

(3)保护区保护价值。

扎龙湿地是中国北方同纬度地区保留最完善、最原始、最开阔的湿地生态系统，2013 年入选全国十大最美湿地。

3.一般保护区

根据省级地质遗迹分布区一般划为一般保护区的原则，黑龙江省内已批准省级地质公园，均划为一般保护区。

1)黑龙江省朗乡花岗岩石林地质公园

黑龙江省朗乡花岗岩石林地质公园位于铁力市朗乡镇一带。保护的主要地质遗迹为印支期侵入岩地貌景观，保护区面积 9.78km²，其花岗岩石林地貌景观在黑龙江省最具代表性、稀有性，遗迹景观自然完整、观赏性强。

2)黑龙江省横头山-松峰山地质公园

黑龙江省横头山-松峰山地质公园位于哈尔滨市阿城区吉兴林场-松峰山镇。保护区主要地质遗迹横头山景区以中生代火山岩地貌为主，松峰山景区以花岗岩地貌为主。公园面积 77.43km²，实施保护面积 77.43km²。园区内无论火山岩地貌还是花岗岩地貌都是黑龙江省内稀有的地质遗迹资源，具有观赏价值和科研价值。

3)黑龙江省二龙山-长寿山地质公园

黑龙江省二龙山-长寿山地质公园位于哈尔滨市宾县境内。园区内以花岗地貌、火山岩地貌和构造地貌类地质遗迹为主，公园面积 97.98km²。地质公园内的奇特花岗岩和火山岩地貌景观，具有观赏性、美学及科研价值。

4)黑龙江省洞庭峡谷地质公园

黑龙江省洞庭峡谷地质公园位于牡丹江市东宁市境内，园区内以花岗岩、火山岩地貌、水体地貌、构造地貌为主。公园面积 153.90km²。公园以峡谷地貌为特征，地质遗迹类型多，地质遗迹资源丰富，具有极高的美学价值和科研价值，为大型地质公园。

5)黑龙江省喀尔喀玄武岩石林地质公园

黑龙江省喀尔喀玄武岩石林地质公园位于双鸭山市饶河县境内。园区内主要地质遗迹有新近纪玄武岩石林、东安镇地层剖面、湿地景观等。园区面积 109.00km²。玄武岩石林省内稀有。东安镇组地层剖面很可能成为侏罗纪和白垩纪界线剖面，具有重要的地学意义。

6)黑龙江省七星峰地质公园

黑龙江省七星峰地质公园位于双鸭山市集贤县境内。园区主要地质遗迹为晚元古代变质岩和花岗岩地貌。园区总面积 94.60km²，为一座中型地质公园，区内分布元古宙变质岩和花岗岩，是研究老变质岩和花岗岩重要地区。

7)黑龙江省莲花湖地质公园

黑龙江省莲花湖地质公园位于牡丹江市海林市。公园内有东北最大的人工湖泊，为一座天然石林公园。公园总面积 374.52km²，是研究花岗岩形成演化的主要地区，具有科学价值。

8)黑龙江省兴安大峡谷地质公园

黑龙江省兴安大峡谷地质公园位于鹤岗市萝北县黑龙江沿岸。公园是以黑龙江命名的峡谷地貌为主、以沿岸风光为辅的地质公园。公园总面积 259.96km²，实行全覆盖保护。大峡谷两岸分布地层、侵入岩、变质岩等地质体。对研究区域发展历史具有科研价值，两岸风光旖旎，是旅游胜地。

9）黑龙江省红星火山岩地质公园

黑龙江省红星火山岩地质公园位于黑河市逊克县，园区出露大面积新近纪玄武岩、火山锥等火山机构地貌、湿地等。园区总面积 1 685.00km²。熔岩台地分布广，景观类型多，具有观赏性和科研价值。

10）黑龙江仙翁山地质公园

黑龙江仙翁山地质公园位于伊春市南岔县。公园以花岗岩地貌景色为特征，面积仅 13.33km²，为小型地质公园。具有观赏价值和科研价值。

11）黑龙江省铧子山地质公园

黑龙江省铧子山地质公园位于哈尔滨市通河县境内，距城北仅 18km。公园以花岗岩地貌景观为特色，景色变化万千，美不胜收。公园面积 31.82km²，为中型地质公园。花岗岩地貌景观为省内典型、稀有，具有科学研究价值。

12）黑龙江省连环湖地质公园

黑龙江省连环湖地质公园位于大庆市杜尔伯特蒙古族自治县境内。以湖泊、湿地等水体类地貌景观为主体。园区总面积 3 102.00km²，为特大型地质公园。公园内以沙丘地貌和水体景观类为主，利用地质遗迹资源、人文景观资源开发地质旅游事业，具有经济效益和社会效益。

13）黑龙江省五营国家森林公园

黑龙江省五营国家森林公园位于伊春市五营区境内，以花岗岩地貌为主体景观，公园总面积65.00km²，为中型地质公园。

14）黑龙江省鸡冠山地质公园

黑龙江省鸡冠山地质公园位于木兰县建国乡境内。公园总面积 33.46km²，为小型地质公园。主要保护花岗岩地貌景观。

15）黑龙江省双子山地质公园

黑龙江省双子山地质公园位于方正县东南约 28km 处。公园总面积 43.98km²，为小型地质公园。主要保护花岗岩地貌景观。

16）黑龙江省长寿山地质公园

黑龙江省长寿山地质公园位于延寿县玉河乡境内。公园总面积 44.04km²，保护区主要地质遗迹为花岗岩地貌和水体地貌。

17）黑龙江省碾子山地质公园

黑龙江省碾子山地质公园位于齐齐哈尔市碾子山区，公园总面积 9.88km²，保护区主要地质遗迹为花岗岩地貌。

18）黑龙江省麒麟山地质公园

黑龙江省麒麟山地质公园位于鸡西市鸡东县境内。公园总面积 14.23km²，保护区主要地质遗迹有花岗岩地貌、峡谷、瀑布等。

19）黑龙江省呼中苍山石林地质公园

黑龙江省呼中苍山石林地质公园位于大兴安岭地区呼中区。公园总面积 539.00km²，为特大型地质公园，主要保护地质遗迹为火山岩地貌。

20）黑龙江省鹤岗金顶山地质公园

黑龙江省鹤岗金顶山地质公园位于鹤岗市。公园总面积 125.00km²，为大型地质公园。主要保护花岗岩地貌、构造地貌、水体地貌、冰缘地貌等。

21）黑龙江省那丹哈达岭地质公园

黑龙江省那丹哈达岭地质公园位于七台河市。公园总面积 69.05km²，保护区主要地质遗迹为火山岩地貌。

22)黑龙江省大青山地质公园

黑龙江省大青山地质公园位于宾县青阳林场。公园总面积 26.00km^2。保护区主要地质遗迹为花岗岩地貌和火山岩地貌。

23)黑龙江省漠河地质公园

黑龙江省漠河地质公园位于漠河市西林吉林场。公园总面积 52.81km^2,保护区主要地质遗迹为花岗岩石林地貌景观。

黑龙江湿地发育,省级和地方湿地保护区上百处,有些湿地在地质公园内,不在此论述。仅选择几处具代表性的湿地保护区进行分区论述。

1)黑龙江南瓮河国家级自然保护区

黑龙江南瓮河国家级自然保护区位于大兴安岭地区松岭区南翁河流域,交通以县级公路为主。

(1)保护区地质遗迹。

保护区属内陆型水域湿地生态系统,区内河流密布,沟壑纵横,湖泊星罗棋布,是嫩江主要发源地,是东北最大的寒温带森林湿地自然保护区。

(2)保护区面积。

保护区面积 2 295.23km^2。

(3)保护区保护价值。

保护区是东北最大的寒温带森林湿地自然保护区,被列入国家重要湿地名录。

2)黑龙江哈尔滨太阳岛国家湿地公园

黑龙江哈尔滨太阳岛国家湿地公园位于哈尔滨市松花江北岸,交通方便。

(1)保护区地质遗迹。

保护水体、植被、生物多样性。

(2)保护区面积。

保护区面积 23.35km^2。

(3)保护区保护价值。

保护区是集科学研究、宣传教育、生态旅游和可持续利用等多功能于一体的综合性湿地公园。公园景色优美,是全国著名的旅游避暑胜地。

3)黑龙江肇源沿江湿地自然保护区

黑龙江肇源沿江湿地自然保护区位于大庆市肇源县二站镇莲花村。交通以公路为主,县乡级公路可达保护区。

(1)保护区地质遗迹。

保护湿地水域生态系统及珍稀濒危野生动植物。区内分布河流、湖泊、沼泽、草甸等多种湿地类型。

(2)保护区面积。

保护区总面积 578.7km^2。

(3)保护区保护价值。

保护区河流、湖泊、沼泽、草甸和沙丘交错的自然景观,复杂多样的生境,充分显示了莲花湿地的典型性。

4)黑龙江省安邦河湿地省级自然保护区

黑龙江省安邦河湿地省级自然保护区位于双鸭山市集贤县境内、安邦河流域。佳木斯-富锦铁路、同三高等级公路 GZ10 通过保护区,交通便利。

(1)保护区地质遗迹。

保护区属内陆型湿地和水域生态系统。保护区内有大片芦苇、沼泽和苔草小叶樟湿地,多样的湿地环境为动物提供了良好的生存条件。保护区有西泽湖、荷花湖、白鹭湖、菱角泡、芦苇塘、塔头、蒲棒沟等。

(2)保护区面积。

保护区面积 102.95km^2。

(3)保护区保护价值。

安邦河湿地保护区,对保护湿地生态系统、动植物多样性具有重要价值。

5)黑龙江省珍宝岛湿地国家级自然保护区

黑龙江省珍宝岛湿地国家级自然保护区位于黑龙江省东部虎林市东部、完达山南麓,东以乌苏里江为界,与俄罗斯隔江相望,是三江平原沼泽湿地分布集中区。交通以公路为主,省道 S211 通过保护区,交通较为方便。

(1)保护区地质遗迹。

珍宝岛湿地,包括东方红湿地、虎口湿地、月牙湖等。保护区主要保护对象为各种类型的湿地生态系统,以及栖息的各种珍稀濒危野生动植物。

(2)保护区面积。

保护区总面积 443.64km^2。

(3)保护区保护价值。

保护区为三江平原具有代表性的湿地,湿地内各种生态系统,各种动植物生长繁育良好,是重要生态旅游胜地。

值得注意的是,地质遗迹保护区划应包括已设保护区和建议保护区部分,为不重复,建议保护区详见第六章。

第六章　地质遗迹保护规划建议

地质遗迹保护规划应按照地质遗迹的科学性、稀有性、观赏性及完整性，确定其保护级别，合理划分保护等级，结合地质遗迹的分布特点划定保护区范围，依据地质遗迹的等级、保护现状和利用前景、可保护性等因素划分保护区。

第一节　地质遗迹保护的指导思想和基本原则

一、指导思想

地质遗迹保护工作，是“尊重自然、顺应自然、保护自然”的要求，是实现建设美丽中国、永续发展的长久动力。以科学发展观为指导，紧密围绕全面建设小康社会的目标，以保护地质遗迹与生态环境为根本出发点，建立和完善地质遗迹保护长效机制。坚持“积极保护、合理开发”的原则，摸清地质遗迹的资源家底，科学评价其价值，正确处理当前与长远、局部与整体、资源开发与保护的关系，构建与生态文明建设相适应的地质遗迹保护管理新格局。

二、基本原则

(1)坚持在保护中开发，在开发中保护，把保护放在首位的基本原则。正确处理好开发与保护的关系，保护地质遗迹的自然与完整。

(2)认真执行保护规划、突出重点、科学管理、协调发展的原则。集中力量保护一批地学价值较高和濒临消失的地质遗迹，并有针对性地制定远景保护目标，同时要兼顾地质遗迹的类型和空间布局。

(3)坚持环境效益、社会效益、经济效益和谐统一的原则。地质遗迹资源开发利用应为区域经济发展服务，变地质遗迹资源优势为经济优势，同时注重环境和社会效益。

(4)坚持建设与管理并重的原则。在加强地质遗迹保护的同时，加快提高地质遗迹保护区的管理水平，逐步实现地质遗迹保护区的建设与管理同步发展。

(5)地质遗迹评价级别高、稀有程度高、受人类活动威胁大的地质遗迹等应优先保护、重点保护。

(6)地质遗迹保护区划应遵循自然属地和行政区划分原则，这有利于各级政府管理辖区内的重要地质遗迹。

(7)地质遗迹保护区的面积不宜过大，应具有保护的可操作性。

(8)积极参与其他相关行业的规划制定，把保护地质遗迹的思想意识渗透到其他相关行业规划中，做到与上级规划相衔接和协调发展。

三、地质遗迹的保护现状

(1)1987 年地质矿产部发布了《关于建立地质自然保护区的规定(试行)》,1995 年地质矿产部发布了《地质遗迹保护管理规定》,1999 年黑龙江省人民政府发布了《黑龙江省地质环境管理办法》,把地质遗迹保护工作纳入法治轨道,使地质遗迹保护工作有法可依。

(2)1998 年,国务院机构改革后,赋予国土资源部负责全国地质遗迹保护工作的职能,使地质遗迹保护工作进入健康有序的发展时期。地质遗迹保护工作进入崭新的时代。

(3)2000 年在启动国家地质公园前,对黑龙江省地质遗迹等资源进行保护,主要是建立风景名胜区、自然保护区等。

黑龙江省地质遗迹保护工作起步较早,1980 年批准建立五大连池火山省级自然保护区,1986 年批准建立逊克县玛瑙县级自然保护区,1998 年批准建立嘉荫恐龙化石省级自然保护区。保护区的建立为地质遗迹保护提供了有效途径。

(4)2001 年以来,国土资源部启动世界级、国家级地质公园、矿山公园申报工作,开展古生物化石保护等相关工作以来,黑龙江省先后建立世界级地质公园 2 处、国家级地质公园 6 处、省级地质公园 24 处、国家级矿山公园 6 处、湿地公园 23 处。

(5)地质公园的建立。

2004—2005 年,第一批 14 个省级地质公园建立,分别为嘉荫恐龙、五大连池、小兴安岭花岗岩石林、镜泊湖、宁安火山口、朗乡花岗岩石林、嘉荫茅兰沟、海林莲花湖、饶河喀尔喀玄武岩石林、宾县二龙山-长寿山、萝北兴安大峡谷、东宁洞庭峡谷、集贤七星峰、兴凯湖等地质公园。

2009 年,批准第二批 8 个省级地质公园建立,分别为逊克红星火山岩、五常凤凰山、铁力桃山、五大连池山口、伊春南岔仙翁山、阿城横头山-松峰山、通河锌子山、杜蒙连环湖等。

2014 年,第三批 11 个省级地质公园建立。分别为伊春五营、木兰鸡冠山、延寿长寿山、齐齐哈尔碾子山、鸡西麒麟山、七台河那丹哈达岭、宾县大青山、漠河花岗岩石林、呼中苍山、方正双子山、鹤岗金顶山等。

目前黑龙江省共建地质公园 33 处,其中由省级地质公园,分别晋级 2 个世界级地质公园,6 个国家级地质公园(图 6-1)。

(6)矿山公园的建立。

2005 年,建立 6 个国家矿山地质公园,分别为鹤岗、鸡西恒山、嘉荫乌拉嘎、黑河罕达气、大庆、呼玛韩家园子国家矿山地质公园(图 6-2)。

黑龙江省已建立多个湿地自然保护区和湿地公园,主要有九曲河湿地、双河湿地、额木尔河湿地、南翁河湿地、多布库尔河湿地、古里河湿地、扎龙湿地、连环湖湿地、龙凤湿地、莲花湖湿地、太阳岛湿地、白渔泡湿地、红星湿地、新青湿地、三江湿地、富锦湿地、安邦河湿地、七星河湿地、黑瞎子岛湿地、洪河湿地、挠力河湿地、珍宝岛湿地、兴凯湖湿地等(图 6-3)。

黑龙江省地质遗迹资源相当丰富,在省内旅游资源中,地质旅游资源占有重要地位,特别是地貌景观类资源占绝对优势。在旅游业蓬勃发展的今天,以龙江山水为主体的地质旅游已成为继冰雪游、生态游之后另一特色旅游品牌,它将拓展精品旅游空间,拉动黑龙江省经济发展,成为新的经济增长点。

截至目前,黑龙江省累计批准设立了 2 处世界地质公园、6 处国家地质公园、24 处省级地质公园、6 处国家矿山地质公园,主要湿地保护区及湿地公园 20 多处。黑龙江省已采取保护的地质遗迹信息,见表 6-1。

图 6-1 黑龙江省地质公园分布图

图 6-2　黑龙江省矿山公园分布图

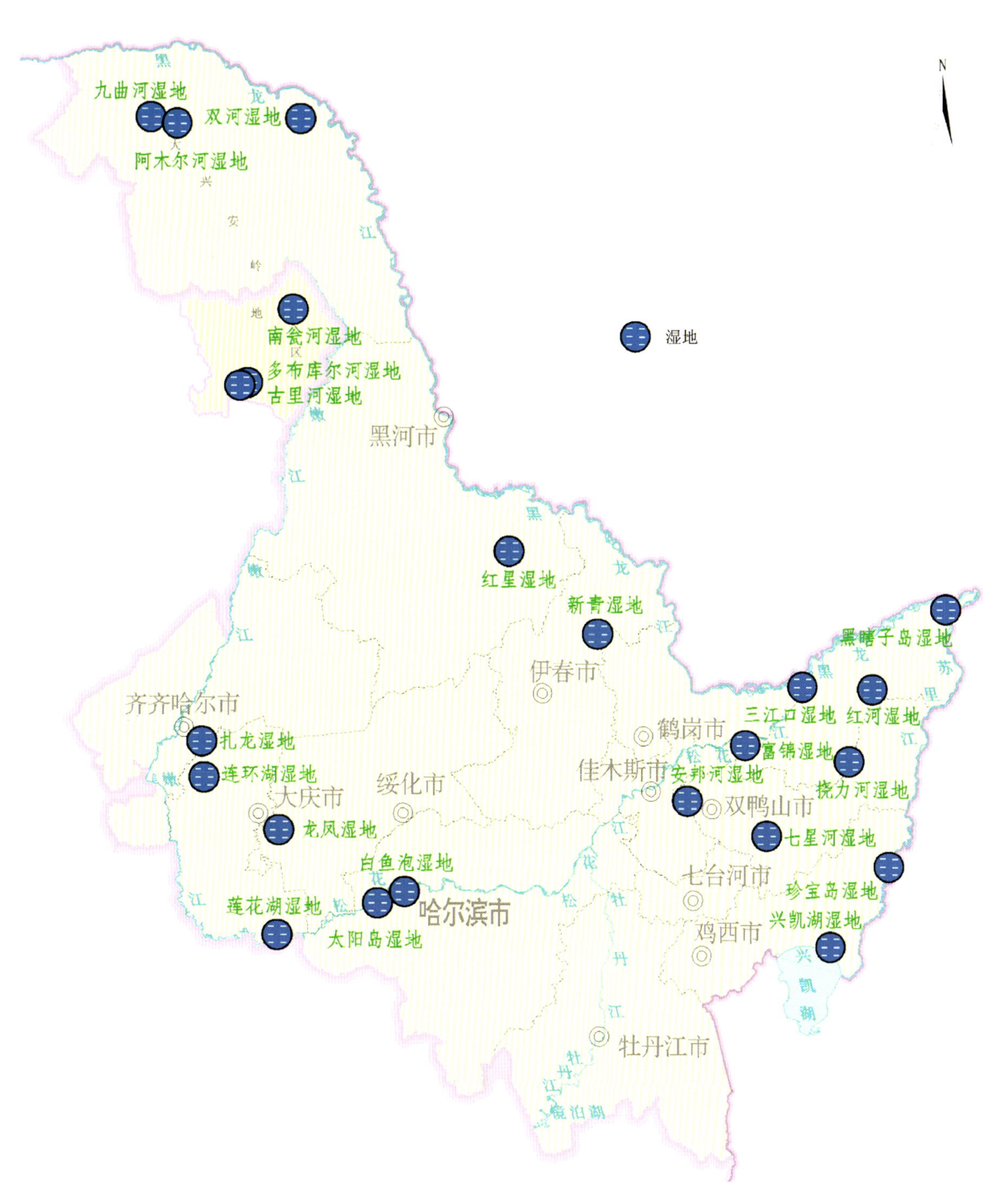

图6 3　黑龙江省主要湿地分布图

表 6-1　黑龙江省已保护的重要地质遗迹信息表

序号	地质遗迹名称	级别	保护对象	主要保护方式
1	荒山组地层剖面	省级	地层剖面	护坡工程保护
2	哈尔滨组地层剖面	省级	地层剖面	护坡工程保护
3	道外天恒山土林黄土地貌	省级	黄土地貌	护坡工程保护
4	哈尔滨太阳岛湿地	省级	湿地	建立风景区保护
5	阿城五道岭冶铁遗址	省级	矿业遗迹	建立文物保护区
6	阿城松峰山花岗岩地貌	省级	花岗岩地貌	建立地质公园保护
7	阿城吊水壶火山岩地貌	省级	火山岩地貌	建立地质公园保护
8	阿城横头山火山岩地貌	省级	火山岩地貌	建立地质公园保护
9	依兰四块石花岗岩地貌	省级	花岗岩地貌	建立风景区保护
10	宝兴双子山花岗岩地貌	省级	花岗岩地貌	建立地质公园保护
11	宾县大青山花岗岩地貌	省级	花岗岩地貌	建立地质公园保护
12	宾县高丽帽子花岗岩地貌	省级	花岗岩地貌	建立风景区保护
13	宾县长寿山花岗岩地貌	省级	花岗岩地貌	建立地质公园保护
14	宾县砬乡花岗岩地貌	省级	花岗岩地貌	建立地质公园保护
15	宾县英杰沟火山岩地貌	省级	火山岩地貌	建立地质公园保护
16	宾县大青山火山岩地貌	省级	火山岩地貌	建立地质公园保护
17	木兰小鸡冠山花岗岩地貌	省级	花岗岩地貌	建立地质公园保护
18	木兰大鸡冠山花岗岩地貌	省级	花岗岩地貌	建立地质公园保护
19	通河鸡冠鼎花岗岩地貌	省级	花岗岩地貌	建立地质公园保护
20	通河铧子山花岗岩地貌	省级	花岗岩地貌	建立地质公园保护
21	延寿长寿山花岗岩地貌	省级	花岗岩地貌	建立地质公园保护
22	尚志帽儿山火山岩地貌	省级	火山岩地貌	建立风景区保护
23	五常凤凰山高山湿地	国家级	湿地	建立地质公园保护
24	五常凤凰山瀑布群	国家级	瀑布	建立地质公园保护
25	五常凤凰山峡谷	国家级	峡谷地貌	建立地质公园保护
26	五常凤凰山高山石海火山岩地貌	国家级	火山岩地貌	建立地质公园保护
27	齐齐哈尔扎龙湿地	国家级	湿地	建立自然保护区保护
28	碾子山蛇洞山花岗岩地貌	省级	花岗岩地貌	建立地质公园保护
29	克东二克山火山锥	省级	火山机构地貌	建立风景区保护
30	嫩江尼尔基风景河段	省级	河段水体	建立风景区保护
31	鸡西恒山采矿遗址	国家级	矿业遗迹	建立矿山公园保护
32	鸡东麒麟山花岗岩地貌	省级	花岗岩地貌	建立地质公园保护
33	鸡东麒麟山峡谷地貌	省级	峡谷地貌	建立地质公园保护
34	虎林珍宝岛湿地	省级	湿地	建立自然保护区保护

续表 6-1

序号	地质遗迹名称	级别	保护对象	主要保护方式
35	兴凯湖湖岗	国家级	湖岗剖面	建立地质公园保护
36	兴凯蜂蜜山花岗岩地貌	省级	花岗岩地貌	建立地质公园保护
37	密山小兴凯湖	国家级	湖泊水体	建立地质公园保护
38	密山大兴凯湖	国家级	湖泊水体	建立地质公园保护
39	密山兴凯湖湿地	省级	湿地	建立地质公园保护
40	鹤岗金顶山花岗岩地貌	省级	花岗岩地貌	建立地质公园保护
41	鹤岗金顶山峡谷地貌	省级	峡谷地貌	建立地质公园保护
42	鹤岗煤矿采矿遗址	国家级	矿业遗迹	建立矿山公园保护
43	萝北太平沟采金遗址	省级	矿业遗迹	建立风景区保护
44	黑龙江名山风景河段	省级	水体河段	建立风景区保护
45	萝北兴安大峡谷	省级	峡谷地貌	建立地质公园保护
46	集贤七星峰花岗岩地貌	省级	花岗岩地貌	建立地质公园保护
47	集贤七星峰变质岩地貌	省级	变质岩地貌	建立地质公园保护
48	安邦河湿地	省级	湿地	建立自然保护区保护
49	七星河湿地	省级	湿地	建立自然保护区保护
50	东升湿地	省级	湿地	建立自然保护区保护
51	千鸟湖湿地	省级	湿地	建立自然保护区保护
52	挠力河湿地	省级	湿地	建立自然保护区保护
53	东安镇组地层剖面	省级	地层剖面	建立地质公园保护
54	饶河喀尔喀火山熔岩地貌	省级	火山岩地貌	建立地质公园保护
55	大庆龙凤湿地	省级	湿地	建立自然保护区保护
56	大庆采矿遗址(松基三井)	省级	矿业遗址	建立矿山公园保护
57	三站镇猛犸象-披毛犀动物化石产地	省级	化石、化石赋存层	建立围栏保护
58	肇源沿江湿地	省级	湿地	建立自然保护区保护
59	杜尔伯特连环湖	省级	水体湖泊	建立地质公园保护
60	杜蒙湿地	省级	湿地	建立自然保护区保护
61	南岔仙翁山花岗岩地貌	省级	花岗岩地貌	建立地质公园保护
62	新青湿地	省级	湿地	建立国家湿地公园保护
63	汤旺河回龙湾风景河段	省级	水体河段	建立风景区保护
64	金山屯白山石林花岗岩地貌	省级	花岗岩地貌	林场旅游资源专门保护
65	五营平山花岗岩地貌	省级	花岗岩地貌	建立地质公园保护
66	五营丽丰经营所花岗岩地貌	省级	花岗岩地貌	建立风景区保护
67	伊春石磊河花岗岩地貌	省级	花岗岩地貌	林场旅游资源专门保护
68	汤旺河石林花岗岩地貌	国家级	花岗岩地貌	建立地质公园保护
69	嘉荫渔亮子组恐龙化石产地	国家级	化石及赋存层	建立地质公园保护

续表 6-1

序号	地质遗迹名称	级别	保护对象	主要保护方式
70	乌拉嘎镇恐龙化石产地	国家级	化石及赋存层	建立矿山公园保护
71	乌拉嘎岩金采矿遗址	国家级	矿业遗迹	建立矿山公园保护
72	嘉荫茅兰沟花岗岩地貌	国家级	花岗岩地貌	建立地质公园保护
73	嘉荫茅兰瀑布	国家级	瀑布	建立地质公园保护
74	嘉荫茅兰峡谷	国家级	峡谷地貌	建立地质公园保护
75	桃山悬羊峰花岗岩地貌	国家级	花岗岩地貌	建立地质公园保护
76	朗乡石林花岗岩地貌	省级	花岗岩地貌	建立地质公园保护
77	朗乡万松岩石林花岗岩地貌	省级	花岗岩地貌	建立风景区保护
78	抚远黑瞎子岛湿地	省级	湿地	建立国家湿地公园保护
79	黑龙江、松花江三江口风景河段	省级	水体河段	建立风景区保护
80	洪河湿地	省级	湿地	建立自然保护区保护
81	同江街津口火山岩地貌	省级	火山岩地貌	建立风景区保护
82	富锦湿地	省级	湿地	建立国家湿地公园保护
83	七台河那丹哈达岭火山岩地貌	省级	火山岩地貌	建立地质公园保护
84	勃利平顶山变质岩地貌	省级	变质岩地貌	建立风景区保护
85	牡丹峰火山岩地貌	省级	火山岩地貌	建立风景区保护
86	三道关北黄山花岗岩地貌	省级	花岗岩地貌	建立风景区保护
87	东宁红石砬子花岗岩地貌	省级	花岗岩地貌	建立地质公园保护
88	东宁洞庭变质岩地貌	省级	变质岩地貌	建立地质公园保护
89	东宁洞庭峡谷地貌	省级	峡谷地貌	建立地质公园保护
90	东宁洞庭火山熔岩地貌	省级	火山岩地貌	建立地质公园保护
91	三道关岱王峰花岗岩地貌	省级	花岗岩地貌	建立风景区保护
92	海林莲花锅盔湾花岗岩地貌	省级	花岗岩地貌	建立地质公园保护
93	海林莲花库伦比花岗岩地貌	省级	花岗岩地貌	建立地质公园保护
94	海林莲花双桥子花岗岩地貌	省级	花岗岩地貌	建立地质公园保护
95	柴河小九寨新兴组变质岩地貌	省级	变质岩地貌	建立地质公园保护
96	海林莲花湖	省级	水体湖泊	建立地质公园保护
97	海林莲花湖峡谷地貌	省级	峡谷地貌	建立地质公园保护
98	宁安镜泊岛屿花岗岩地貌	国家级	花岗岩地貌	建立地质公园保护
99	宁安镜泊湖峡谷沿岸花岗岩地貌	国家级	花岗岩地貌	建立地质公园保护
100	宁安镜泊湖	世界级	水体湖泊	建立地质公园保护
101	宁安镜泊小北湖	省级	水体湖泊	建立地质公园保护
102	宁安镜泊吊水楼瀑布	世界级	瀑布	建立地质公园保护
103	宁安镜泊火山机构	世界级	火山机构地貌	建立地质公园保护
104	宁安镜泊火山熔岩地貌	国家级	火山岩地貌	建立地质公园保护

续表 6-1

序号	地质遗迹名称	级别	保护对象	主要保护方式
105	宁安镜泊熔岩隧道地貌	世界级	火山岩地貌	建立地质公园保护
106	罕达气砂金矿采矿遗址	国家级	矿业遗迹	建立矿山公园保护
107	锦河大峡谷	省级	峡谷地貌	建立风景区保护
108	都尔滨河湿地	省级	湿地	建立自然保护区保护
109	红星湿地	省级	湿地	建立地质公园保护
110	红星火山岩地貌	省级	火山岩地貌	建立地质公园保护
111	孙吴红旗湿地	省级	湿地	建立自然保护区保护
112	五大连池玄武岩剖面	世界级	玄武岩岩体	建立地质公园保护
113	五大连池石龙岩	世界级	石龙岩岩体	建立地质公园保护
114	五大连池山口花岗岩地貌	国家级	花岗岩地貌	建立地质公园保护
115	五大连池山口湖	省级	水体湖泊	建立地质公园保护
116	五大连池火山堰塞湖	世界级	水体湖泊	建立地质公园保护
117	五大连池矿泉	国家级	泉	建立地质公园保护
118	五大连池火山群	世界级	火山机构地貌	建立地质公园保护
119	五大连池熔岩洞穴	世界级	火山岩地貌	建立地质公园保护
120	五大连池熔岩微地貌	国家级	火山岩地貌	建立地质公园保护
121	五大连池喷气锥、喷气碟	世界级	火山岩地貌	建立地质公园保护
122	五大连池火山碎屑物地貌	国家级	火山岩地貌	建立地质公园保护
123	青冈猛犸象-披毛犀古动物群化石产地	省级	化石、化石赋存层	设置围栏、警示牌保护
124	多布库尔河风景河段	省级	水体河段	建立自然保护区保护
125	多布库尔湿地(松岭段)	省级	湿地	建立自然保护区保护
126	南瓮河湿地	省级	湿地	建立自然保护区保护
127	呼中苍山火山岩地貌	省级	火山岩地貌	建立地质公园保护
128	韩家园子砂金采矿遗址	省级	矿业遗迹	建立矿山公园保护
129	黑龙江八十里大弯	省级	水体河段	建立风景区保护
130	金沟清代砂金采矿遗址	省级	矿业遗迹	建立风景区保护
131	漠河花岗岩石林地貌	省级	花岗岩地貌	建立地质公园保护
132	黑龙江第一湾风景河段	省级	水体河段	建立风景区保护

第二节　地质遗迹保护规划建议

黑龙江省地质遗迹非常丰富，类型较为齐全，从目前保护现状来看，地貌类地质遗迹开发利用和保护成绩斐然。已建立世界地质公园 2 处、国家地质公园 6 处、省级地质公园 24 处、矿山公园 6 处，主要湿地保护区及湿地公园20多处，然而基础类地质遗迹，目前保护程度很低。基础类地质遗迹虽然地学意义重大，稀有典型，但多不具美学价值和观赏性，一般尚未开发。因此有部分有价值的地质遗迹正在遭到破坏，如饶河枕状熔岩、富锦连山玄武岩柱状节理等，建议建立基础类地质遗迹保护区和地貌类地质遗迹保护区(图6-4)。

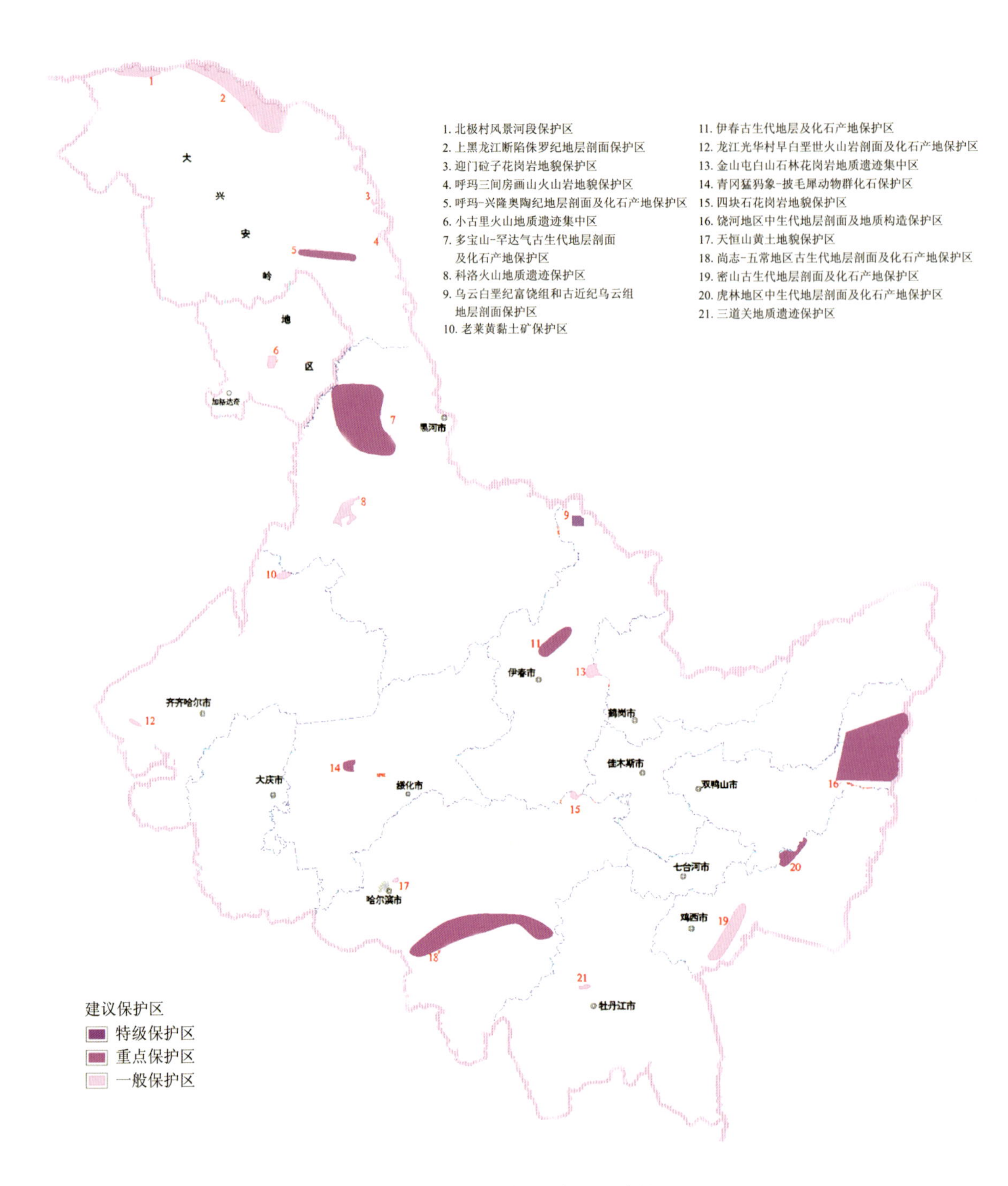

图6-4 黑龙江省地质遗迹保护区建议图

一、基础地质类地质遗迹保护区的建立

基础地质类地质遗迹重点保护地层剖面类，因为黑龙江省内地层分布不连续，经过多年地质工作，发现层型剖面多含有重要化石，对于地层划分对比具有重要价值，是研究古地理、地质发展历史不可多得的地质遗迹。

1.上黑龙江断陷侏罗纪地层剖面及化石产地保护区

保护区位于漠河市乌苏里江边和塔河县二十二站后山。省道S209从剖面附近通过，交通方便。

1)保护区主要地质遗迹

保护区分布有额木尔河群、二十二站组地层剖面及古动物化石产地和漠河组中侏罗世地层剖面。

二十二站组古动物化石产地为一套滨湖-浅湖相砂泥质沉积，剖面产丰富的淡水双壳类、腹足类、介形虫等动物化石及植物化石。其中双壳类为 *Margaritifera*-*Feganoconcha* 组合，植物属 *ConioPteris*-*Phoenicopsis* 植物群晚期组合。剖面总厚度969.40m。

漠河组为一套以河流相为主间有沼泽相的碎屑沉积，含有 *Coniopteris*-*Phoenicopsis* 植物群晚期组合。剖面厚度2650m。

2)保护区等级和保护面积

保护区为一般保护区，保护面积分别为二十二站组古生物化石产地12.63km^2、漠河组8.15km^2。

3)保护价值

两条剖面代表了额木尔河群巨厚的河湖相碎屑沉积，产丰富的动植物化石，可研究上黑龙江断陷盆地的演化历史、沉积环境和古地理等，具有保护和研究价值。

2.呼玛-兴隆奥陶纪地层剖面及化石产地保护区

1)保护区主要地质遗迹

保护区内有奥陶纪黄斑脊山组和裸河组两条地层剖面及化石产地。

黄斑脊山组为一套以细碎屑岩为主的海相沉积地层，产丰富的腕足类及三叶虫化石。腕足类称 *Finkelnburgia bellatula*-*Humaella huangbanjiensis* 组合；三叶虫称 *Ceratopyge*-*Apatokephalus* 组合。

裸河组为一套具海进韵律特征的海相沉积地层，含丰富的腕足类、三叶虫化石。

2)保护区等级和保护面积

保护区为重点保护区，黄斑脊组保护面积10.22km^2，裸河组保护面积9.12km^2。

3)保护价值

根据地层的岩石组合及生物特征，本保护区两条奥陶纪地层剖面是研究呼玛弧后盆地演化历史的重要地层单元。

3.多宝山-罕达气古生代地层剖面及化石产地保护区

保护区位于嫩江多宝山—黑河罕达气一带，交通非常方便。

1)保护区主要地质遗迹

保护区以地层剖面及古生物化石产地为主。其中以奥陶纪、志留纪、泥盆纪、石炭纪的地层剖面为典型代表。奥陶纪有铜山组、多宝山组、裸河组和爱辉组等地层剖面、火山岩剖面及化石产地；志留纪有黄花沟组、八十里小河组和卧都河组等地层剖面及化石产地；泥盆纪有泥鳅河组、腰桑南组、根里河组、小河里河组地层剖面及化石产地；石炭纪有花达气组、洪湖吐河组等地层剖面及化石产地。

2)保护区等级和保护面积

保护区为重点保护区,铜山组、多宝山组、爱辉组、黄花沟组保护面积 30.42km^2,八十里小河组古动物化石产地保护面积 11.06km^2,小河里河组保护面积 5.91km^2,卧都河组、泥鳅河组保护面积17.93km^2,腰桑南组保护面积 7.13km^2,洪湖吐河组保护面积 5.84km^2。

3)保护价值

本保护区地层剖面和化石产地反映了天山-兴蒙地槽区东部的沉积特征、生物演化特征。这里的古生代地层及化石产地是研究本区地质发展历史、古地理、古环境的理想地区,是研究多宝山岛弧的重要地区。这里曾长期引起地学界的关注,不断有专家和学者前来参观考察。建议在黑河地区建立古生代地层古生物保护基地,科研科普、教学基地。

4. 老莱黄黏土矿保护区

保护区位于讷河市老莱镇青山嘴,有齐嫩铁路及公路通过,交通方便。

1)保护区主要地质遗迹

保护区主要有老莱黄黏土典型矿床。矿体以新近纪黄黏土为主。保护区黄黏土成矿条件较好,黄黏土矿的远景可观。

2)保护区等级和保护面积

保护区为一般保护区,保护面积 12.00km^2。

3)保护价值

黄黏土矿是黑龙江省独有的优势矿种,在世界也属稀有罕见。黄黏土矿具有一般的杂黏土、高岭土、膨润土所没有的特殊颜色,而且这种颜色随温度的升降还会表现出一系列变化。

黄黏土是黑龙江省用于颜料工业的唯一矿种,黄黏土随温度变化而改变颜色的机理尚待研究,其用途也有待进一步扩展,具有较高的保护价值。

5. 龙江光华村白垩纪火山岩剖面及化石产地保护区

保护区位于龙江县山泉镇光华村,有乡间公路可达剖面,交通方便。

1)保护区主要地质遗迹

区内有一条龙江组和光华组火山岩剖面。

龙江组:主要为安山岩及其凝灰熔岩、凝灰岩夹流纹岩及其凝灰熔岩。总厚度 1 889.40m。平行不整合于光华组之下。

光华组:主要岩性为酸性凝灰岩、中性熔岩夹黏土岩、杂砂岩等,产叶肢介、介形虫、昆虫等热河生物群化石。顶界不清,总厚度 276.10m。其中叶肢介以 *Pseudograpta*、昆虫以 *Ephemeropsis trisetalis* 为主。

2)保护区等级和保护面积

保护区为一般保护区,保护面积 8.40km^2。

3)保护价值

龙江组、光华组与甘河组为大兴安岭火山岩带的重要组成,分布广泛,本剖面对地层划分对比具重要意义。另外,邻区内蒙古热河生物群有新发现,黑龙江省内对龙江组、光华组剖面进行保护对进一步研究热河生物群具有特殊意义,可能填补空白。

6. 青冈猛犸象-披毛犀动物群化石产地保护区

保护区位于青冈县德胜乡,有乡间公路可达化石产地,交通较方便。

1)保护区主要地质遗迹

保护区多地发现披毛犀-猛犸象化石，但集中分布于德胜乡刘里屯一带。产有丰富的披毛犀-猛犸象动物群化石，主要有猛犸象、披毛犀、普氏野马、野牛、野骆驼、野驴等30余种化石，堪称猛犸象的故乡。

2)保护区等级和保护面积

保护区为重点保护区，保护面积133.43km^2。

3)保护价值

猛犸象动物群是从西伯利亚迁移到黑龙江省松嫩平原等地的。本期该动物群具有的分布密度大、个体大等特点，是其他地区所不具有的。

(1)对我国特别是东北、华北地区第四纪地层划分对比具有重要意义。

(2)该动物群生活于寒冷气候条件，是研究古气候的重要地区。

(3)猛犸象-披毛犀动物群对研究我国东北地区晚更新世环境容量有重大意义。

(4)青冈猛犸象-披毛犀动物群化石丰富，种属多达几十种，又具集中产出特点。对其的保护，为建造披毛犀-猛犸象地质公园提供了重要条件，依托产化石的大冲沟，可建一条披毛犀-猛犸象化石产地大剖面，依托青冈现存的大量化石可建立披毛犀-猛犸象博物馆。

7.嘉荫乌云晚白垩世富饶组—古新世乌云组地层剖面及化石产地保护区

1)保护区主要地质遗迹

保护区位于嘉荫县乌云镇小河沿一带，省道S311从剖面附近通过，交通方便。

含有丰富的植物化石，根据与俄罗斯地层对比，认为该地区为存在K—Pg界线最有希望的地区。

2)保护区等级和保护面积

本区为特级保护区，保护面积28km^2。

3)保护价值

K—Pg(白垩纪/古近纪)界线是6500万年前的地球生物大灭绝和大复苏的地质界线。目前，该陆相K—Pg界线已锁定在嘉荫县乌云镇小河沿地区。该地区有望成为世界公认的白垩纪与古近纪的标准界线，即地学界所称的“金钉子”，对世界地学研究具有重要而深远的意义。

8.伊春古生代地层剖面及化石产地保护区

保护区位于伊春市上甘岭区和五星区，交通方便。

1)保护区主要地质遗迹

保护区有五星镇地层剖面及红山组地层剖面及化石产地。

五星镇组地层剖面：钻孔剖面，为一套灰色、灰黑色大理岩、生物灰岩和碳质板岩组合，产三叶虫化石：*Kootenia*、*Procria*、*Inouyia*、*Neocobboldia*，腕足类*Oblus* sp.、*Lingulella*等。

红山组地层剖面：主要岩性为砾岩、砂岩和板岩，含碳质，偶见凝灰质及火山岩夹层，产以*Comia*为代表的晚二叠世安加拉植物群。顶底不清，总厚度大于642.8m。

2)保护区等级和保护面积

保护区为重点保护区，保护面积分别为五星镇组4.52km^2，红山组植物化石产地6.58km^2。

3)保护价值

两条剖面均含有化石，对地层划分对比具有重要意义，是研究生物演化的重要地区，对研究伊春-延寿地槽发展历史具有地学价值。

9.尚志-五常地区古生代地层剖面及化石产地保护区

保护区位于尚志市小金沟林场—五常市背荫河镇一带，交通方便。

1)保护区主要地质遗迹

保护区有奥陶纪小金沟组地层剖面，小金沟组底层大理岩含腕足类化石，尚志得好屯黑龙宫组含以*Coelospiellaorientalais*组合为代表的腕足类化石，延寿县寿山屯马鞍山福兴屯组为植物化石产地，五常市背荫河镇土门岭组地层剖面产动植物化石。

2)保护区等级和保护面积

保护区为重点保护区，五条剖面的保护面积近29.31km^2。

3)保护价值

保护区五条地层剖面及化石产地，对地层划分对比具有重要意义，是研究伊春-延寿带地质演化历史不可缺少的地层单元。其中小金沟组是黑龙江省东部地区产奥陶纪化石的唯一产地，填补了省内东部无奥陶纪地层的空白。

10. 密山地区古生代地层剖面及化石产地保护区

保护区位于密山-宝清地区，交通方便。

1)保护区主要地质遗迹

保护区有黑台组地层剖面、平阳镇组地层剖面等。

2)保护区等级和保护面积

为一般保护区，黑台组保护面积1.40km^2，平阳镇组保护面积7.82km^2。

3)保护价值

这些地层剖面都含化石，是研究佳木斯地块古生代发展历史的重要地层单元，为地层划分对比提供了主要依据。

11. 虎林地区中生代地层剖面保护区

保护区位于虎林市方山林场—云山水库后山一带，有公路可达剖面，交通方便。

1)保护区主要地质遗迹

保护区有龙爪沟群地层剖面。剖面为海陆交互相沉积环境，产丰富的化石。

2)保护区等级和保护面积

保护区为重点保护区，龙爪沟群保护面积55.54km^2。

3)保护价值

龙爪沟群在我国北方是不可多见的早白垩世海陆交互相地层，产丰富的古生物化石，且门类繁多，有些化石保护完好，十分罕见。龙爪沟群对黑龙江省东部煤田预测、提供找油气田的方向，同时解决北方热河生物群的争议，正确认识黑龙江省东部中生代的重大地质变革和发展历史等具有重要地学意义，是进行科研、科普和教学的重要地区，曾吸引大批国内外地层古生物专家，前来参观考察和进行科学研究。

12. 饶河地区中生代地层剖面及地质构造保护区

保护区位于饶河县及虎林市北部，有公路可达各地质遗迹点。

1)保护区主要地质遗迹

保护区有中晚三叠世—早侏罗世深海相地层剖面(大佳河组、大岭桥组、永福桥组)、由超镁铁质—镁铁质堆积岩、枕状熔岩、辉绿岩群等组成的蛇绿岩、由外来岩块组成的混杂堆积、岩石的褶皱与变形等，以及东安镇组地层剖面。

2)保护区等级和保护面积

保护区为重点保护区，大佳河组保护面积16.88km^2，大岭桥组保护面积12.66km^2，永福桥组保护面积26.51km^2，东安镇组保护面积12.40km^2。大顶子超镁铁质堆积岩保护面积13.45km^2，大岱枕状熔岩保护面积 12.22km²。

3)保护价值

(1)大佳河组是以硅质岩为主夹多层碎屑岩的海相硅质岩建造，产放射虫和牙形石化石，放射虫可分 3 个组合，牙形石可划分为一个诺利期组合。大佳河组具有广泛的地层划分对比意义，是中国北方少见的地层单元。

(2)大岭桥组整合于大佳河组之上，为一套巨厚的复理石沉积建造，代表地槽充填的晚期，在造山前地槽沉积的一套建造。它与大佳河组同为海相沉积，但环境较为动荡。

(3)永福桥组为一套火山复理石建造。

(4)东安镇组地层剖面所产晚侏罗世提塘期和早白垩世凡兰吟早期双壳类及菊石化石，可反映其形成于滨浅海沉积环境。东安镇组地层剖面将成为研究中国东部海相上侏罗统与下白垩统界线剖面唯一地点，加强研究，很可能成为“金钉子”。

(5)饶河蛇绿岩基本由三部分组成，下部为超镁铁质杂岩，中部为镁铁质杂岩，上部为枕状熔岩等。

饶河地区三叠纪—早侏罗世的深海沉积、蛇绿岩等，国内稀有，是研究中生代板状构造的理想地区。曾吸引多国地学专家来此参观考察，许多大专院校来此进行科学研究。建议在饶河地区建立地学科普、科研基地。

二、地貌景观类地质遗迹保护区

地貌类地质遗迹集中区，分布具观赏价值的地貌类地质遗迹，为了保护其不受破坏，可申请辟建地质公园。

1. 北极村风景河段保护区

保护区位于大兴安岭地区漠河市北极村，有公路可达保护区，交通方便。

1)保护区主要地质遗迹

主要有黑龙江北极村风景河段、北极村湿地景观、中国北极点、北极村旅游风景区，夏至前后可见北极光、北极村冰雪等国内独特的资源景观，可与三亚的天涯海角共列最具魅力的旅游景点景区榜单前十名。

2)保护区等级和保护面积

保护区为一般保护区，保护面积 13.50km²。

3)保护价值

北极村号称中国北极，除黑龙江北极村风景河段外，尚有神奇天象、极地冰雪等。为对北极村加以保护，可辟建地质公园。

2. 小古里火山地质遗迹保护区

保护区位于大兴安岭地区加格达奇林业局古里林场，有乡间公路可达保护区，交通较方便。

1)保护区主要地质遗迹

保护区有火山喷发形成的火山机构(马鞍山)、熔岩微地貌、小古里河湿地等。

2)保护区等级和保护面积

保护区为一般保护区，保护面积 33km²。

3)保护价值

区内有火山喷发形成的火山机构和熔岩微地貌，有小古里湿地，构成地质遗迹集中区，加以保护可成为地质公园的主体景观。

3. 科洛火山地质遗迹保护区

保护区位于嫩江市东北科洛一带，有公路可达保护区，交通方便。

1)保护区主要地质遗迹

保护区有新近纪以来的新生代火山锥23座，熔岩台地面积达350km²。火山的东、西、南三面有类似五大连池石龙岩的熔岩台地，岩石裸露，植被稀少，有熔岩坪、蟒蛇状熔岩、花环状熔岩、熔岩坝以及熔岩裂缝、塌陷漏斗等火山岩地貌。

2)保护区等级和保护面积

保护区为一般保护区，保护面积近132.8km²。

3)保护价值

科洛火山地质遗迹保护区由新近纪—全新世玄武岩组成，与五大连池火山地貌极为相似，是黑龙江省又一座“火山博物馆”，是研究岩浆演化的典型地段，不仅具旅游价值，而且具有很高的科研价值。

4. 呼玛三间房画山火山岩地貌保护区

保护区位于大兴安岭地区呼玛县金山乡三间房一带，省道S209从保护区通过，交通方便。

1)保护区主要地质遗迹

保护区主要分布有甘河组玄武岩，沿江边排列分布数个火山岩山包，沿江分布的玄武岩岩壁皆为近直立，高度80～140m。岩壁完全裸露，似刀劈斧砍，陡峭的岩壁远看似一幅水墨山水画。

2)保护区等级和保护面积

保护区为一般保护区，保护面积9.20km²。

3)保护价值

保护区火山岩地貌集中出现，景观优美，极具观赏性，现已成为旅游风景点，为进行保护可辟建地质公园。

5. 呼玛迎门砬子花岗岩地貌保护区

保护区位于大兴安岭地区呼玛县金山乡察哈彦村一带，有乡间公路可达保护区，交通较方便。

1)保护区主要地质遗迹

保护区主要地质遗迹以侵入岩(花岗岩)地貌为主，有迎门砬子、白象菩萨、仙人指路、阳刚柱、天外来客、侍卫石、猪吼峰、孔子与弟子、公字塔等景观点。

2)保护区等级和保护面积

保护区为一般保护区，保护面积23.80km²。

3)保护价值

保护区有独特的花岗岩地貌，具有极高的观赏价值、美学价值、科研价值。

6. 伊春金山屯白山林场花岗岩地貌保护区

保护区位于伊春市金山屯区白山林场一带，交通较不便。

1)保护区主要地质遗迹

保护区主要地质遗迹为花岗岩地貌景观，广泛分布晚三叠世—早侏罗世正长花岗岩，岩体水平节理特别发育，形成象形石和花岗岩石林地貌，有龟峰、石林、一线天、悬石、岩壁、罗汉石等地貌景观。

2)保护区等级和保护面积

保护区为一般保护区，保护面积169.55km²。

3)保护价值

花岗岩地貌非常壮观,形成花岗岩石林,各种象形石,具有观赏性和科研价值,加以保护,可辟建地质公园。

7.依兰四块石花岗岩地貌保护区

保护区位于依兰县北部与伊春市交界处,交通较不便。

1)保护区主要地质遗迹

保护区为花岗岩地貌和火山岩地貌集中区,主要景点有一线天、月亮门、骆驼峰、哨所崖、望月峰、红石飞霞(火山岩)等。

2)保护区等级和保护面积

保护区为一般保护区,保护面积65.55km^2。

3)保护价值

这里不仅是花岗岩地貌和火山岩地貌景观集中区,而且还是黑龙江省教育基地。这里曾是抗日联军的秘密营地。这里山峰东西走向,南坡陡而北坡缓,有东、西四块石,其中东四块石主峰月峰山,海拔929.5m,陡崖直立,是当时抗联哨所。站在山顶,极目远眺,山峦起伏,林海苍茫,云雾缭绕,犹如置身仙境。保护好这些地貌景观,可辟建地质公园。

8.牡丹江三道关地质遗迹保护区

保护区位于牡丹江市北部与海林市交界附近,有乡间公路可达,交通较方便。

1)保护区主要地质遗迹

保护区主要由花岗岩地貌构成,主要景点有仙女峰、北黄山、鸡冠晓月、鹰嘴峰、塔林、岩柱、二石相依、仙桃石等,另有二道河、三道河子河谷地貌等。

2)保护区等级和保护面积

保护区为一般保护区,保护面积近42.20km^2。

3)保护价值

牡丹江三道关地质遗迹保护区,以峰、林和水体地貌为主体。区内花岗岩地貌完整典型,具极高的观赏性和科研价值。保护好这些地貌景观,可辟建地质公园。

9.哈尔滨天恒山黄土地貌保护区

保护区位于哈尔滨市团结镇天恒山一带,环城高速通过保护区,交通非常方便。

1)保护区主要地质遗迹

保护区有黑龙江典型的黄土地貌,中更新统荒山组和上更新统哈尔滨组地层剖面,构成Ⅱ级阶地地貌景观。该地区发现古人类活动遗迹、大量陶片、野牛化石等。

2)保护区等级和保护面积

保护区为一般保护区,保护面积25.60km^2。

3)保护价值

保护区发育典型的黄土地貌,黑龙江省少有,并有地层剖面、古人类活动遗迹、野牛化石等,稀有、典型,具有极高的科学性,保护此处地质遗迹及地貌景观,可辟建地质公园。

第三节　地质遗迹保护区布局

一、地质遗迹保护区布局

黑龙江省地质遗迹保护规划建议是在查明黑龙江省地质遗迹分布规律基础上，根据地质遗迹分布规律、出露位置、隶属行政区划，按照《地质遗迹保护管理规定》划分地质遗迹保护区。

为了更好地保护、管理区域内地质遗迹，规划布局按行政区为依据进行。

（一）哈尔滨市地质遗迹保护区

哈尔滨市已设立9处地质遗迹保护区，其中重点保护区1处，一般保护区8处。建议设立地质遗迹保护区3处。

1. 已设立保护区

重点保护区：黑龙江凤凰山地质公园。

一般保护区：黑龙江省二龙山-长寿山地质公园、黑龙江省横头山-松峰山地质公园、黑龙江省长寿山地质公园、黑龙江省大青山地质公园、黑龙江省双子山地质公园、黑龙江省鸡冠山地质公园、黑龙江省铧子山地质公园、黑龙江哈尔滨太阳岛国家湿地公园。

2. 建议设立保护区

重点保护区：五常-尚志地区古生代地层剖面及化石产地保护区。

一般保护区：依兰四块石花岗岩地貌保护区、哈尔滨市天恒山黄土地貌保护区。

（二）齐齐哈尔市地质遗迹保护区

齐齐哈尔市已设立地质遗迹保护区2处，建议设立地质遗迹保护区2处。

1. 已设立保护区

重点保护区：黑龙江扎龙国家级自然保护区。

一般保护区：黑龙江省碾子山地质公园。

2. 建议设立保护区

一般保护区：龙江光华村早白垩世火山岩剖面及化石产地保护区、讷河老莱黄黏土矿产地保护区。

（三）鸡西市地质遗迹保护区

鸡西市已设立地质遗迹保护区4处，建议设立地质遗迹保护区2处。

1. 已设立保护区

重点保护区：黑龙江兴凯湖国家地质公园、鸡西恒山国家矿山公园。
一般保护区：黑龙江省麒麟山地质公园、黑龙江珍宝岛湿地国家级自然保护区。

2. 建议设立保护区

重点保护区：虎林地区中生代地层剖面及化石产地保护区。
一般保护区：密山地区古生代地层剖面及化石产地保护区。

（四）鹤岗市地质遗迹保护区

鹤岗市已设立地质遗迹保护区 1 处。
一般保护区：黑龙江省鹤岗金顶山地质公园。

（五）双鸭山市地质遗迹保护区

双鸭山市已设立地质遗迹保护区 4 处，建议设立地质遗迹保护区 1 处。

1. 已设立保护区

一般保护区：黑龙江省七星峰地质公园、黑龙江省安邦河湿地自然保护区、黑龙江七星河湿地国家级自然保护区、黑龙江挠力河国家级自然保护区。

2. 建议设立保护区

重点保护区：饶河地区中生代构造及地层剖面保护区。

（六）大庆市地质遗迹保护区

大庆市已设立地质遗迹保护区 4 处。
重点保护区：大庆油田国家矿山公园。
一般保护区：黑龙江省连环湖地质公园、黑龙江省大庆龙凤湿地自然保护区、黑龙江肇源沿江湿地自然保护区。

（七）伊春市地质遗迹保护区

伊春市已设立地质遗迹保护区 8 处，建议设立地质遗迹保护区 3 处。

1. 已设立保护区

重点保护区：黑龙江伊春小兴安岭国家地质公园、黑龙江伊春小兴安岭花岗岩石林国家地质公园、黑龙江嘉荫恐龙国家地质公园、嘉荫乌拉嘎国家矿山公园。
一般保护区：黑龙江省朗乡花岗岩石林地质公园、黑龙江省南岔仙翁山地质公园、黑龙江省五营地质公园、黑龙江新青国家湿地公园。

2.建议设立保护区

特级保护区:嘉荫乌云白垩纪富饶组和古近纪乌云组地层剖面保护区。
重点保护区:伊春古生代地层剖面及化石产地保护区。
一般保护区:金山屯白山花岗岩石林地貌保护区。

(八)佳木斯市地质遗迹保护区

佳木斯市已设立地质遗迹保护区3处。
一般保护区:黑龙江富锦国家湿地公园、黑龙江省黑瞎子岛湿地公园、黑龙江洪河国家级自然保护区。

(九)七台河市地质遗迹保护区

七台河市已设立地质遗迹保护区1处。
一般保护区:黑龙江省那丹哈达岭地质公园。

(十)牡丹江市地质遗迹保护区

牡丹江市已设立地质遗迹保护区2处,建议设立地质遗迹保护区1处。

1.已设立保护区

特级保护区:镜泊湖世界地质公园。
一般保护区:黑龙江省洞庭峡谷地质公园。

2.建议设立保护区

一般保护区:三道关花岗岩地貌保护区。

(十一)黑河市地质遗迹保护区

黑河市已设立地质遗迹保护区4处,建议设立地质遗迹保护区2处。

1.已设立保护区

特级保护区:五大连池世界地质公园。
重点保护区:黑龙江山口地质公园、黑河罕达气国家矿山公园。
一般保护区:黑龙江省红星火山岩地质公园。

2.建议设立保护区

重点保护区:多宝山-罕达气古生代地层剖面及化石产地保护区。
一般保护区:科洛火山地貌保护区。

（十二）绥化市地质遗迹保护区

绥化市建议设立地质遗迹保护区 1 处。

重点保护区：青冈县猛犸象-披毛犀动物群化石产地保护区。

（十三）大兴安岭地区地质遗迹保护区

大兴安岭地区已设立地质遗迹保护区 7 处，建议设立地质遗迹保护区 6 处。

1. 已设立保护区

重点保护区：大兴安岭呼玛国家矿山公园。

一般保护区：漠河九曲河湿地自然保护区、黑龙江南瓮河国家级自然保护区、黑龙江多布库尔国家级自然保护区、黑龙江大兴安岭古里河湿地公园、黑龙江省漠河地质公园、黑龙江省呼中苍山石林地质公园。

2. 建议设立保护区

重点保护区：呼玛-兴隆奥陶纪地层剖面及化石产地保护区。

一般保护区：上黑龙江断陷侏罗纪地层剖面及化石产地保护区、小古里火山地貌保护区、北极村风景河段保护区、呼玛迎门砬子花岗岩地貌保护区、呼玛三间房画山火山岩地貌保护区。

第四节　地质遗迹保护方式与措施

一、保护方式

（1）所有各种类型地质遗迹中，除少量古生物化石，各种典型岩矿标本可异地保护外，一律绝对实行原地保护。

（2）已设保护区：根据地质遗迹类型不同，保护的方式和措施也不同，省内地质公园，已于 2013 年由黑龙江省国土资源厅主持进行保护规划修编，规划期包括近期 2013—2015 年，中期 2016—2020 年，远期 2021—2025 年。湿地公园由黑龙江省林业厅管理，进行规划制定与实施。由此，已设保护区以林业部门批准的保护区范围为主要依据。

（3）建议保护区：①根据目前情况，无法像地质公园那样专门设立保护机构的，建议当地行政管理部门根据建议保护区的地质遗迹特点加强管理，进行有效的保护。②建议行政管理部门设立采矿权时要注意避让建议保护区内地质遗迹核心保护范围，特别是采石场对地质遗迹威胁最大。③建议加强与高校、科研单位实行专业技术合作，建立黑河、饶河地区基础地质科研、科普、科学教育基地。

二、保护措施

黑龙江省地貌类地质遗迹多以建立地质公园、自然保护区、风景名胜区的方式实施管理保护。基础地质类地质遗迹虽然地学价值重大，稀有典型，但多不具有美学价值和观赏性，目前保护程度很低，一般尚未开发，基本处于未保护状态。

1. 建议保护措施

根据黑龙江省未采取保护措施的地质遗迹类型，主要建议保护措施有建立地质公园，建立保护区块，设立围栏、界桩、标示牌等，自然保护等。

建立地质公园：主要针对地质遗迹出露集中区，遗迹资源可挖掘潜力较大，区位条件较好，具备申报地质公园条件的地质遗迹，如小古里火山岩地貌、察哈彦迎门砬子花岗岩地貌。

建立保护区块：主要针对矿产类地质遗迹，选择出露好、遗迹特征显著的区块进行保护。同时该保护区块还可作为教学实习点，如萝北云山石墨矿。

设立围栏、界桩、标示牌等：主要针对科学价值较高、易遭到破坏的地层剖面、化石产地、构造剖面、火山岩柱状节理等遗迹，如虎林龙爪沟群地层剖面、大顶子山堆积岩、二洼村柱状玄武岩地貌。

自然保护措施：主要针对交通条件较差，保持原始自然状态的地层剖面、岩石剖面遗迹。维持自然状态即是最好的保护，如二龙山组火山岩剖面。

2. 建议保护规划期限

根据遗迹保护的迫切程度，结合经济发展现实能力，建议提出2016—2017年、2018—2020年、2021—2025年3个建议规划期限。

2016—2017年，建议期限内主要完成科学价值极高、直接受到破坏威胁的地质遗迹资源保护工作。

2018—2020年，建议期限内主要完成科学性较高、受破坏威胁程度一般的地质遗迹资源保护工作。

2021—2025年，建议期限内主要完成交通条件较差、受破坏威胁程度较小的地质遗迹资源保护工作。具体见黑龙江省重要地质遗迹资源保护规划建议表(未实施保护)(表6-2)。

表6-2 黑龙江省重要地质遗迹资源保护规划建议表(未实施保护)

序号	地质遗迹名称	保护内容	建议保护措施	建议保护面积/km^2	建议规划期限
1	顾乡屯组地层剖面	剖面及地质体	设立界桩、标示牌等	2.83	2018—2020年
2	一撮毛侵入岩剖面	剖面及地质体	设立界桩、标示牌等	3.22	2018—2020年
3	五道岭组火山岩剖面	剖面及岩体	设立界桩、标示牌等	6.29	2018—2020年
4	唐家屯组火山岩剖面	剖面及岩体	设立界桩、标示牌等	8.11	2018—2020年
5	依-舒岩石圈断裂	地质体	设立界桩、标示牌等	0.85	2018—2020年
6	迎兰火山岩地貌	火山岩地貌	设立界桩、标示牌等	0.012	2018—2020年
7	宁远村组火山岩剖面	剖面及地质体	设立界桩、标示牌等	2.88	2018—2020年
8	马鞍山古植物化石产地	化石及赋存层	设立界桩、标示牌等	7.12	2018—2020年
9	黑龙宫组地层剖面	剖面及地质体	设立界桩、标示牌等	8.77	2018—2020年
10	小金沟组地层剖面	剖面及地质体	设立围栏、界桩、标示牌等	6.22	2018—2020年
11	尚志高丽山火山锥	火山机构地貌	设立围栏、标示牌等	0.04	2016—2017年
12	土门岭组地层剖面	剖面及地质体	设立界桩、标示牌等	7.20	2018—2020年
13	林西组地层剖面	剖面及地质体	设立界桩、标示牌等	1.65	2018—2020年
14	龙江组火山岩剖面	剖面及岩体	设立界桩、标示牌等	3.56	2018—2020年

续表 6-2

序号	地质遗迹名称	保护内容	建议保护措施	建议保护面积/km^2	建议规划期限
15	光华组火山岩剖面	剖面及地质体	设立界桩、标示牌等	4.84	2018—2020年
16	龙江双龙山岩溶地貌	岩溶地貌	建立保护区块	0.10	2016—2017年
17	老莱乡黄黏土矿产地	岩矿体	建立保护区块	12.00	2018—2020年
18	穆棱组地层剖面	剖面及地质体	设立标示牌	0.01	2018—2020年
19	鸡西柳毛石墨矿	岩矿体	建立保护区块	3.75	2018—2020年
20	滴道组地层剖面	剖面及地质体	设立标示牌	1.27	2018—2020年
21	鸡西三道沟硅线石矿	岩矿体	建立保护区块	1.85	2018—2020年
22	鸡西麻山岩群变质岩剖面	剖面及岩体	建立保护区块	1.33	2018—2020年
23	城子河组地层剖面	剖面及地质体	设立标示牌	0.001	2018—2020年
24	平阳镇组地层剖面	剖面及地质体	设立围栏、标示牌等	7.82	2018—2020年
25	鸡东五星铂钯矿	岩矿体	自然保护	0.005	2021—2025年
26	虎林龙爪沟群地层剖面	剖面及地质体	设立围栏、界桩、标示牌等	55.54	2016—2017年
27	杨岗组火山岩剖面	剖面及岩体	设立界桩、标示牌等	0.01	2018—2020年
28	虎林四平山金矿	岩矿体	建立保护区块	0.40	2018—2020年
29	虎林云山柱状玄武岩地貌	火山岩地貌	设立围栏、界桩、标示牌等	0.35	2016—2017年
30	黑台组地层剖面	剖面及地质体	设立界桩、标示牌等	1.40	2018—2020年
31	光庆组地层剖面	剖面及地质体	自然保护	1.92	2021—2025年
32	二龙山组火山岩剖面	剖面及岩体	自然保护	0.86	2021—2025年
33	兴凯湖乡金银库组大理岩矿	岩矿体	建立保护区块	1.73	2018—2020年
34	萝北云山石墨矿	岩矿体	建立保护区块	1.15	2018—2020年
35	老秃顶子组火山岩剖面	剖面及岩体	设立界桩、标示牌等	0.08	2018—2020年
36	大佳河组地层剖面	剖面及地质体	设立围栏、界桩、标示牌等	16.88	2016—2017年
37	大岭桥组地层剖面	剖面及地质体	设立围栏、界桩、标示牌等	12.66	2016—2017年
38	永福桥组地层剖面	剖面及地质体	设立围栏、界桩、标示牌等	26.51	2016—2017年
39	二联桥外来岩块(混杂堆积)	构造地质体	设立围栏、界桩、标示牌等	0.87	2016—2017年
40	饶河膝折构造	构造地质体	设立围栏、界桩、标示牌等	0.02	2016—2017年
41	坨窑山枕状熔岩	构造地质体	设立围栏、界桩、标示牌等	7.22	2016—2017年
42	八里桥辉绿岩墙	构造地质体	设立围栏、界桩、标示牌等	0.02	2016—2017年
43	大顶子山堆积岩	构造地质体	设立围栏、界桩、标示牌等	13.45	2016—2017年
44	小木营早二叠世灰岩外来岩块	构造地质体	设立围栏、界桩、标示牌等	0.06	2016—2017年
45	饶河胜利大佳河组牙形石化石产地	化石及赋存层	设立围栏、界桩、标示牌等	0.72	2016—2017年
46	宝泉组火山岩剖面	剖面及岩体	设立界桩、标示牌等	0.98	2018—2020年
47	小西林岩体剖面	剖面及岩体	设立界桩、标示牌等	1.64	2018—2020年

续表 6-2

序号	地质遗迹名称	保护内容	建议保护措施	建议保护面积/km²	建议规划期限
48	五星镇组地层剖面	剖面及地质体	设立界桩、标示牌等	4.52	2018—2020 年
49	清水岩体剖面	剖面及岩体	自然保护	1.08	2021—2025 年
50	红山村古植物化石产地	化石及赋存层	设立围栏、界桩、标示牌等	6.58	2016—2017 年
51	乌云组地层剖面	剖面及地质体	设立围栏、界桩、标示牌等	28.00	2016—2017 年
52	富饶组地层剖面	剖面及地质体	设立围栏、界桩、标示牌等	16.50	2016—2017 年
53	太平林场组地层剖面	剖面及地质体	设立围栏、界桩、标示牌等	6.45	2016—2017 年
54	永安村组地层剖面	剖面及地质体	设立围栏、界桩、标示牌等	4.13	2016—2017 年
55	松木河组火山岩剖面	剖面及岩体	自然保护	0.01	2021—2025 年
56	汤原大亮子河花岗岩地貌	花岗岩地貌	设立界桩、标示牌等	3.11	2016—2017 年
57	汤原东风石海花岗岩地貌	花岗岩地貌	设立界桩、标示牌等	0.05	2016—2017 年
58	富锦连山柱状玄武岩地貌	火山岩地貌	设立围栏、界桩、标示牌等	0.01	2016—2017 年
59	北兴组地层剖面	剖面及地质体	自然保护	0.09	2021—2025 年
60	勃利县东硅化木化石产地	化石及赋存层	设立围栏、界桩、标示牌等	0.07	2016—2017 年
61	温春火山机构	火山机构地貌	设立围栏、界桩、标示牌等	4.55	2016—2017 年
62	船底山组火山岩剖面	剖面及岩体	设立界桩、标示牌等	4.96	2018—2020 年
63	罗圈站组火山岩剖面	剖面及岩体	设立界桩、标示牌等	1.11	2018—2020 年
64	大盘道组变质岩剖面	剖面及岩体	设立界桩、标示牌等	0.07	2018—2020 年
65	敦密岩石圈断裂	构造地质体	自然保护	0.03	2018—2020 年
66	横道河子镇石林岭花岗岩地貌	花岗岩地貌	建立保护区块	3.22	2018—2020 年
67	二洼村柱状玄武岩地貌	火山岩地貌	设立围栏、界桩、标示牌等	0.04	2016—2017 年
68	黑龙江群变质岩剖面	剖面及岩体	自然保护	1.21	2021—2025 年
69	洪湖吐河组地层剖面	剖面及地质体	设立界桩、标示牌等	5.84	2018—2020 年
70	泥鳅河组地层剖面	剖面及地质体	设立界桩、标示牌等	8.16	2018—2020 年
71	卧都河组地层剖面	剖面及地质体	设立界桩、标示牌等	9.77	2018—2020 年
72	小河里河组地层剖面	剖面及地质体	设立界桩、标示牌等	5.91	2018—2020 年
73	爱辉组地层剖面	剖面及地质体	设立界桩、标示牌等	9.26	2018—2020 年
74	黄花沟组地层剖面	剖面及地质体	设立界桩、标示牌等	8.21	2018—2020 年
75	腰桑南组地层剖面	剖面及地质体	设立界桩、标示牌等	7.13	2018—2020 年
76	白石砬子岩体剖面	剖面及岩体	自然保护	0.70	2021—2025 年
77	裸河东岸爱辉组化石产地	化石及赋存层	设立围栏、界桩、标示牌等	9.26	2018—2020 年
78	八十里小河古动物化石产地	化石及赋存层	设立围栏、界桩、标示牌等	11.16	2018—2020 年
79	铜山组地层剖面	剖面及地质体	设立界桩、标示牌等	7.73	2018—2020 年
80	甘河组火山岩剖面	剖面及岩体	自然保护	0.16	2021—2025 年
81	多宝山组火山岩剖面	剖面及岩体	建立保护区块	5.22	2018—2020 年

续表 6-2

序号	地质遗迹名称	保护内容	建议保护措施	建议保护面积/km^2	建议规划期限
82	西山组火山岩剖面	剖面及岩体	自然保护	0.83	2021—2025 年
83	多宝山铜矿床	岩矿体	建立保护区块	0.24	2018—2020 年
84	大砬子沸石矿床	岩矿体	建立保护区块	0.06	2018—2020 年
85	科洛火山群	火山机构地貌	建立保护区块	132.80	2018—2020 年
86	望奎无影山黄土地貌	黄土地貌	设立标示牌	2.03	2018—2020 年
87	绥棱阁山柱状玄武岩地貌	火山岩地貌	设立围栏、界桩、标示牌等	0.014	2016—2017 年
88	大兴安岭古里河湿地	湿地	建立地质公园保护	19.68	2016—2017 年
89	小古里马鞍山火山口	火山机构地貌	建立地质公园保护	2.32	2016—2017 年
90	小古里火山岩地貌	火山岩地貌	建立地质公园保护	33.04	2016—2017 年
91	岔路口钼矿床	岩矿体	建立保护区块	2.16	2018—2020 年
92	黄斑脊山组地层剖面	剖面及地质体	设立界桩、标示牌等	10.22	2018—2020 年
93	大诺木诺孔河左岸古动物化石产地	化石及赋存层	设立围栏、界桩、标示牌等	6.25	2018—2020 年
94	安娘娘桥组地层剖面	剖面及地质体	设立界桩、标示牌等	9.12	2018—2020 年
95	北西里岩体剖面	剖面及岩体	自然保护	0.01	2021—2025 年
96	兴华渡口群变质岩剖面	剖面及岩体	自然保护	0.03	2021—2025 年
97	铁帽山岩体剖面	剖面及岩体	自然保护	0.43	2021—2025 年
98	察哈彦迎门砬子花岗岩地貌	花岗岩地貌	建立地质公园保护	23.80	2016—2017 年
99	三间房画山火山岩地貌	火山岩地貌	建立地质公园保护	9.20	2016—2017 年
100	二十二站古动物化石产地	化石及赋存层	设立围栏、界桩、标示牌等	12.63	2018—2020 年
101	漠河组地层剖面	剖面及地质体	自然保护	8.15	2021—2025 年
102	砂宝斯岩金矿	岩矿体	自然保护	0.12	2021—2025 年
103	图强北山花岗岩地貌	花岗岩地貌	设立界桩、标示牌等	1.22	2016—2017 年
104	图强九曲十八弯风景河段	水体河段	设立界桩、标示牌等	3.84	2016—2017 年
105	北极村黑龙江风景河段	水体河段	设立界桩、标示牌等	13.50	2016—2017 年
106	古莲河月牙湖	水体湖泊	设立界桩、标示牌等	0.007	2016—2017 年
107	漠河北极村湿地	湿地	设立界桩、标示牌等	1.13	2016—2017 年
108	漠河九曲河湿地	湿地	设立界桩、标示牌等	1.73	2016—2017 年

三、管理措施

1. 建立管理机构

建立地质遗迹保护监督管理机构，建立由部统一领导，省级支撑管理。完善保护机构，明确奖惩制度，加强对已建保护区的监督管理工作。

2. 政策措施

推动地质遗迹保护条例及配套办法建立，做到重点突出，保护措施到位。

3. 人才措施

建立健全人才培养机制，稳定科技队伍。积极开展人才培训和科技交流，提高地质遗迹保护科技队伍的整体素质。

4. 经费措施

地质遗迹保护需要一定的经费，只有满足所需的研究经费，才能有效实施保护规划。

5. 加强宣传，营造良好的社会氛围

应进行长期广泛宣传，使公众的地质遗迹保护意识得到加强和提高，珍惜有限和不可再生地质遗迹资源，营造良好的社会氛围和外部环境。

第七章　重要地质遗迹数据库建设与编图

第一节　地质遗迹数据库建设

一、数据库基本概述

黑龙江省重要地质遗迹数据库是“东北地区重要地质遗迹调查(黑龙江)”项目的成果之一，包含地质遗迹属性库和空间库两个部分。工作平台分别为GeoHeritage地质遗迹数据库入库系统和MapGIS地理信息系统。在梳理完成黑龙江省地质遗迹调查表和地质遗迹信息采集表的基础上，建立了黑龙江省重要地质遗迹数据库。

(一)建立数据库的目的和任务

黑龙江省重要地质遗迹调查的目的是查明黑龙江省重要地质遗迹类型、分布等基本特征及保护现状，了解其成因、演化过程，客观评述其价值；建立重要地质遗迹数据库，编制重要地质遗迹资源图；开展重要地质遗迹资源保护名录和保护规划研究，提出重要地质遗迹保护与规划建议。

通过本次地质遗迹调查，建立了集表格、文档、图片、影视多媒体、空间图层等数据为一体的重要地质遗迹数据库及管理系统，建立了规范化、信息化、一体化、统一化的地质遗迹管理体系，对调查成果实行信息化、网络化管理，建立和完善了地质遗迹调查和统计制度，为政府管理职能部门高效、准确地掌握黑龙江省地质遗迹情况奠定了基础，为合理开发和利用地质遗迹资源提供了依据，实现了地质遗迹调查信息的社会化服务，满足了经济社会发展、科普推广及国土资源管理的需要。

本次工作的任务是建立黑龙江省重要地质遗迹数据库，包括地理位置信息、地质遗迹特征、开发利用现状、遗迹重要价值、保护建议，评价等级等内容。

(二)数据库的主要内容

黑龙江省重要地质遗迹数据库主要包括地质遗迹空间库和地质遗迹属性库，具体如下(图7-1)。

1.地质遗迹属性库

地质遗迹属性库通过Access数据库MDB属性表及多媒体资料整合。

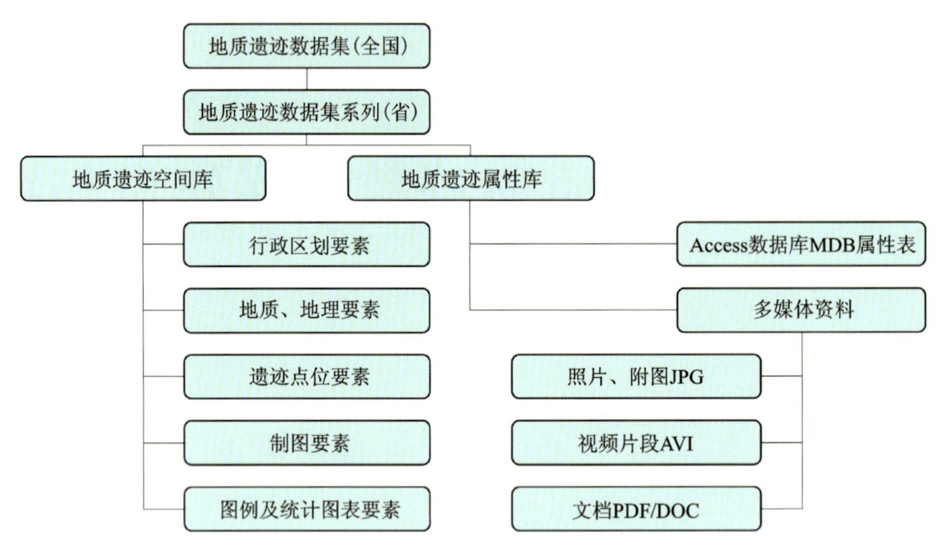

图 7-1 重要地质遗迹数据库结构组成图

(1)地质遗迹调查表数据:包括遗迹编号、室内编号、遗迹经度、遗迹纬度、遗迹标高、观测点经度、观测点纬度、观测点高度、遗迹所在 1∶5 万图幅名称及编号、遗迹名称、遗迹类型、行政区属、交通状况、露头地貌形态描述、地质遗迹特征、重要价值、综合价值、保护利用状况等。

(2)地质遗迹点信息采集数据:包括遗迹编号、室内编号、遗迹经度、遗迹纬度、遗迹标高、观测点经度、观测点纬度、观测点高度、遗迹所在 1∶5 万图幅名称及编号、遗迹名称、遗迹类型、所在保护区(公园)、地质时代、地层岩性、地质构造、遗迹成因、科学性、观赏性、稀有性、完整性、通达性、可保护性、建议保护等级等。

(3)地质遗迹集中区数据:包括集中区基本信息等。

2.地质遗迹空间库

地质遗迹空间库通过 MapGIS 点、线、面文件及图层划分存盘技术整合。

(1)行政区划要素:包括底色、邻国色、省级政区、县级政区、地市级政区、国界色带、省级政区、县级政区、地市级政区、省表面注记、省会、省会注记、地级市、地级市注记、县、县级注记等。

(2)地质、地理要素:包括海域面、水系面、海岸线、邻国地理、水系线、海洋要素、水系注记、岛屿注记、山脉、山峰、山口、山口注记等。

(3)遗迹点位要素:按照地质遗迹亚类分别以世界级、国家级和省级归类,如火山岩地貌世界级、火山岩地貌国家级、火山岩地貌省级等。

(4)制图要素:包括图框压白、图框、经纬网、经纬度注记、图名等。

(5)图例及统计图表要素:包括图例、统计表、统计图等。

(三)数据库录入依据

数据库录入依据为《地质遗迹调查规范》(DZ/T 0303—2017),《地质遗迹数据库信息采集工具GeoHeritageV2.0》《数字地质图空间数据库标准》(DD 2006-06)。

二、技术准备

（一）硬件与软件环境

1. 硬件环境

计算机设备：台式计算机 2 台，笔记本电脑 2 台。
数据输入输出设备：彩色扫描仪、普通扫描仪、打印机等。
数据存储设备：移动硬盘、光盘等。
网络连接设备：服务器、交换机、网络集线器、调制解调器、网络线路等。

2. 软件环境

系统软件：Windows XP/7 系统。
入库软件：地质遗迹信息采集工具软件（GeoHeritageV2.0、GeoHeritageV2.1）。
矢量影像处理软件：MapGIS 6.7、Photoshop CS5、AutoCAD2008 等。
文档编辑软件：Office2007、Adobe Acroat9.0 Professional 等。

（二）数据库录入基本原则

1. 统一标准及流程

根据《地质遗迹调查规范》（DZ/T 0303—2017）的要求，制定统一的工作标准。对影像的处理、内业预判和数据库录入制定了统一的作业程序和数据质量控制机制。

2. 忠实原始资料原则

由于收集资料与实际调查存在一定的差异，外业调查时应忠实于实际的现状情况。同样，数据库录入过程中，应严格忠实于外业调查记录卡片。

（三）人员准备

人员准备包括人员分工和技术培训等工作。参加本次重要地质遗迹数据库入库工作的人员主要包括项目负责人、技术负责人、作业员和质量检查人员等。项目负责人主要负责数据库入库项目的组织管理工作；技术负责人负责数据库入库项目的技术管理工作；作业员包括野外调查人员和内业整理人员，负责具体入库工作；质量检查人员主要负责审核入库信息数据，对入库信息进行质量检查。同时项目组在数据库实施操作前对所有参加人员进行了技术培训，讲解了数据库入库流程、入库关键点、入库疑难点的解决办法、质量要求等，真正做到操作熟练，效率提高。

（四）资料准备

1. 地质遗迹调查表

对野外工作手写的地质遗迹调查表使用 Office 软件形成电子文档，检查数据是否有缺项、落项，每个数据项描述是否满足入库要求，复核修改完成后保存。

2. 地质遗迹点信息采集表

以地质遗迹调查表为基础，结合地质遗迹相关资料的分析整理，完成地质遗迹点信息采集表，形成电子文档，检查数据是否有缺项、落项，每个数据项描述是否满足入库要求，复核修改完成后保存。

3. 影像资料

筛选能客观准确反映地质遗迹调查表和地质遗迹点信息采集表中地质遗迹特征、满足像素要求的照片和影像资料，用 Photoshop 软件进行修整，保存，并在命名时对照片反映的特征进行简洁准确的描述。

4. 扫描等多媒体资料

对描述地质遗迹特征（地层剖面、矿床示意）、保护开发现状，阐述地质遗迹、重要地质遗迹地学意义、重要价值的相关地质成果纸质资料进行扫描，保存为 JPG 或 TIF 格式。

三、数据库（地质遗迹属性库）录入

（一）安装入库软件

（1）首先检查目标计算机上是否已安装 Microsoft. NET Framework 4.0，若未安装，参照Microsoft. NET Framework 4.0 安装方法进行安装。

运行安装包内的 Microsoft. NET. exe，按照安装提示逐步执行，直至安装完成。

（2）安装地质遗迹数据库信息采集工具 GeoHeritage V2.0。

运行安装包内的 Setup. exe，按照数据库用户手册的提示逐步完成。

（二）软件首次运行

首次建立数据库后，系统将自动记录该数据库的存放路径（存放文件夹），再次打开本程序，系统将默认连接该数据库。直到用户打开或建立一个新的数据库，此默认路径才会改变。

1. 新建数据库

进入软件运行界面，点击“文件”菜单中“新建数据库”，设置数据库文件名，不同操作人员设置不同文件名，方便最终实现数据库合并（图 7-2、图 7-3）。

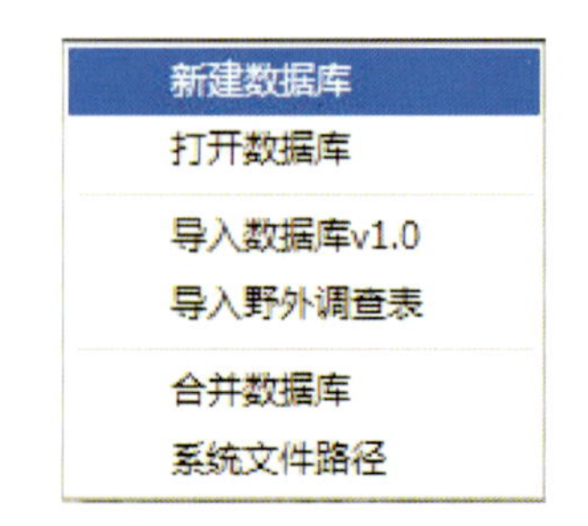

图 7-2 “文件”菜单新建数据库

2. 设置媒体路径

点击“文件”菜单中“系统文件路径”，点击对话窗口的设置钮，选择空间较大的硬盘区新建文件夹，重新设置文件名，作为媒体文件的存放路径。设置媒体文件的存放路径后，系统将自动记录该路径，工作中在同一台电脑上尽量不要更改路径设置（图 7-4、图 7-5）。

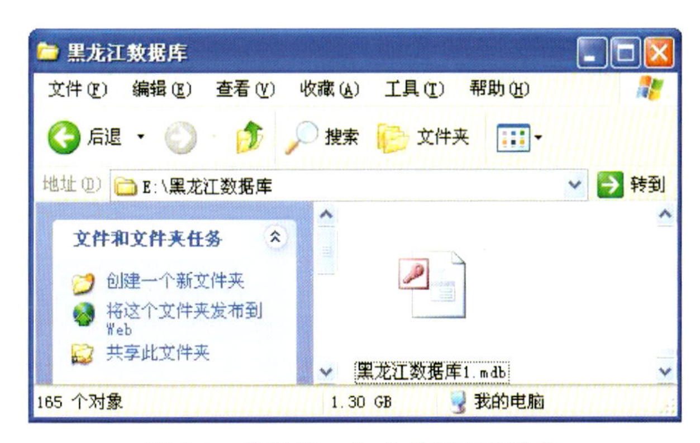

图 7-3 数据库 mdb 文件及存储位置

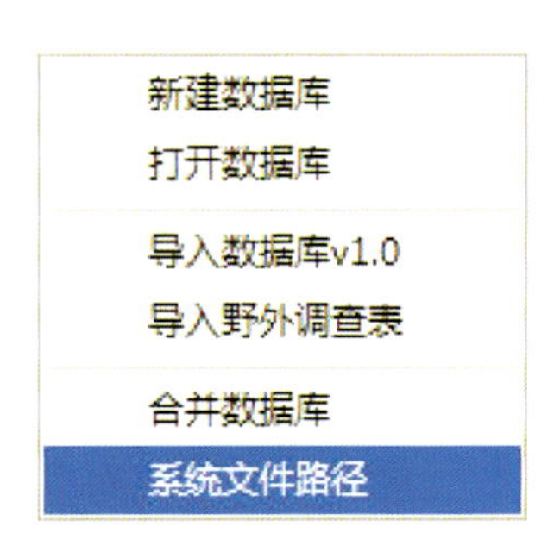

图 7-4 “文件”菜单设置系统文件路径

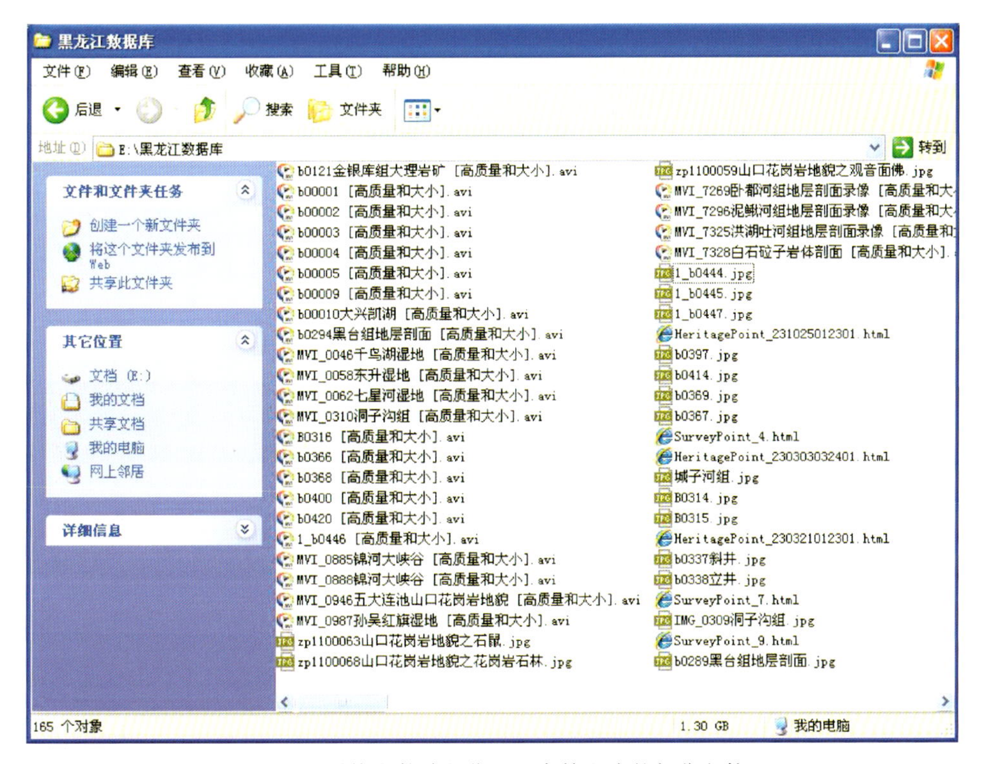

图 7-5 系统文件路径位置及存储生成的部分文件

(三)地质遗迹调查表录入

本次工作按照如下步骤展开。

(1)准备好要录入地质遗迹调查表的电子文档和多媒体资料。设置当前采集调查内容所属的省、市、县。设置顺序为:①点击中国(加载省列表);②选择省(加载所辖市列表);③选择市(加载所辖县);④选择县(图 7-6)。

(2)在编辑窗口上方点击“新增”,结合事先准备好的地质遗迹调查表电子文档,逐项填写录入调查表内容。务必填写了遗迹点经纬度、观察点经纬度、野外编号、遗迹名称、遗迹类型及行政区属等基本信息后,才可以点击“确认”,确定新增的内容,否则将提示错误信息。数据录入保存过程中若出现错误提示,按照提示内容进行修改,直至点击“确认”不再出现错误提示(图 7-7)。

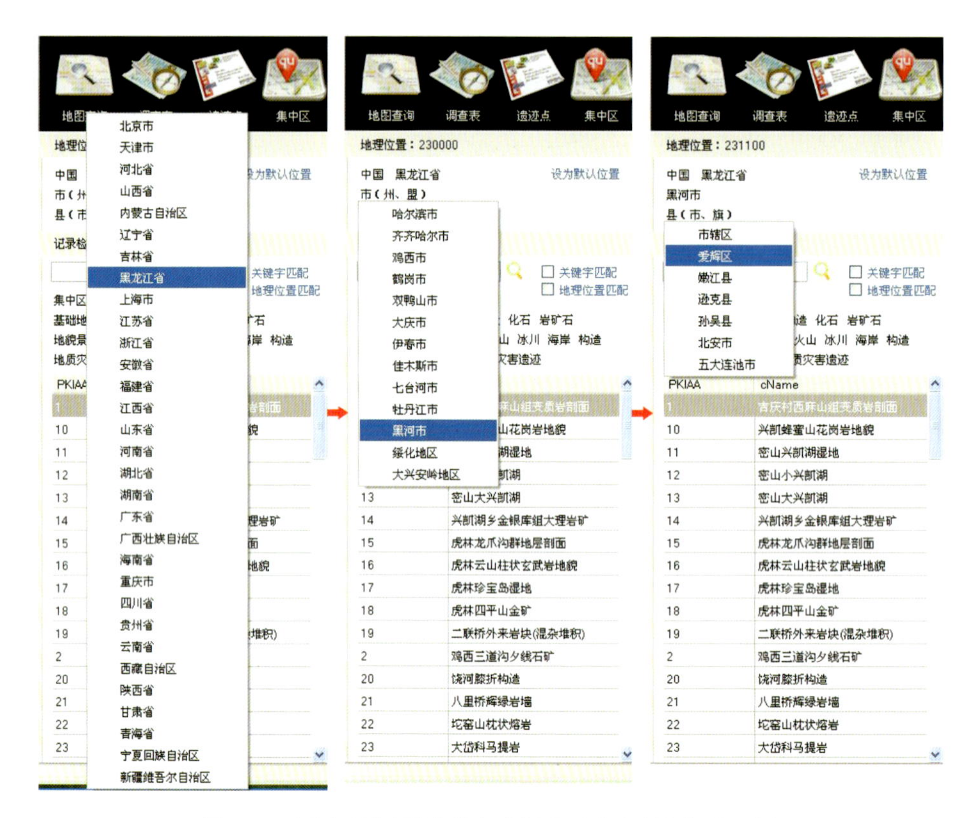

图 7-6　在“地理位置”菜单中选择地质遗迹所在行政区划

图 7-7　填写地质遗迹调查表中具体项目并成功保存后

(3)附加调查表相关媒体信息。准备好与调查表相关的多媒体资料，转换成数据库可以识别的图片(jpg 格式)、文档(pdf 或 doc 格式)、视频(avi 格式)格式。在编辑窗口下点击“附图”“照片”“录像”，直接进入编辑界面点击“新增”，填写相关内容。该步骤每附加一项内容都需点击“新增”，并对媒体项进行准确简洁的描述(图 7-8、图 7-9)。

图 7-8　附加相关多媒体资料——图片

图 7-9　附加相关多媒体资料——录像

共享库内文件。当某个文件(如平面图)包含数个调查点的信息，即多个调查点共用了一张图时，为避免重复录入，可点击“共享库内文件”完成库内文件共享。

通过以上 3 个步骤可以完成地质遗迹调查表的录入。

(四)地质遗迹点信息采集表录入

(1)准备好要录入地质遗迹点信息采集表的电子文档和多媒体资料。设置当前采集调查内容所属的省、市、县。设置顺序为：①点击中国（加载省列表）；②选择省（加载所辖市列表）；③选择市（加载所辖县列表）；④选择县（图 7-6）。

（2）在编辑窗口上方点击“新增”，结合事先准备好的地质遗迹点信息采集表电子文档，逐项填写录入调查表内容。务必填写了经纬度、标高、面积、野外编号、遗迹名称、遗迹类型及地理位置等基本信息后，才可以点击“确认”，确定新增的内容，否则将提示错误信息。数据录入保存过程中若出现错误提示，按照提示内容进行修改，直至点击“确认”不再出现错误提示（图 7-10）。

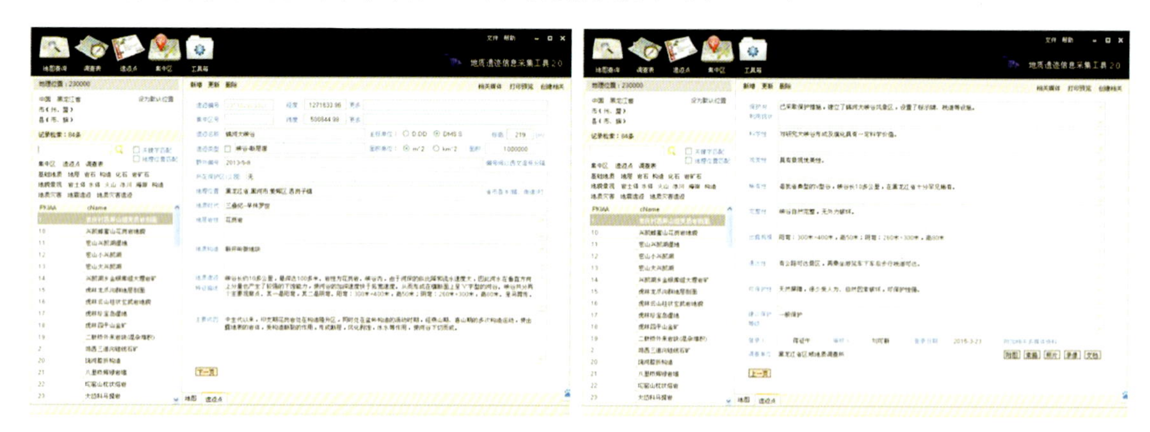

图 7-10　填写地质遗迹点信息采集表中具体项目并成功保存后

（3）附加调查表相关媒体信息。准备好与调查表相关的多媒体资料，转换成数据库可以识别的图片（jpg 格式）、文档（pdf 或 doc 格式）、视频（avi 格式）格式。在编辑窗口下点击“附图”“照片”“录像”，直接进入编辑界面点击“新增”，填写相关内容。该步骤每附加一项内容都需点击“新增”，并对媒体项进行准确简洁的描述。调查表录入的媒体信息可以共享，避免重复录入（图 7-8、图 7-9）。

通过以上 3 个步骤可以完成地质遗迹点信息采集表的录入。

就信息采集顺序而言，应该先有地质遗迹调查表，后才有地质遗迹点信息采集表，因此，在地质遗迹调查表中，遗迹编号可以空缺（待地质遗迹点信息采集表建立后，可通过野外编号“创建相关”，自动为地质遗迹调查表填写遗迹编号）。遗迹类型应选择其具体亚类的菜单，系统会根据亚类自动填写其大类。

四、数据库综合检查与处理

数据库入库完成后，对录入的每条地质遗迹数据进行检查。检查的方式包括自检、互检、抽检。

（1）自检：填表人和审核人对填写的每一项要素进行与原地质遗迹信息文档的一致性检查，发现问题立即改正，并实现自检率 100%。

（2）互检：入库操作员之间互相进行检查。互检率 100%。

（3）抽检：按照 30%的概率对录入信息进行抽检，提出修改意见，修改完成后保存。

五、数据录入统计

本次数据库录入工作，共录入黑龙江省地质遗迹点 245 处，其中基础类地质遗迹点 108 处，地貌景观类地质遗迹点 137 处。初步鉴评为世界级地质遗迹点的有 10 处，国家级地质遗迹点的有 27 处，省级地质遗迹点的有 208 处。

第二节 重要地质遗迹空间库建设及成果编图

重要地质遗迹空间库建设及成果图件是项目成果最直观的展示。根据计划项目任务书的要求，本次项目提交的空间数据库的衍生成果图件有黑龙江省重要地质遗迹资源图、黑龙江省重要地质遗迹资源区划图、黑龙江省重要地质遗迹资源保护规划建议图。

一、空间库引用标准及编图原则

空间库引用标准包括《地质信息元数据标准》(DD2006-05)、《国土资源信息核心元数据标准》(TD/T 1016—2003)、《地理信息核心元数据》(GB/T 19710—2005)、《数字地质图空间数据库》(DD2006-06)。

编图原则主要有以下几点。

(1)编图目的有针对性原则。编图的目的不能仅仅满足展示地质成果内容，还要能为政府职能管理部门决策者服务，因此须增加图件的实用价值。要增加图件的实用价值，就要从调查用图者的实际需要和使用效果着手。

(2)编图内容的易懂性原则。传统的含有大量基础地质数据的图件不能被没有受过基本地质训练的读者所理解。因此编制成果图件必须做到图面简洁、文字扼要、结论确切。

(3)编图成果的及时性原则。本次项目成果图件应在制定下个规划决策之前及时提交至政府管理职能部门，如果图件编制的时间过久，某些数据和结论可能发生改变，将影响规划决策的准确性。

(4)成果形式的灵活性原则。编图者应时刻为用图者着想，用不同的图件形式展示成果。对于不同的读者可变换图层，对掌握了一定地质知识的用图者可加入地质要素，对一般用图者可关闭地质要素。

二、术语和定义

下列术语和定义适用于本标准。

(1)地质遗迹数据集：可以标识的数据集合。这里指最终汇总形成的全国地质遗迹数据库系统。

(2)地质遗迹数据集系列：采用相同规范的若干数据集的集合。这里指本批次开展全国重要地质遗迹调查工作依据《地质遗迹调查规范》(DZ/T 0303—2017)取得的调查成果数据集系列。

(3)地质遗迹元数据：关于数据的数据，是描述数据的内容、覆盖范围、质量、现状、管理方式、数据的所有者、数据的提供方式等有关的信息。

(4)地质遗迹元数据元素：元数据的基本单元。

(5)地质遗迹元数据实体：一组说明数据同类特征的元数据元素的集合。元数据实体可以是单个实体，也可以是包括一个或多个实体的聚合实体。

(6)地质遗迹元数据子集：相互关联的元数据实体和元素的集合。

(7)地质遗迹数据质量：有关数据满足规定和隐含需求能力的总体特征。

(8)地质遗迹数据志：从数据源到数据集当前状态的演变过程的说明，包括获取或生产数据使用的数据源(原始资料)的说明、数据处理过程中的事件、参数、步骤的情况以及负责单位的有关信息等。

(9)地质遗迹空间库：本次工作所形成的空间库基于国家优秀地理信息系统软件 MapGIS 6.7 版本

建设(其灵活的图层及文件控制运用为空间库的效果表达提供了很好的技术支持)，是包括了地理信息、基础地质信息、地质遗迹信息等多元信息的数据库。

(10)地质遗迹空间库图元：这里的地质遗迹空间库图元是指地质遗迹调查点的数据集合，其图元性质为挂载有基本地质遗迹属性的点文件，在空间库中的存在形式为 *.wt 点文件(MapGIS 专用点文件)。

(11)地质遗迹空间库图层：地质遗迹空间库图层是对地质遗迹空间库图元的划分管理，划分方式按照地质遗迹亚类与地质遗迹评定级别区分形成不同的 *.wt 点文件。

三、图元编号规则

图元编号与地质遗迹编号一致，按照《地质遗迹调查规范》(DZ/T 0303—2017)，对地质遗迹点采用"行政区划代码(区、县市级)＋遗迹类型代码(亚类)＋调查序号(01—99)"的格式，总计十二位有效数字(图 7-11)。

当遗迹点跨越多个行政区划单元时，调查点定位在哪，则取哪的行政区划代码。遗迹类型代码参见《地质遗迹调查规范》(DZ/T 0303—2017)，取亚类代码。黑龙江省行政区划代码参见《中华人民共和国行政区划代码》(GB/T2260—2002)。

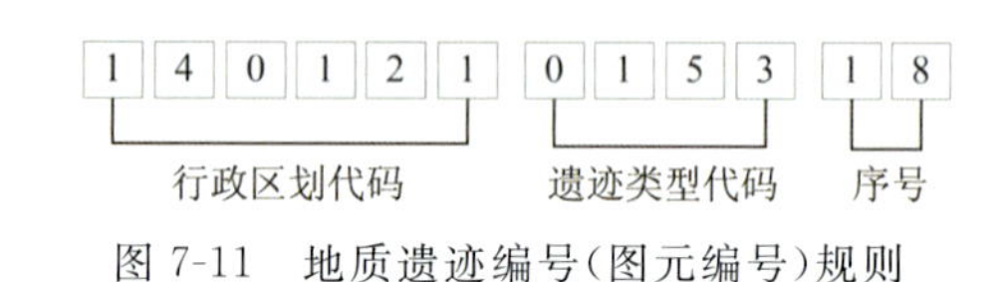

图 7-11 地质遗迹编号(图元编号)规则

例如，遗迹点"五大连池火山群"位于黑龙江省黑河市五大连池市(行政代码 231182)，地质遗迹类型亚类为火山机构(类型代码 0241)，为第一个调查点(01)，则"五大连池火山群"图元编号与地质遗迹编号统一为 231182024101。

另外，上述图元编号适用于电脑端的 1∶50 万数字化空间库的对应地质遗迹点属性。对纸质出图版(1∶100 万)，限于单图纸面展示限制，为了更加快速、简洁地满足目视逻辑搜索与读图，图元编号在图上显示为从 1 开始的自然数连续值，编号与分布规则按照图框内实线经纬线格从上到下、从左到右依次分布，此做法保证了图上图元编号就近、有序分布，合理且有逻辑性。

四、图层划分及命名

黑龙江省重要地质遗迹数据库(空间库)参照全国重要地质遗迹编图有关要求，将图层划分为五类，分别是行政区划图层，地质、地理要素图层，遗迹点位图层，制图要素图层，图例及统计图表图层。每一类分别由不同的点、线、区(*.wt、*.wl、*.wp)文件细分为更加具体的图层存盘文件。

图层存盘文件的命名规则为图层分类代号＋文件存盘格式代号＋要素中文简称。

其中，图层分类代号字母取自中文拼音首字母，文件存盘格式代号为 MapGIS 文件格式扩展名末字母，要素中文等具体信息见表 7-1～表 7-3。

表 7-1 图层分类代号说明

图层分类名称	行政区划	地质、地理要素	遗迹点位	制图要素	图例及统计图表
代号	X	D	Y	Z	T

表 7-2 文件存盘格式代号说明

文件存盘格式名称	点文件 *.wt	线文件 *.wl	区文件 *.wp
代号	T	L	P

表 7-3　黑龙江省重要地质遗迹空间库图层划分及存盘文件一览表(基本文件)

图层分类名称	图层存盘文件名称	文件类型	图层分类名称	图层存盘文件名称	文件类型
行政区划（X）	XP 国界色带	*.wp	遗迹点位（Y）	YT 侵入岩地貌省级	*.wt
	XP 省界色带	*.wp		YT 变质岩地貌省级	*.wt
	XP 地市级政区	*.wp		YT 黄土地貌省级	*.wt
	XL 省级政区	*.wl		YT 河流(景观带)省级	*.wt
	XL 县级政区	*.wl		YT 湖泊与潭世界级	*.wt
	XL 地市级政区	*.wl		YT 湖泊与潭国家级	*.wt
	XT 省会	*.wt		YT 湖泊与潭省级	*.wt
	XT 省会注记	*.wt		YT 湿地沼泽国家级	*.wt
	XT 地级市	*.wt		YT 湿地沼泽省级	*.wt
	XT 地级市注记	*.wt		YT 瀑布世界级	*.wt
	XT 县	*.wt		YT 瀑布国家级	*.wt
	XT 县级注记	*.wt		YT 泉国家级	*.wt
地质、地理要素（D）	DP 地质区	*.wp		YT 火山机构世界级	*.wt
	DP 水系面	*.wp		YT 火山机构省级	*.wt
	DL 地质界线	*.wl		YT 火山岩地貌世界级	*.wt
	DL 水系线	*.wl		YT 火山岩地貌国家级	*.wt
	DL 公路	*.wl		YT 火山岩地貌省级	*.wt
	DL 铁路	*.wl		YT 峡谷-断层崖国家级	*.wt
	DL 引线	*.wl		YT 峡谷-断层崖省级	*.wt
	DT 地质注记	*.wt	制图要素（Z）	ZP 图框压白	*.wp
	DT 水系注记	*.wt		ZL 图框	*.wl
遗迹点位（Y）	YT 典型层型剖面国家级	*.wt		ZL 经纬网	*.wl
	YT 典型层型剖面省级	*.wt		ZL 责任表	*.wl
	YT 地质事件剖面国家级	*.wt		ZT 经纬度注记	*.wt
	YT 侵入岩剖面省级	*.wt		ZT 图名	*.wt
	YT 火山岩剖面世界级	*.wt		ZT 图上序号	*.wt
	YT 火山岩剖面省级	*.wt		ZT 责任表	*.wt
	YT 变质岩剖面省级	*.wt		ZT 花边	*.wt
	YT 褶皱与变形省级	*.wt	图例及统计图表（T）	TP 图例 1	*.wp
	YT 断裂省级	*.wt		TL 图例 1	*.wl
	YT 古植物化石产地省级	*.wt		TL 图例 2	*.wl
	YT 古动物化石产地国家级	*.wt		TL 统计表 1	*.wl
	YT 古动物化石产地省级	*.wt		TL 统计表 2	*.wl
	YT 典型矿床类露头省级	*.wt		TL 统计表 3	*.wl
	YT 典型矿物岩石命名地世界级	*.wt		TT 图例 1	*.wt
	YT 矿业遗址国家级	*.wt		TT 图例 2	*.wt
	YT 矿业遗址省级	*.wt		TT 统计表 1	*.wt
	YT 碳酸盐岩地貌省级	*.wt		TT 统计表 2	*.wt
	YT 侵入岩地貌国家级	*.wt		TT 统计表 3	*.wt

五、属性表格式与说明

属性表是挂接在地质遗迹点图元上的用于阐述其基本属性的信息集，本次工作对黑龙江省地质遗迹名录范围内的所有地质遗迹点图元均进行了属性挂接，挂接内容包括图上序号、地质遗迹编号、东经、北纬、地质遗迹名称、地理位置、大类、类、亚类、评价级别及所属地质公园或保护区，共 11 项地质遗迹点核心属性(图 7-12)。

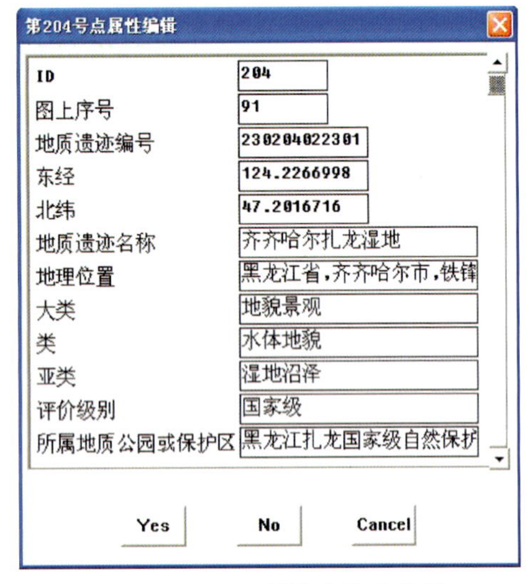

图 7-12　MapGIS 属性表格式范例

六、编图工作程序

本次编图主要依照以下工作程序。

(1)编绘资料的收集、分析和选择。包括收集已出版的 1∶50 万黑龙江省地质图、黑龙江省最新版的行政区划图、黑龙江省交通图、水系图等专门地图和县市材料；对收集的资料进行分析研究，查明收集图件的编制年代、地形、地质资料、底图的数学基础以及资料的现实性、合理性、精确性和内容的完备程度；优先选用最近出版的地形和地质资料。

(2)底图编绘与校核。根据已收集的地质、地理资料，结合最新的地质成果资料，对黑龙江省地质图进行修编；添加水系、交通、行政区划等要素并完善相关地质地理部分图例。编图完成后，经技术负责人审定后，方可进行下一步工作。

(3)成果图件编制与校核。根据地质遗迹调查数据、地质遗迹区划研究成果，以及地质遗迹保护规划研究成果，编制项目成果图件，包括黑龙江省重要地质遗迹资源图、黑龙江省重要地质遗迹资源区划图和黑龙江省地质遗迹保护规划建议图。编图完成后，经技术负责人审定后，方可定稿提交。

七、成果图件编制

(一)黑龙江省重要地质遗迹资源图

1.黑龙江省 1∶50 万地质地理底图的编绘

1∶50 万地质地理底图编绘，地质内容界线采用黑龙江省 1∶50 万地质图(最新版)作底图，进行简化编绘，编图范围为全省；为突出表示地质遗迹内容，减少图面负荷，根据地质内容与地质遗迹内容相关联情况作适当精简、归并，原地质图上表示的与地质遗迹无关的地质内容将被精简或同类型归并；底图的色调要浅及和谐，图面要清晰、简洁、美观。

(1)地质要素包括 1∶50 万地质地理底图编绘，地质要素按已有的 1∶50 万地质图转绘。

地层划分：根据黑龙江地层的划分特点，本次工作划分为太古宇(AR)、古元古界(Pt_1)、中元古界(Pt_2)、新元古界(Pt_3)、古生界未分(Pz)、寒武系(∈)、奥陶系(O)、志留系(S)、泥盆系(D)、石炭系(C)、二叠系(P)、三叠系(T)、侏罗系(J)、白垩系(K)、古近系(E)、新近系(N)、第四系(Q)。

岩浆岩划分:根据黑龙江省岩浆岩分类划分岩浆岩,本次工作划分为酸性岩、中性岩、基性岩、超基性岩、碱性岩,并标注时代。

地质构造划分:根据黑龙江省主要的构造形迹,将构造形迹分为断裂、褶皱、不整合地质界线等。

(2)地理要素包括经纬度网线、河流水系、铁路、公路(高速公路、国道、省道)、机场等,县城以上城镇(市)居民地。

2. 黑龙江省重要地质遗迹资源图编图内容

将黑龙江省具有科学价值、观赏价值、典型、稀有,经过专家鉴评过的地质遗迹,确定为世界级、国家级、省级地质遗迹,按照地质遗迹类型划分,分为基础地质大类(地层剖面类、岩石剖面类、构造剖面类、重要化石产地类、重要岩矿石产地类)、地貌景观大类(岩土体地貌类、水体地貌类、构造地貌类、火山地貌类、冰川地貌类、海岸地貌类)、地质灾害大类(地震遗迹类、其他地质灾害类)三大类地质遗迹,并将它们表示在图面上。

3. 黑龙江省重要地质遗迹资源图图式、图例

图框内图面右上方为图名,正中为图,图框内图面左下方为图例及图表,右上方为其他图例,图框外部加地质遗迹信息说明附表。底图的地质界线、构造要素等以淡色调表示为宜,而各类各级地质遗迹点以鲜明的色调表示,使图面重点突出,主次有序,繁而不乱。

图例符号力求简明、直观、规范、美观、大方。同一类的地质遗迹用相同的符号表示,用大、中、小符号表示世界级、国家级、省级地质遗迹。地质遗迹出露分布采用代表性点的表示方法。对大范围分布的地质公园采用不同颜色区域表示分布范围的表示法。在MapGIS图上对地质遗迹点采用点显示属性的表示方法显示地质遗迹点属性。

地质遗迹图例符号以点状为宜,其空间定位依据为图例符号的中心。

以符号的外形及其不同颜色,表示地质遗迹所属的“大类”,以地质遗迹符号的不同大小表示该地质遗迹的价值与重要性,如表7-4～表7～6所示。

表7-4 三种图元轮廓代表三种“大类”

图例外形	地质遗迹类
□	基础地质大类
○	地貌景观大类
◇	地质灾害大类

表7-5 电子版(1:50万)地质遗迹图元符号尺寸对照表

单位:mm

图例外形	类型	一级尺寸	二级尺寸	三级尺寸
□	方形图标	9	7	5
○	圆形图标	10	8	6
◇	菱形图标	11	9	7

表 7-6　纸质版(1∶100 万)地质遗迹图元符号尺寸对照表

单位:mm

图例外形	类型	一级尺寸	二级尺寸	三级尺寸
□	方形图标	11	9	7
○	圆形图标	12	10	8
◇	菱形图标	13	11	9

以“大类”符号内的不同图形表示“大类”以下的 13 个“类”，其中，同一大类的符号外形颜色相同，内部图形设计背景不着色(海岸地貌除外)，符号样式着色。以“类”的符号为基础，以修改图形或在图形上增添代号等方式，构成新的派生符号，同一“类”选用不同的背景色填充，综合表示“亚类”。

具体图例设计如表 7-7、表 7-8 所示。

表 7-7　地质遗迹“类”图例一览表

基础地质大类	地貌景观大类	地质灾害大类
地层剖面类	岩土体地貌类	地震遗迹类
岩石剖面类	水体地貌类	其他地质灾害类
构造剖面类	构造地貌类	
重要化石产地类	火山地貌类	
重要岩矿石产地类	冰川地貌类	
	海岸地貌类	

表 7-8　地质遗迹“亚类”图例一览表

类名称	亚类名称	亚类反白样式
地层剖面类	全球界线层型剖面亚类	W
	层型(典型)剖面亚类	T
	地质事件剖面亚类	G

续表 7-8

类名称	亚类名称	亚类反白样式
 岩石剖面类	侵入岩剖面亚类	
	火山岩剖面亚类	
	变质岩剖面亚类	
 构造剖面类	不整合面亚类	
	褶皱与变形亚类	
	断裂亚类	
 重要化石产地类	古人类化石产地亚类	
	古生物群化石产地亚类	
	古植物化石产地亚类	
	古动物化石产地亚类	
	古动物遗迹化石产地亚类	
 重要岩矿石产地类	典型矿床露头亚类	
	典型矿物岩石命名地亚类	
	采矿遗址亚类	
	陨石坑遗址亚类	

续表 7-8

类名称	亚类名称	亚类反白样式
 岩土体地貌类	碳酸盐岩地貌亚类	
	花岗岩地貌亚类	
	变质岩地貌亚类	
	碎屑岩地貌亚类	
	黄土地貌亚类	
	沙漠地貌亚类	
	戈壁地貌亚类	
 水体地貌类	河流亚类	
	湖泊、潭亚类	
	湿地-沼泽亚类	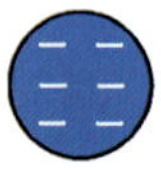
	瀑布亚类	
	泉亚类	
 构造地貌类	飞来峰亚类	
	构造窗亚类	
	峡谷亚类	

续表 7-8

类名称	亚类名称	亚类反白样式
火山地貌类	火山机构亚类	
	火山岩地貌亚类	
冰川地貌类	古冰川遗迹亚类	
	现代冰川遗迹亚类	
海岸地貌类	海蚀地貌亚类	
	海积地貌亚类	
地震遗迹类	地裂缝亚类	
	地面变形亚类	
地质灾害遗迹类	崩塌亚类	
	滑坡亚类	
	泥石流亚类	
	地面塌陷亚类	
	地面沉降亚类	

(二)黑龙江省重要地质遗迹资源区划图编图

1. 黑龙江省重要地质遗迹资源区划图编图内容

编绘黑龙江省重要地质遗迹资源区划图，主要依据地域聚集性、成因相关性和组合关系等条件，按类型反映自然区划，地质遗迹受自然地理背景和地质背景差异性的控制和制约，地质遗迹在地域空间分布上可以划分出不同类型和不同等级层次的区域；地质遗迹区划是个多级的系统，可划分为大区(一级)、分区(二级)和小区(三级)。

2.黑龙江省地质遗迹区划图图式、图例

图框内图面右上方为图名,正中为图,图框内图面左下方、右下方为规划内容说明表、图例说明。底图的地质界线、构造要素等以淡色调表示。已建立的世界级、国家级、省级地质公园采用不同颜色图斑区域表示;地质遗迹大区、分区、小区用同色系不同颜色和线条加以划分,使图面重点突出,主次有序,繁而不乱;合编统一图例。

图例符号力求简明、直观、形象;地质遗迹大区用不同的色系加以区别划分,地质遗迹分区则用表示地质遗迹大区色系下不同深浅的颜色加以区别划分,而地质遗迹小区则用清晰的线条加以划分。已建立地质公园世界级用同一种颜色表示,国家级用同一种颜色表示,省级用同一种颜色表示。

地质遗迹资源区划通过图面普染色实现。黑龙江省划分有6个地质遗迹大区,分别用橙、黄、粉、蓝、褐、绿这6个色系进行区分。地质遗迹分区的普染色则在各自色系内通过颜色深浅进行区分。地质遗迹小区通过使用均匀虚线在地质遗迹区内进行划分(表7-9)。

表7-9　地质遗迹资源区划图例表

大区(色系)	分区(普染色)	小区(虚线)
Ⅰ大兴安岭山地地质遗迹大区(红色系)	Ⅰ$_1$加格达奇-漠河中低山地质遗迹分区	Ⅰ$_{1-1}$漠河侵入岩、水体地貌地质遗迹小区
		Ⅰ$_{1-2}$呼中-新林火山岩地貌地质遗迹小区
		Ⅰ$_{1-3}$松岭火山岩、水体地貌地质遗迹小区
	Ⅰ$_2$黑河-呼玛低山丘陵地质遗迹分区	Ⅰ$_{2-1}$呼玛-兴隆古生代—中生代地层剖面地质遗迹小区
		Ⅰ$_{2-2}$多宝山古生界地质剖面地质遗迹小区
	Ⅰ$_3$碾子山-龙江丘陵地质遗迹分区	—
Ⅱ松嫩-结雅盆地地质遗迹大区(黄色系)	Ⅱ$_1$松嫩盆地地质遗迹分区	Ⅱ$_{1-1}$科洛-五大连池-二克山火山地貌地质遗迹小区
		Ⅱ$_{1-2}$齐齐哈尔-大庆动物化石、水体地质遗迹小区
		Ⅱ$_{1-3}$绥化第四纪动物化石地质遗迹小区
		Ⅱ$_{1-4}$双城-哈尔滨第四纪地层剖面、水体地质遗迹小区
	Ⅱ$_2$结雅盆地地质遗迹分区	Ⅱ$_{2-1}$沾河-库尔滨火山岩地貌地质遗迹小区
		Ⅱ$_{2-2}$乌云-嘉荫中新生代地层剖面、古生物地质遗迹小区
Ⅲ小兴安岭-张广才岭山地地质遗迹大区(粉色系)	Ⅲ$_1$小兴安岭中低山地质遗迹分区	Ⅲ$_{1-1}$山口侵入岩地貌地质遗迹小区
		Ⅲ$_{1-2}$伊春侵入岩地貌地质遗迹小区
		Ⅲ$_{1-3}$南岔-翠宏山侵入岩地质遗迹小区
		Ⅲ$_{1-4}$鹤岗矿产地质遗迹小区
		Ⅲ$_{1-5}$铁力侵入岩地质遗迹小区
		Ⅲ$_{1-6}$木兰-通河侵入岩地质遗迹小区
	Ⅲ$_2$大青山-张广才岭中低山地质遗迹分区	Ⅲ$_{2-1}$阿城-宾县侵入岩、火山岩、古生代地层剖面地质遗迹小区
		Ⅲ$_{2-2}$尚志-方正侵入岩地质遗迹小区
		Ⅲ$_{2-3}$海林-柴河侵入岩地质遗迹小区
		Ⅲ$_{2-4}$五常-一面坡侵入岩、构造地貌地质遗迹小区
		Ⅲ$_{2-5}$宁安镜泊湖火山地质遗迹小区

续表 7-9

大区(色系)	分区(普染色)	小区(虚线)
Ⅳ三江平原地质遗迹大区(蓝色系)	—	—
Ⅴ完达山-太平岭-老爷岭山地地质遗迹大区(褐色系)	V_1完达山低山地质遗迹分区	V_{1-1}七台河古生代地层、变质岩地貌遗迹小区
		V_{1-2}集贤侵入岩地貌地质遗迹小区
		V_{1-3}鸡西龙爪沟群地层剖面、重要矿床地质遗迹小区
	V_2太平岭低山地质遗迹分区	—
	V_3老爷岭低山地质遗迹分区	—
	V_4饶河拼贴带地质遗迹分区	—
Ⅵ兴凯平原地质遗迹大区(绿色系)	—	—

(三)黑龙江省地质遗迹保护规划建议图编图

1. 黑龙江地质遗迹保护规划建议图编图内容

编绘的黑龙江省地质遗迹保护规划图,主要表示的内容是规划建立的地质遗迹保护区,分为特级保护区、重点保护区、一般保护区;黑龙江省已经批准建立或获得建设资格的世界级、国家级、省级地质公园。地质遗迹保护规划建议表,包括保护区名称、面积、级别、主要保护的地质遗迹、所属行政区及保护现状等。

2. 黑龙江省地质遗迹保护规划建议图图式、图例

图框内图面右上方为图名,正中为图,图框内图面左下方为地质遗迹点图例、保护区图例及基本地理要素图例。右下方为图件责任表。主图右侧为地质遗迹保护规划建议表。底图的地质界线、构造要素等以淡色调表示为宜,规划保护区以带颜色图形表示区段,规划保护点以亚类图例表示,已建立的世界级、国家级、省级地质公园采用不同颜色图斑区域表示;规划保护区、保护点以鲜明的色调表示,使图面重点突出,主次有序,繁而不乱;合编统一图例。

图例符号力求简明、直观、悦目;已设的地质遗迹保护区采用绿色色系表示,其中深绿色为特级保护区,亮绿色为重点保护区,浅绿色为一般保护区;建议的地质遗迹保护区采用粉色色系表示,其中深粉色为特级保护区,亮粉色为重点保护区,浅粉色为一般保护区(表 7-10)。

表 7-10　地质遗迹保护规划建议图斑示例

已设保护区(绿色系)		建议保护区(粉色系)	
颜色	级别	颜色	级别
	特级保护区		特级保护区
	重点保护区		重点保护区
	一般保护区		一般保护区

第八章 地质遗迹成果应用与转化

根据地质遗迹的不同类型、不同特点、不同属性，该项目成果的应用和转化是有差别的。地质遗迹成果直接进行开发利用，还是通过转化间接开发利用，或是进行不同级别的保护为地学科研服务，还是利用资源开发旅游业等为经济发展服务，都可视为地质遗迹调查成果的应用或转化。

第一节 地质遗迹成果应用

项目在实施过程中取得了丰硕的成果，及时与当地政府、自然资源部门、旅游部门进行了交流，使本次调查成果在地质遗迹信息集成、地质遗迹保护、地质遗迹科普推广等方面都得到了应用。具体如下。

1. 地质遗迹成果信息集成化应用

本次工作对黑龙江省地质公园、地质遗迹集中出露的地质遗迹点信息进行了集成式整理，建立了黑龙江省地质遗迹保护名录，编制了245条重要地质遗迹信息采集表集成本，实现地质遗迹信息"工具书"模式；同时建立了黑龙江省重要地质遗迹数据库，便于政府职能管理部门查阅相关地质遗迹信息，及时了解地质遗迹点的科学价值、美学价值等地学意义，保存现状、开发利用情况。

2. 地质遗迹调查方法在省内广泛应用

本次工作在野外工作中应用《地质遗迹调查规范》中的地质遗迹调查方法，并在此调查方法基础上总结了一套符合黑龙江省地域特点并行之有效的调查方法。该调查方法的普及与成果的应用，有利于作业单位调查成果的统一。2014年申报的省级地质公园材料基本使用了统一的调查标准和调查方法，改变了以往申报材料各不相同的局面，既有利于评审也有利于资料对比。

3. 地质遗迹信息成果在保护方面的应用

本次工作成果提出了地质遗迹保护规划建议，为编制《黑龙江省地质遗迹保护规划(2016—2030年)》提供了基础数据，为各级地方职能管理部门提供了翔实的地质遗迹信息和地质遗迹保护措施建议，管理部门可以利用成果信息合理地保护地质遗迹。2012—2014年，利用该成果信息，当地自然资源管理部门成功申报了小兴安岭国家地质公园、凤凰山地质公园、嘉荫恐龙国家地质公园、横头山地质公园等10余处地质遗迹集中区地质遗迹保护项目并顺利实施。

4. 地质遗迹成果在科普推广方面的应用

本次调查工作着重从遗迹科学性、典型性、稀有性等方面阐述地质遗迹的科学价值，为黑龙江省内知名的地质公园、地质遗迹集中区、重要地质遗迹点提供了翔实的科学数据。取得的成果得到了黑龙江省横头山-松峰山地质公园、黑龙江省铧子山地质公园、黑龙江省凤凰山地质公园、黑龙江省麒麟山地质公园、黑龙江省鸡冠山地质公园管理部门的广泛应用，依据成果编制了科普宣传手册、制作了遗迹科普宣传影视片，把地质遗迹的概念、特色、成因、价值用三维动画、沙盘等方式进行展示，取得了很好的社会效应。

第二节　地质遗迹成果转化

1. 建设地质公园 11 处

在本次项目工作周期，通过野外调查和走访调查，项目组发现 16 处可以申报省级地质公园的地质遗迹集中区。利用项目的工作成果，黑龙江省地质科学研究所连同地质勘查兄弟单位协助地方政府成功申报其中的 11 处地质遗迹区为省级地质公园，并在黑龙江省第三届地质公园评审大会上予以通过。这 11 家地质公园分别为黑龙江鸡冠山地质公园、黑龙江省碾子山地质公园、黑龙江省麒麟山地质公园、黑龙江省漠河地质公园、黑龙江省大兴安岭呼中苍山石林地质公园、黑龙江省宾县大青山地质公园、黑龙江省鹤岗金顶山地质公园、黑龙江省长寿山地质公园、黑龙江省双子山地质公园、黑龙江省五营地质公园、黑龙江省那丹哈达岭地质公园。

此外，还有一些地貌景观类地质遗迹虽然没有建立地质公园，但风景独特，具极高的美学价值，被开辟为摄影、绘画艺术活动基地，如小古里火山地貌地质遗迹集中区、三道关花岗岩地质遗迹集中区、四块石花岗岩地质遗迹集中区、漠河西吉地地质遗迹集中区、香炉山、多布库尔河风景区、帽儿山等。

2. 积极申报国家级重点保护古生物化石集中产地

依托本次调查和正在实施的青冈猛犸象-披毛犀第四纪古动物化石调查与评价项目，成功申报了黑龙江省青冈县第四纪古动物化石集中产地。

青冈县猛犸象-披毛犀动物群化石出露集中区分布于通肯河西岸德胜乡行政管辖范围内，是一条长近 3km，平均宽度十余米的冲沟，平均深达 15m，由于人为盗采化石，沟床内深坑密集。猛犸象-披毛犀动物群化石在晚更新世晚期的顾乡屯组地层中广泛分布，结合实地调查，发现青冈县猛犸象-披毛犀动物群化石主要赋存于晚更新世晚期的顾乡屯组淤泥质粉砂岩中，该层位岩土体具有特殊的腐臭味。在青冈县内的冲沟中，村民打井、挖菜窖等都曾出土这一动物种群化石，且化石种类丰富。该化石产地为全面了解和探讨松嫩平原第四纪地质形成、岩相古地理、古气候、动植物演化等提供了新的实物资料，具有重大意义。

3. 建立了黑龙江省地级市地质遗迹保护名录

根据黑龙江省地质遗迹保护名录和黑龙江省地质遗迹资源分布图成果建立了黑龙江省 13 个地市地质遗迹名录，编绘了黑龙江省 13 个地级市的地质遗迹资源分布图，为地方政府科学管理和保护地质遗迹工作提供了技术支撑。

4. 编纂了《黑龙江省地质遗迹博览》图集

通过本次地质遗迹野外调查工作，项目组整理地质遗迹图片 3000 余张，以能充分反映地质遗迹特征为原则，集成了黑龙江省地质遗迹高像素精品图片，编纂了《黑龙江省地质遗迹博览》图集。该图集涵盖了黑龙江省的地质遗迹精品，是黑龙江省迄今为止最全面反映黑龙江省地质遗迹资源的资料。

5. 推荐4处地学野外观测基地

黑龙江省在调查丰富地质遗迹的基础上，推荐4处地质遗迹集中区作为科研和教学野外观测实习基地。一是五大连池火山地貌地质遗迹分布区，可以作为火山地貌、火山机构、火山构造、熔岩微地貌等地学方面的野外观测实习基地；二是呼玛-黑河古生代地层分布区，代表天山-兴蒙地槽发展的重要历史阶段，是研究古亚洲构造域发展历史的重要地区和野外观测实习基地；三是嘉荫古生物地质遗迹集中分布区，有国家级恐龙地质公园、有"金钉子"第95个研究观测点，有嘉荫段中生代被子植物化石等，是一个理想的科研和教学地学野外观测实习基地；四是饶河地区中生代俯冲带，有很多反映太平洋板块向欧亚板块俯冲的地质遗迹，是一个理想的科研和教学地学野外观测实习基地。

6. 打造了10条地质旅游精品路线

通过地质遗迹调查工作，为黑龙江省打造了10条地质旅游精品路线，形成了黑龙江省生态游、冰雪游、地质游并驾齐驱的态势，这10条路线扩大了黑龙江省旅游格局，助推了黑龙江省旅游业的发展。它们是：

DL1：哈尔滨-呼兰-绥化-望奎-青冈-明水-克东-北安-孙吴-黑河；
DL2：哈尔滨-肇东-安达-大庆-杜蒙-齐齐哈尔-林甸-讷河-依安-五大连池；
DL3：哈尔滨-绥化-铁力-桃山-朗乡-南岔-伊春-新青-汤旺河-嘉荫；
DL4：哈尔滨-宾县-方正-通河-依兰-佳木斯-鹤岗-萝北-同江；
DL5：哈尔滨-阿城-尚志-亚布力-横道河子-海林-牡丹江；
DL6：牡丹江-林口-勃利-七台河-双鸭山-集贤-富锦；
DL7：牡丹江-鸡西-鸡东-密山-虎林-饶河-抚远；
DL8：哈尔滨-五常-凤凰山-雪乡；
DL9：齐齐哈尔-甘南-加格达奇-呼玛-塔河-漠河；
DL10：牡丹江-宁安-杏山-镜泊湖。

7. 推荐建立地质公园

通过对黑龙江省重要地质遗迹的调查和资料整理，可推荐建立省级地质公园的有：①牡丹江三道关花岗岩地貌集中区；②大兴安岭小古里火山地貌集中区；③哈尔滨依兰四块石花岗岩、火山岩地貌集中区；④大兴安岭漠河西吉地地质遗迹集中区；⑤黑龙江省平顶山地质遗迹集中区；⑥绥化青冈猛犸象-披毛犀第四纪古动物化石产地集中区；⑦大兴安岭迎门砬子花岗岩地貌集中区；⑧伊春金山屯白石林场花岗岩地貌集中区。

8. 人才培养

本次项目实施周期内培养项目骨干4人、硕士研究生3人。

主要参考文献

《地球科学大辞典》编委会,2006.地球科学大辞典基础学科卷[M].北京:地质出版社.

《中国地层典·总论》编委会,2009.中国地层典总论[M].北京:地质出版社.

《中国地层典》编委会,1996.中国地层典 奥陶系[M].北京:地质出版社.

《中国地层典》编委会,1996.中国地层典 古元古界[M].北京:地质出版社.

《中国地层典》编委会,1996.中国地层典 太古宇[M].北京:地质出版社.

《中国地层典》编委会,1996.中国地层典 新元古界[M].北京:地质出版社.

《中国地层典》编委会,1998.中国地层典 志留系[M].北京:地质出版社.

《中国地层典》编委会,1999.中国地层典 第三系[M].北京:地质出版社.

《中国地层典》编委会,1999.中国地层典 寒武系[M].北京:地质出版社.

《中国地层典》编委会,1999.中国地层典 中元古界[M].北京:地质出版社.

《中国地层典》编委会,2000.中国地层典 白垩系[M].北京:地质出版社.

《中国地层典》编委会,2000.中国地层典 第四系[M].北京:地质出版社.

《中国地层典》编委会,2000.中国地层典 二叠系[M].北京:地质出版社.

《中国地层典》编委会,2000.中国地层典 泥盆系[M].北京:地质出版社.

《中国地层典》编委会,2000.中国地层典 三叠系[M].北京:地质出版社.

《中国地层典》编委会,2000.中国地层典 石炭系[M].北京:地质出版社.

《中国地层典》编委会,2000.中国地层典 侏罗系[M].北京:地质出版社.

黑龙江省地质矿产局,1993.黑龙江省区域地质志[M].北京:地质出版社.

黑龙江省地质矿产局,1997.黑龙江省岩石地层[M].武汉:中国地质大学出版社.

姜宝玉,冯金宝,2001.鸡西群城子河组时代的进一步探讨[J].地层学杂志,25(3):217-221+240.

李蔚荣,刘茂强,于庭相等,1986.黑龙江省东部侏罗系龙爪沟群[M].北京:地质出版社.

张海驲,栾慧敏,陈乐国,1991.黑龙江省印支期花岗岩的确定及其构造意义[J].黑龙江地质,2(1):8-16.

中国矿床发现史·黑龙江卷编委会,1996.中国矿床发现史 黑龙江卷[M].北京:地质出版社.

内部资料

黑龙江省地质矿产局,1967.L-52-ⅩⅩ宾县幅、L-52-ⅩⅩⅥ五常县幅1:20万区域地质测量报告[R].哈尔滨:黑龙江省地质矿产局.

黑龙江省地质矿产局,1970.L-52-ⅩⅩⅠ木兰县幅1:20万区域地质调查报告[R].哈尔滨:黑龙江省地质矿产局.

黑龙江省地质矿产局,1971.L-52-Ⅲ伊春市幅1:20万区域地质调查报告[R].哈尔滨:黑龙江省地质矿产局.

黑龙江省地质矿产局,1971. L-52-Ⅳ金山屯幅 1∶20 万区域地质调查报告[R]. 哈尔滨:黑龙江省地质矿产局.

黑龙江省地质矿产局,1971. L-52-Ⅸ铁力县幅 1∶20 万区域地质调查报告[R]. 哈尔滨:黑龙江省地质矿产局.

黑龙江省地质矿产局,1971. L-52-ⅩⅤ三站村幅 1∶20 万区域地质调查报告[R]. 哈尔滨:黑龙江省地质矿产局.

黑龙江省地质矿产局,1972. L-51-Ⅸ扎赉特旗幅 1∶20 万区域地质调查报告[R]. 哈尔滨:黑龙江省地质矿产局.

黑龙江省地质矿产局,1972. L-52-ⅩⅥ依兰县幅 1∶20 万区域地质调查报告[R]. 哈尔滨:黑龙江省地质矿产局.

黑龙江省地质矿产局,1972. L-52-Ⅹ汤源县幅 1∶20 万区域地质调查报告[R]. 哈尔滨:黑龙江省地质矿产局.

黑龙江省地质矿产局,1973. M-52-ⅩⅩⅩⅣ北沟幅 1∶20 万区域地质调查报告[R]. 哈尔滨:黑龙江省地质矿产局.

黑龙江省地质矿产局,1974. L-52-Ⅴ萝北县幅 1∶20 万区域地质调查报告[R]. 哈尔滨:黑龙江省地质矿产局.

黑龙江省地质矿产局,1974. L-52-ⅩⅩⅢ勃利县幅 1∶20 万区域地质调查报告[R]. 哈尔滨:黑龙江省地质矿产局.

黑龙江省地质矿产局,1975. L-51-ⅩⅩⅨ鸡西市幅 1∶20 万区域地质调查报告[R]. 哈尔滨:黑龙江省地质矿产局.

黑龙江省地质矿产局,1975. L-52-ⅩⅩⅩⅣ牡丹江市幅 1∶20 万区域地质调查报告[R]. 哈尔滨:黑龙江省地质矿产局.

黑龙江省地质矿产局,1975. M-51-ⅩⅧ卧都河幅 1∶20 万区域地质调查报告[R]. 哈尔滨:黑龙江省地质矿产局.

黑龙江省地质矿产局,1976. L-51-Ⅲ华安公社幅 1∶20 万区域地质调查报告[R]. 哈尔滨:黑龙江省地质矿产局.

黑龙江省地质矿产局,1977. M-52-ⅩⅢ罕达气幅 1∶20 万区域地质调查报告[R]. 哈尔滨:黑龙江省地质矿产局.

黑龙江省地质矿产局,1977. M-52-ⅩⅩⅤ龙镇公社幅 1∶20 万区域地质调查报告[R]. 哈尔滨:黑龙江省地质矿产局.

黑龙江省地质矿产局,1978. L-52-ⅩⅩⅩⅤ穆棱镇公社幅、L-52-ⅩⅩⅩⅥ东宁县幅 1∶20 万区域地质调查报告[R]. 哈尔滨:黑龙江省地质矿产局.

黑龙江省地质矿产局,1979. M-52-ⅩⅩⅨ嘉荫县幅、M-52-ⅩⅩⅩⅤ太平沟公社幅 1∶20 万区域地质调查报告[R]. 哈尔滨:黑龙江省地质矿产局.

黑龙江省地质矿产局,1981. L-53-ⅩⅢ宝清县幅 1∶20 万区域地质调查报告[R]. 哈尔滨:黑龙江省地质矿产局.

黑龙江省地质矿产局,1981. M-51-Ⅷ根河幅、M-51-ⅩⅢ三河镇幅、M-51-ⅩⅣ库都尔幅 1∶20 万区域地质调查报告[R]. 哈尔滨:黑龙江省地质矿产局.

黑龙江省地质矿产局,1981. M-52-ⅩⅩⅠ逊克县幅、M-52-ⅩⅩⅡ常家屯幅、M-52-ⅩⅩⅦ新兴村公社幅、M-52-ⅩⅩⅧ富饶公社幅、M-52-ⅩⅩⅩⅢ白桦林场幅 1∶20 万区域地质调查报告[R]. 哈尔滨:黑龙江省地质矿产局.

黑龙江省地质矿产局,1983. M-51-(6)兴隆沟幅、M-52-(1)呼玛镇幅 1∶20 万区域地质调查报告

[R].哈尔滨:黑龙江省地质矿产局.

黑龙江省地质矿产局,1984. L-52-(24)密山县幅、L-52-(30)鸡东县幅、L-53-(19)虎林县幅、L-53-(20)虎头幅、L-53-(25)兴凯湖农场幅、L-53-(26)六分场幅 1∶20 万区域地质调查报告[R].哈尔滨:黑龙江省地质矿产局.

黑龙江省地质矿产局,1984. M-51-(24)霍龙门公社幅 1:20 万区域地质调查报告[R].哈尔滨:黑龙江省地质矿产局.

黑龙江省地质矿产局,1984. M-52-(26)辰清公社幅 1∶20 万区域地质调查报告[R].哈尔滨:黑龙江省地质矿产局.

黑龙江省地质矿产局,1985. M-51-(5)塔源幅 1∶20 万区域地质调查报告[R].哈尔滨:黑龙江省地质矿产局.

黑龙江省地质矿产局,1985. N-51-(29)开库康幅 1∶20 万区域地质调查报告[R].哈尔滨:黑龙江省地质矿产局.

黑龙江省地质矿产局,1985. N-51-(35)塔河幅 1∶20 万区域地质调查报告[R].哈尔滨:黑龙江省地质矿产局.

黑龙江省地质矿产局,1986. M-52-(7)三道卡幅、M-52-(8)白石砬子幅 1∶20 万区域地质调查报告[R].哈尔滨:黑龙江省地质矿产局.

黑龙江省地质矿产局,1987. L-53-(8)小佳河公社幅、L-53-(9)饶河县幅 1∶20 万区域地质调查报告[R].哈尔滨:黑龙江省地质矿产局.

黑龙江省地质矿产局,1988. N-51-(21)漠河县幅、N-51-(22)连崟幅、N-51-(27)老沟幅、N-51-(28)二十五站幅 1∶20 万区域地质调查报告[R].哈尔滨:黑龙江省地质矿产局.

黑龙江省地质矿产局,1989. N-51-(30)依西肯幅、N-51-(36)十八站幅、N-52-(25)鸥浦幅、N-52-(31)兴华幅 1∶20 万区域地质调查报告[R].哈尔滨:黑龙江省地质矿产局.

黑龙江省地质矿产局,1990. L-52-(33)沙兰站公社幅 1∶20 万区域地质调查报告[R].哈尔滨:黑龙江省地质矿产局.

黑龙江省地质矿产局,1991. L-52-(11)佳木斯市幅 1∶20 万区域地质调查报告[R].哈尔滨:黑龙江省地质矿产局.

黑龙江省地质矿产局,1991. L-52-(14)巴彦县幅 1∶20 万区域地质调查报告[R].哈尔滨:黑龙江省地质矿产局.

黑龙江省地质矿产局,1991. M-51-(30)嫩江县幅 1∶20 万区域地质调查报告[R].哈尔滨:黑龙江省地质矿产局.